本书编委会

评审现场

周燕珉

曹嘉明

颁奖现场

011中国房地产与住宅产业交流会
交流会
主办单位：住房和城乡建设部住宅产业化促进中心
承办单位：《城市开发》杂志社

2011中国房地产与住宅产业交流会
保障性住房建设材料部品采购信息平台启动仪式

2011中国房地产与住宅产业交流会
保障性住房建设材料部品采购信息平台启动仪式
2011 · 中国首届保障性住房设计竞赛颁奖典礼

2011中国房地产与住宅产业交流会
保障性住房建设材料部品采购信息平台启动仪式
2011 · 中国首届保障性住房设计竞赛颁奖典礼

2011中国房地产与住宅产业交流会
保障性住房建设材料部品采购信息平台启动仪式
2011 · 中国首届保障性住房设计竞赛颁奖典礼

2011中国房地产与住宅产业交流会
保障性住房建设材料部品采购信息平台启动仪式

2011中国房地产与住宅产业交流会
保障性住房建设材料部品采购信息平台启动仪式

2011中国房地产与住宅产业交流会
保障性住房建设材料部品采购信息平台启动仪式

2011中国房地产与住宅产业交流会
保障性住房建设材料部品采购信息平台启动仪式
2011 · 中国首届保障性住房设计竞赛颁奖典礼

2011中国房地产与住宅产业交流会
保障性住房建设材料部品采购信息平台启动仪式

2011中国房地产与住宅产业交流会
保障性住房建设材料部品采购信息平台启动仪式
2011 · 中国首届保障性住房设计竞赛颁奖典礼

住房和城乡建设部办公厅文件

建办保〔2011〕41 号

关于举办 2011 年·中国首届保障性住房设计竞赛的通知

各省、自治区住房和城乡建设厅，直辖市建委（房地局、住房保障房屋管理局），新疆生产建设兵团建设局，各城市住房保障部门，各住宅产业化工作机构，各有关单位：

《国民经济和社会发展第十二个五年规划纲要》提出，未来 5 年，我国将建设 3600 万套保障房，使全国保障性住房覆盖面达到 20% 左右。

为提高保障性住房的设计水平，在规定的面积标准内实现基本居住功能和较高的舒适度，全面落实建筑节能、节地、节水、节材和环境保护的要求，促进保障性住房设计和建设的标准化、模数化，提高保障性住房的质量和性能，推进住宅产业现代化，由住宅产业化促进中心、中国建设报共同主办“以人为本，安居乐业”为主题的全国保障性住房设计竞赛，请各地建设主管部门积极协助，认真做好本届竞赛活动的组织工作。

附件：2011 年·中国首届保障性住房设计竞赛方案

二〇一一年六月二十日

附件：

2011·中国首届保障性住房设计竞赛方案

一、竞赛目的

在保障性住房的建设中，规划设计是龙头。本次保障性住房设计竞赛应充分体现以人为本的理念，坚持经济、适用的原则，积极倡导在有限的面积标准内实现基本居住功能并创造较高的舒适度，推动发展省地节能环保型住宅，全面提升住宅质量与性能，为广大的中低收入家庭提供安全、适用、环保的住房。

通过开展保障性住房设计方案竞赛，吸引社会各界高度关注并支持保障性住房建设，促进各级政府重视提高保障性住房设计水平，优选设计方案入选保障性住房标准设计样图，向保障性住房管理、投资、开发建设等相关单位推荐优秀的设计方案，提高保障性住房的建设质量和居住品质，推进住宅产业现代化的进程。

二、竞赛组织机构

（一）支持单位： 住房和城乡建设部住房保障司
住房和城乡建设部工程质量安全监管司

（二）主办单位： 住房和城乡建设部住宅产业化促进中心
中国建设报·中国住房

（三）专家评审委员会

主任委员：

赵冠谦　中国勘察设计大师、住房和城乡建设部住宅建设与产业现代化技术专家委员会委员、国家住宅与居住环境工程研究中心总建筑师

副主任委员：

叶耀先　中国建筑设计研究院原院长，顾问总工、教授级高工

童悦仲　中国房地产研究会副会长、高级工程师

窦以德　中国建筑学会副理事长、原建设部勘察设计司副司长、住房和城乡建设部住宅建设与产业现代化技术专家委员会委员

委　员：

崔　凯　中国勘查设计大师、中国建筑技术研究院副院长

庄惟敏　中国勘察设计大师、清华大学建筑设计研究院院长、总建筑师、教授、博导

孙　英　中国建筑标准设计研究院院长、教授级高级建筑师

孙克放　中国房地产研究会住宅产业发展和技术委员会秘书长、教授级高工、国家一级注册建筑师

刘东卫　中国建筑标准设计研究院执行总建筑师、国家一级注册建筑师、教授级高级建筑师

周燕珉　清华大学建筑学院教授、国家一级注册建筑师

刘晓钟　北京市建筑设计研究院副总建筑师、高级建筑师

曹嘉明　中国建筑学会常务理事、上海建筑学会副理事长兼秘书长

张　播　中国城市规划设计研究院居住区规划设计研究中心总工、高级规划师

邵　磊　清华大学住宅与社区研究所所长、副教授、博导

王树京　北京工业大学建筑与城市规划学院建筑技术科学部主任、教授、一级注册建筑师

三、组织方式

（一）设计竞赛方案可由省级住房城乡建设部门统一组织并上报；

（二）各地可根据本地情况，自行选择上报设计方案。上报方案可自行选择有特色和亮点的廉租住房、公共租赁住房、经济适用住房、限价商品房方案，最多不超过30个；

（三）报送的方案可包括已建成的保障性住房的设计方案、正在建设的保障性住房的设计方案、已完成设计的保障性住房的设计方案等；既可以是成套的保障性住房套型设计方案，也可以是宿舍类的保障性住房设计方案；

（四）科研院校和各设计单位也可以直接上报设计完成的保障性住房设计方案。

四、竞赛要求

（一）参赛方案要立足在有限的面积内实现基本功能和较高的舒适度，实现适用性、环境性、经济性、安全性和耐久性的有效结合；

（二）参赛方案应符合住宅产业化发展方向，注重采用节能、节地、节水、节材和环保要求且实用性强的新技术和新材料，在省地节能环保等方面具有突出特色；

3

（三）参赛方案要在建筑外观、细部处理、建筑色彩、材料运用等方面体现地域特征和地方特色，符合各地社会经济发展水平；

（四）参赛方案要符合国家规定的各项强制性标准和规范；

（五）凡以个人名义参赛者，每项目署名人数不超过5人；

（六）须保证设计方案的原创性，不得抄袭他人作品或有其他侵犯他人知识产权的行为，一经发现，取消其参赛、获奖等资格。

五、参赛方案报送要求

（一）图面表达内容：

1. 方案设计应附有简短的创意说明（约500字）；

2. 方案设计的保障性住房成套产业化技术的图文说明。该说明主要包括住宅建筑体系、建造体系和集成技术等的说明及相关的设计详图、图片、图表等，数量不限；

3. 总平面与各套型平面（各功能空间使用面积、套内使用面积、套型建筑面积）；

4. 住宅标准层平面（总使用面积、总套型建筑面积及使用面积系数）；

5. 立面图和剖面图；

6. 群体建筑的组合体空间环境示意图和单体住宅建筑效果图。

（二）设计图纸一律采用计算机绘图，以A3彩色文本尺寸装订成册。图面表达形式不限（包括彩色透视图），以充分体现作者的创作意图为宜。

（三）每个参赛方案题目由作者自行决定，“2011 · 中国首届保

4

障性住房设计竞赛”一律作为副标题使用，图面表达应便于制版。

（四）报送图纸时同时提交电子文档光盘2份（内容包括设计方案图纸及相关资料、参赛者简历等）。作者姓名、单位、地址、邮编、联系电话、传真等，一份贴在光盘纸袋背面，另一份用深色不透明纸密封于A3彩色文本封底内侧右下角。

（五）参赛图纸和光盘恕不退还，请参赛者自留备份。

六、竞赛奖励与成果应用

（一）本次竞赛分设一等奖，二等奖，三等奖，鼓励奖。

（二）优选获奖方案进入《保障性住房标准设计样图》或《公共租赁住房的标准化套型设计和全装修指南》。

（三）获奖方案可提供给各地保障性住房建设管理机构择优选用。

（四）获奖作品将在主办方进一步遴选后汇编成册，公开出版，全国发行。

（五）邀请获奖者参加在北京举办专题学术会议，进一步交流获奖方案的设计构思和理念，探讨中国保障性住房的设计和建设问题，以向业界提供成熟的经验成果。

（六）获奖方案将在2011年的中国国际住宅产业博览会上展示，并在主流媒体上宣传推广。

七、竞赛起始时间

此次竞赛启动时间为2011年6月，参赛方案报送截止时间为2011年7月31日（以当地寄出邮戳为准）。

5

八、其他事宜

（一）本次竞赛免交报名费、评审费。竞赛活动出版的画册及光盘不向入围者收取费用，同时也不向入围者支付稿费。

（二）评审过程严格保密。参赛方案、电子文档光盘和报名表，可通过邮寄或直接递交至组委会办公室。

（三）组委会对竞赛活动拥有最终解释权。参赛方案的刊登、出版、展览版权归组委会所有。组委会在使用参赛作品时对其作者、指导者及单位予以署名。参赛作品均不退还。

九、联系方式

住房和城乡建设部住宅产业化促进中心联系人：

刘美霞、刘洪娥，电话：010-58934295、13910274787

通讯地址：北京市三里河路9号住房和城乡建设部住宅产业化促进中心，100835

E-mail：lhe@chinahouse.gov.cn

《中国建设报·中国住房》联系人：

李佳秋　010-51555511-8697　18901365857

卢　丹　010-51555511-8667　18611703412

邓琛琛　010-51555511-8688　15010199541

传真：（010）51701511

通讯地址：北京市紫竹院路100号信弘大厦B532，100089

E-mail：chuangxinfengbao@126.com；

zhongguozhufang@163.com

6

住房和城乡建设部住宅产业化促进中心
中国建设报社 文件

建住中心〔2011〕81号

关于发布2011年·中国首届保障性住房设计竞赛获奖名单的通知

各参赛单位：

根据住房和城乡建设部建办保〔2011〕41号文，由住房和城乡建设部住房保障司和工程质量安全监管司支持，住房和城乡建设部住宅产业化促进中心和《中国建设报》共同主办的“2011年•中国首届保障性住房设计竞赛”，自发起以来，受到了各地建设行政主管部门和开发、设计单位及勘察设计人员的广泛关注与参与。竞赛组委会共收到来自全国29个省市自治区的参赛作品594份。经过专家委员会20多位专家的多轮认真评审，评出了一等奖2名，二等奖14名，三等奖30名，鼓励奖55名，单项奖7名。

为广泛宣传保障性住房的优秀设计方案，提高保障性住房的规划设计水平，激励更多的开发单位、设计单位及社会各界关注并支持保障性安居工程建设，现决定对此次竞赛中表现突出的优秀方案和组织单位予以表彰。希望获奖单位和个人发扬成绩，重视和提高建设质量，共同推动保障性住房建设再上新水平。

“2011中国房地产与住宅产业交流会暨2011年·中国首届保障性住房设计竞赛颁奖典礼”将在第十届中国国际住宅产业博览会期间举行，请获得优秀组织奖和竞赛方案奖项的单位和个人于2011年9月27日参加交流会并领取获奖证书和奖牌。

报到时间和地点：2011年9月26日，北京三里河路1号西苑饭店大堂；

联系方式：

王广明，010-58934295、15201347714

刘洪娥，13910274787

【附件：2011·中国首届保障性住房设计竞赛获奖名单】

住房和城乡建设部住宅产业化促进中心　　中国建设报社

二〇一一年九月二十一日

前　言

中国房地产业经过十余年的快速发展，在解决广大城镇居民住房条件、拉动经济增长、改善城市面貌方面发挥了巨大的作用。但随着城镇化、工业化进程的加快，特别是随着商品住房价格的快速上涨，中低收入居民家庭住房问题日益突出。当前，住房问题已成为重要的民生问题，全社会对保障性住房的需求与呼声不断加大。在此背景下，《国民经济和社会发展第十二个五年规划纲要》提出，未来五年，我国城镇将建设保障性安居工程3600万套，覆盖城镇居民达20%左右。

建设大规模的保障性住房，既要符合资源节约、环境友好的国家发展战略要求，又要满足广大中低收入家庭居住需要。俗话说，规划设计是龙头，材料部品是基础，这是保障住房质量与性能的关键。为此，在住房和城乡建设部住房保障司、工程质量安全监管司的支持下，由住房和城乡建设部住宅产业化促进中心、中国建设报共同主办了“2011·中国首届保障性住房设计竞赛”。本次竞赛受到社会各界的高度关注，也得到各地建设主管部门和规划设计单位的大力支持，组委会共收到29个省市区的594份参赛作品，包括廉租住房、公共租赁住房、经济适用住房和限价商品房、拆迁安置房等各类保障性住房设计方案，其中大部分为已建或在建、拟建项目。本着公开、公平、公正的原则，竞赛组委会邀请国内权威专家组成评审委员会，对参赛作品进行了三轮评审，最终评选出一等奖2个、二等奖14个、三等奖30个、鼓励奖55个、最佳单项奖7个、优秀组织奖24个。

本次竞赛获奖作品，特别注重功能性与集约性的统一与协调，注重细节设计、节能设计和性能完善，有些项目还在住宅产业化成套技术应用、创新与实用方面做了很多有益的探索与尝试，有些项目已开始关注可持续发展与未来的可更新改造性。

本书收录了本次竞赛的所有优秀获奖作品，并把专家的点评、修改和优化完善方案的建议一并呈现给读者，希望通过本书的出版，加大对优秀获奖作品的宣传推广力度，让更多的保障性住房设计、建设单位从中受到启发，提升全国保障性住房的规划设计水平，让广大中低收入家庭真正住上放心房、满意房、安全房和舒适房，让保障性住房真正成为惠民工程，造福社会。

目 录 Contents

First prize 一等奖

Second prize 二等奖

Third prize 三等奖

2011

中国首届保障性住房设计竞赛

北京　公共租赁住房整体解决方案

广东　深圳 · 龙华扩展区0008地块保障性住房项目

中国首届保障性住房设计竞赛

中国首届保障性住房设计竞赛

报送单位：中国建筑标准设计研究院

北京

公共租赁住房整体解决方案

项目概况

本项目位于北京市朝阳区东五环外的双桥板块，北依京通快速路和通惠河，南接规划中两广路，西临东五环。项目周边发展成熟，配套完善。

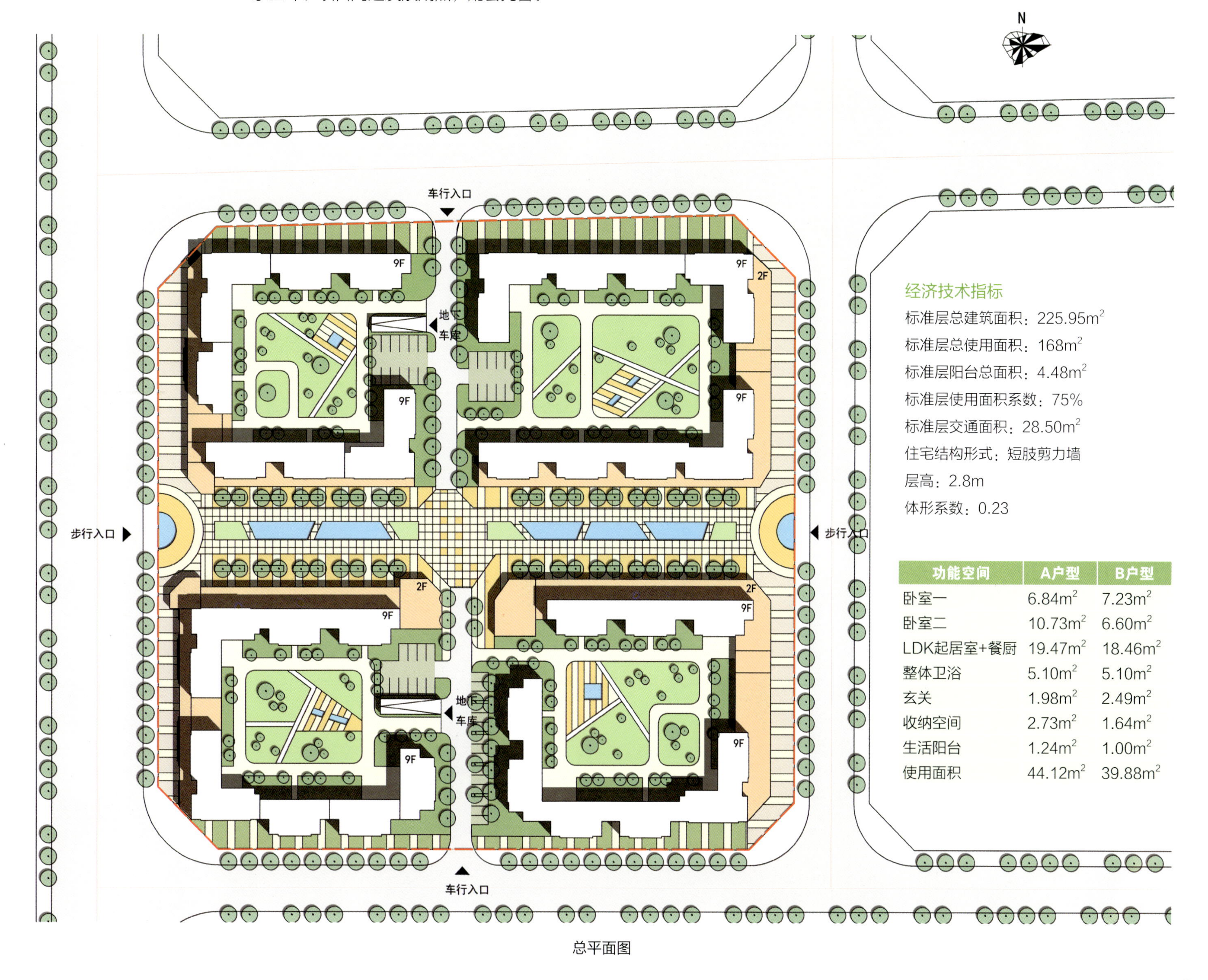

经济技术指标

标准层总建筑面积：225.95m²

标准层总使用面积：168m²

标准层阳台总面积：4.48m²

标准层使用面积系数：75%

标准层交通面积：28.50m²

住宅结构形式：短肢剪力墙

层高：2.8m

体形系数：0.23

功能空间	A户型	B户型
卧室一	6.84m²	7.23m²
卧室二	10.73m²	6.60m²
LDK起居室+餐厨	19.47m²	18.46m²
整体卫浴	5.10m²	5.10m²
玄关	1.98m²	2.49m²
收纳空间	2.73m²	1.64m²
生活阳台	1.24m²	1.00m²
使用面积	44.12m²	39.88m²

总平面图

设计说明

规划设计：

1. 多样性原则。保证各种低收入家庭的人与各种年龄的人的居住需求。

2. 宜居性原则。社区内各种道路形成互相联系步行系统。通过对临街建筑的立面、行道树、路灯、铺地等道路景观的精心设计，使街道空间富有情趣。

3. 社区性原则。保证公共领域的重要性，促进公共开敞空间的利用效率和居民交往。

4. 生态性原则。重视社区自然环境建设，精心规划建筑物的朝向和布局，充分利用日照和自然通风。

5. 地域性原则。注重与城市相协调，强化与当地的文化和气候有关的地域特色。

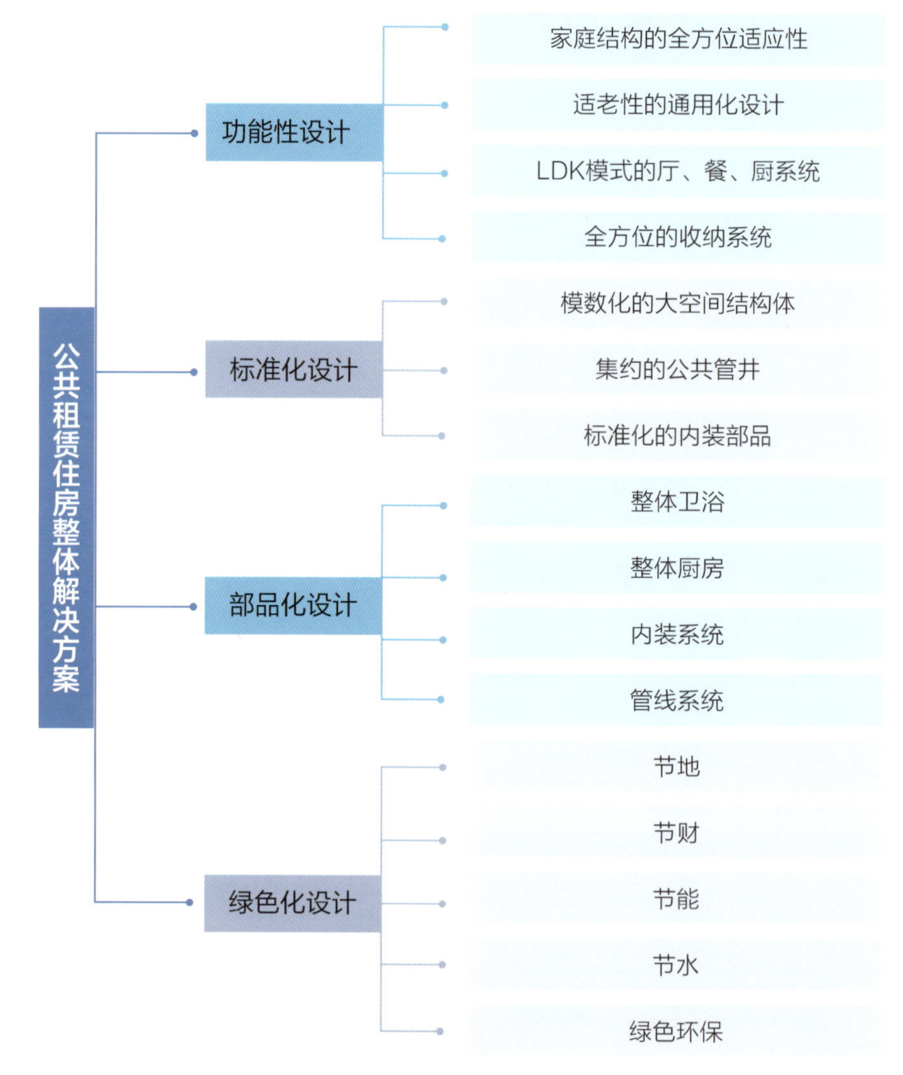

整体设计思路

南立面图

建筑设计：

1．体现公共租赁住房中小套型特征和长远性的建设要求。

套型设计能够实现不同家庭和多类型人群的使用要求，在建筑结构、建筑部品等方面提高质量，延长使用年限，满足更多住户的住房需求。

2．体现设计和建造的标准化部品化要求。

设计体现套型的标准化，且使套型功能空间集约合理。施工标准化利于建筑部品工业化生产，减少现场式作业。

3．体现经济性与节能环保相结合的要求。

以适宜的成本和技术实现良好的居住性能，减少对能源的消耗；以标准化部品化实现减少对建筑材料的浪费。

4．体现居住的适应性的要求。

满足不同人群对住房功能的使用要求，在小空间创造更大的适应性。体现以人为本，更加符合老年人使用要求。

5．体现保障居住性能与质量的要求。

功能性设计

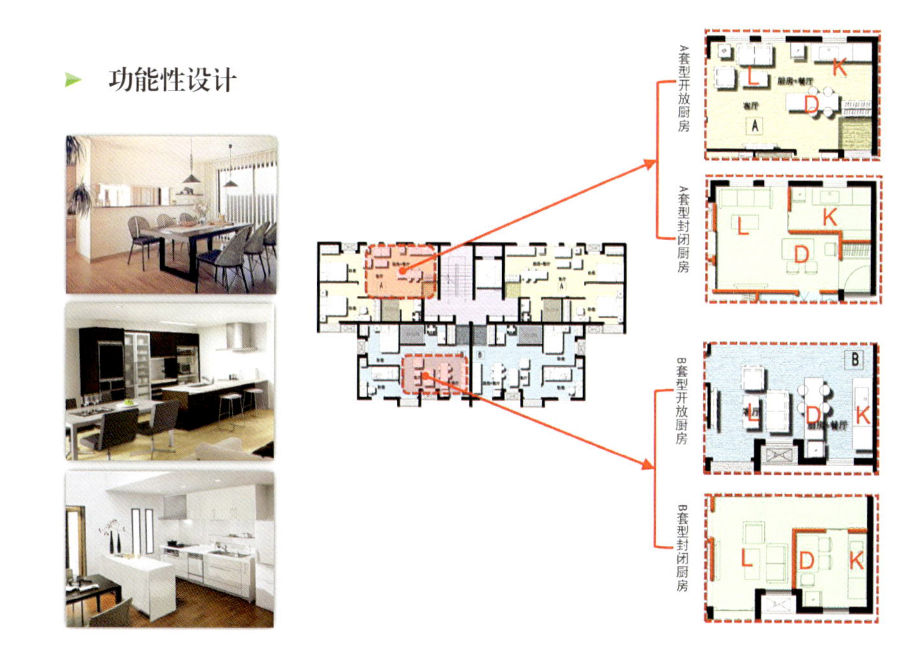

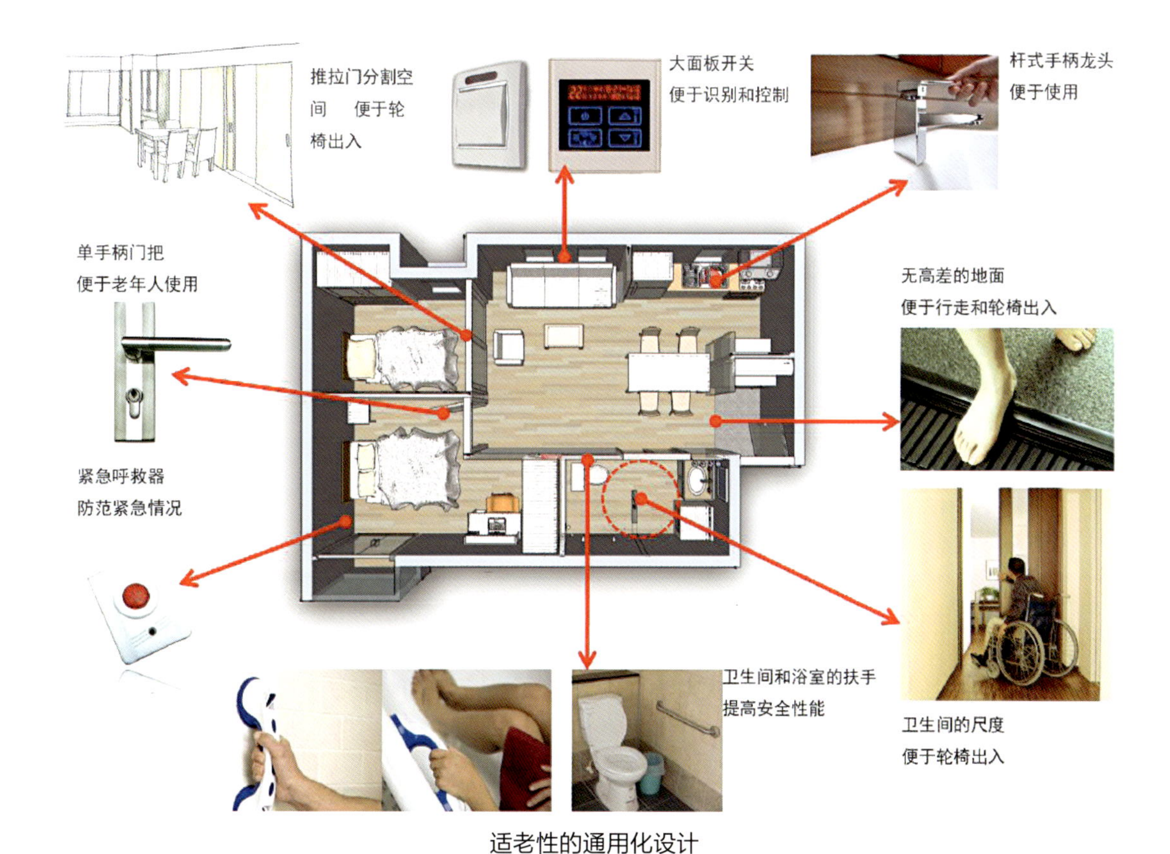

适老性的通用化设计

面向老龄化的解决方案

1．按需要安装扶手，比如卫生间、浴室、门厅处等。

2．室内不出现地面高低差，如户门入口，浴室入口。

3．室内门的开放方向，比如厕所的门要外开，或是推拉门。

4．卫生间门的有效开口750mm以上。

5．采用防滑的地面材料，特别是门厅、浴室、厨房。

6．插座、开关的适当高度。

7．采用大面板的开关和操作按键。

8．采用杆式手柄的门把手和水龙头。

建筑设计——A套型平面 58.30m² （两居半）

➢ 套型优点

1. 结构外形规整，节能性好
2. 户内轻墙，便于改造
3. 用水空间集中，户外设综合管井
4. 60㎡，创造二居半户型
5. 标准化的整体卫浴与整体厨房

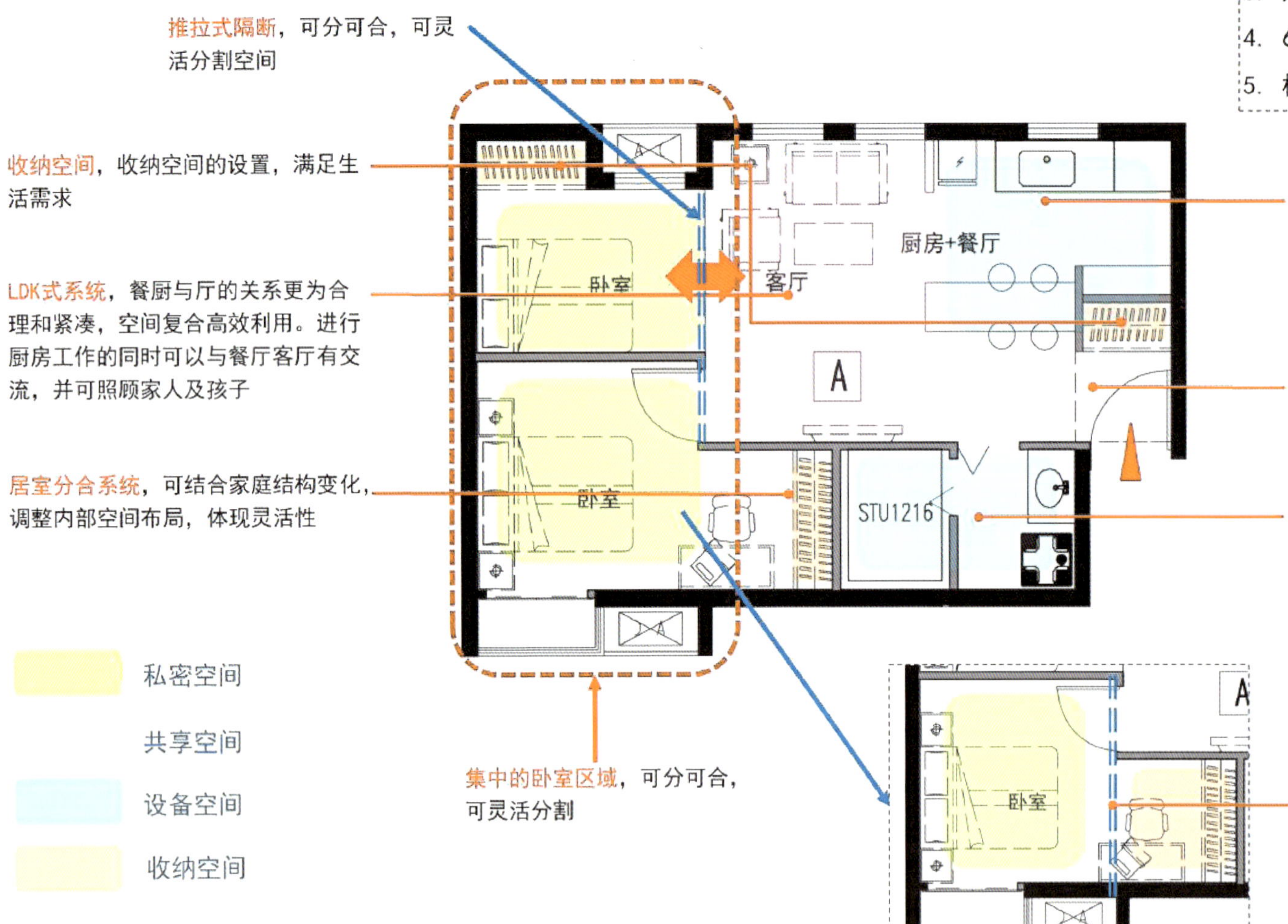

开放式厨房，在小户型空间有限的前提下将厨房与餐桌合一，创造开放、可交流的餐厨关系；同时创造厨房独立的可能性

独立玄关系统，收纳与换鞋空间的设计，营造归家氛围

两分离卫浴系统，管线集中，采用整体卫浴技术，干湿分区，空间集约，杜绝漏水，节约造价

半室空间，与卧室空间可分可合，功能具灵活性，空间具延展性

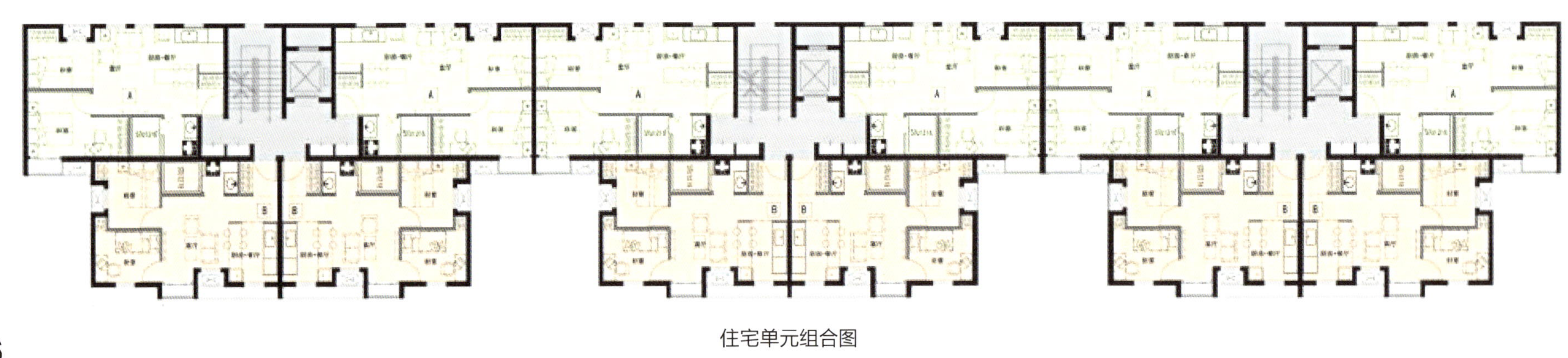

住宅单元组合图

专家点评

方案从功能空间布局、管线布设、标准化和产业化部品和技术，以及套内装修等方面提出了公租房整体解决方案，体现了体系化设计思想，值得参考。

项目周边配套完善。方案在规划上，通过南北、东西贯通的两条街道将用地划分为明确的四个组团，并在组团之间布设公共商业设施，通过底层局部架空、过街楼等手法使公建部分空间丰富有趣，尺度宜人。各组团外部面向城市开放，内院则私密安静。建筑楼栋充分利用东西朝向，形成了围合感较强的空间效果。结合社区车行流线，在各组团的入口处设置地面停车位，便于车辆临时停放，同时避免对组团内部的干扰。

楼栋以A、B两种套型为主。采用大空间结构，套内空间可以灵活分割，可适应户型变化和人口老龄化。厨房可为开放式或封闭式，起居-餐厅-厨房一体化的开放式厨房可借用相关空间，使五六十平方米的小套型有丰富的空间层次感。此外，对门厅以及储藏空间均有细致的考虑。

方案将住宅内的用水空间——卫生间集中布置，靠近公共部分的综合管井，便于维护。卫生间采用整体装配式浴室，并将卫浴部分的楼板局部降板，既实现同层排水又消除了户内与卫生间地面的高差。这些都考虑得较为周全。

方案存在的问题有：

1. A、B套型所占南向开间比例的差异过大，A套型的面积比B套型大，但其南向有效采光面积却远远不如B；

2. 开放式厨房的设计要兼顾中国特有的烹饪方式，应考虑相应的炉灶位置以及油烟排放；

3. B套型的卧室放置衣柜的墙面过小，不能满足日常的使用需求；

4. 对于套型设计的细节，以及屋顶和垂直绿化等仍需进一步推敲。

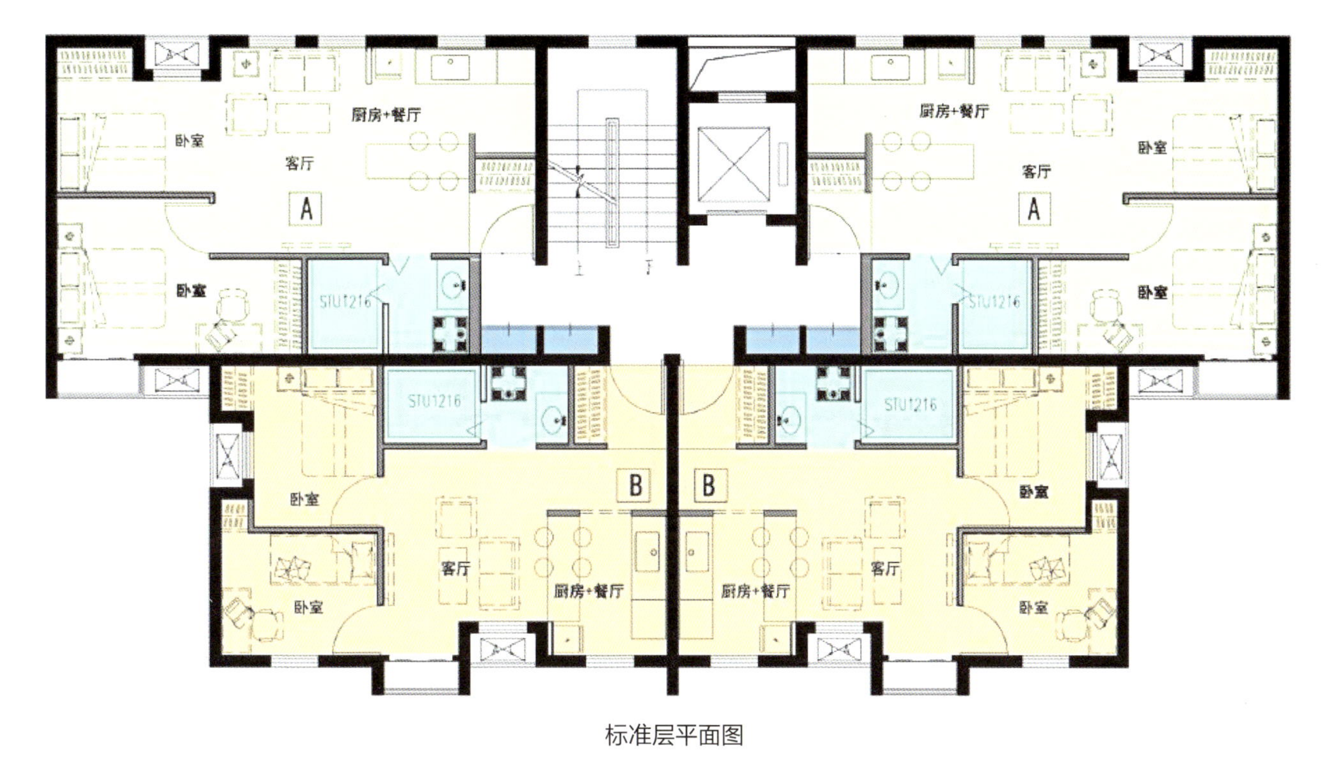

标准层平面图

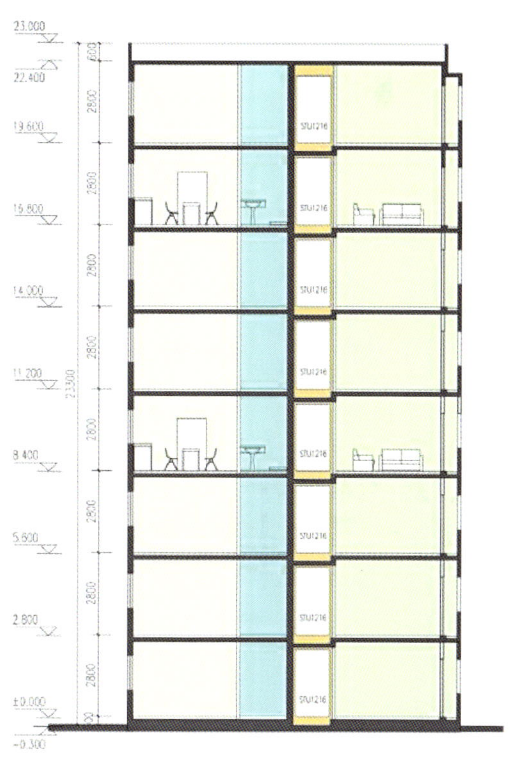

剖面图

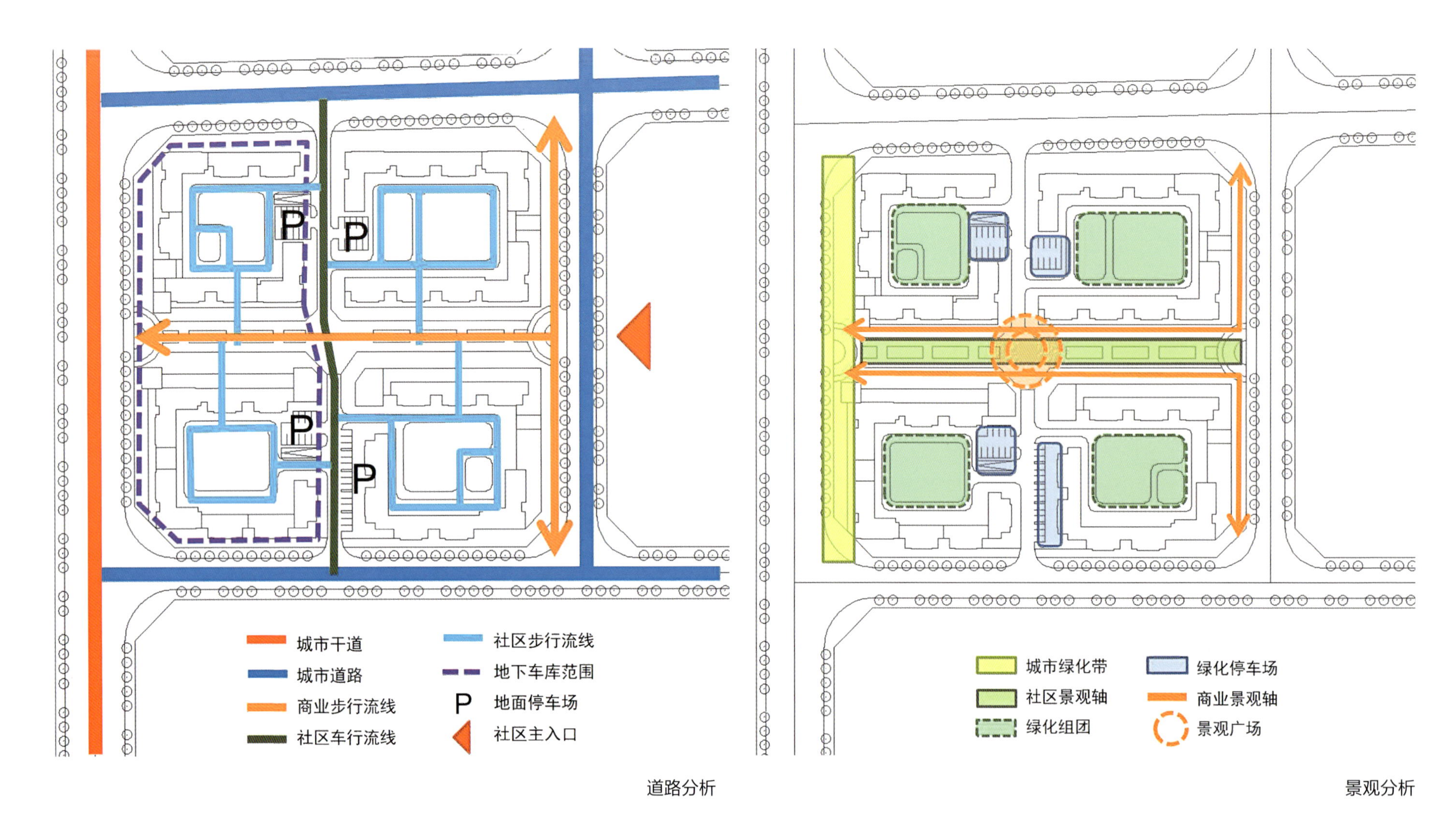

道路分析

景观分析

效果图

产业化说明

一、“模数化”的大空间结构体

“模数化”的结构框架，提供灵活分割的功能空间。套型设计采用规整的住户框架，提供可供改造的完整空间；套型内采用可灵活分割空间的轻钢龙骨墙体，提高套型的改造性和更新性，以满足不同家庭结构的需求；将外围护结构窗体标准化，所有外窗采用统一长宽尺寸，有利于降低成本；将卫浴设施集约化布置，便于结构集中降板、同层排水。

二、标准化的住宅部品体系

采用适合于公共租赁住宅面积标准及需求的整体卫浴、厨房，降低生产成本，且更加符合人体工学的尺度。SI体系的综合管线系统户内管线非垂直穿越楼板，集中于户外管道竖井，用水空间集中，且临近户外管井，节约管线长度；卫生间局部降板，可直接实现同层排水；厨房管线可敷设在玄关和走廊吊顶的上方；由轻钢龙骨隔墙、轻钢龙骨吊顶、架空地面构成的建筑内间体系具有占用空间小、造型灵活丰富、自重轻、干法施工速度快、便于检修、可变性强、材料可循环利用等诸多优势。

三、工业化的生产和建造模式

由标准化的50型和60型套型空间组成，构架清晰，结构计算简单，便于施工；规整的外围护墙体无多余的凹凸，节能型良好；集约的公共管井；引入SI体系，外管井便于检修。

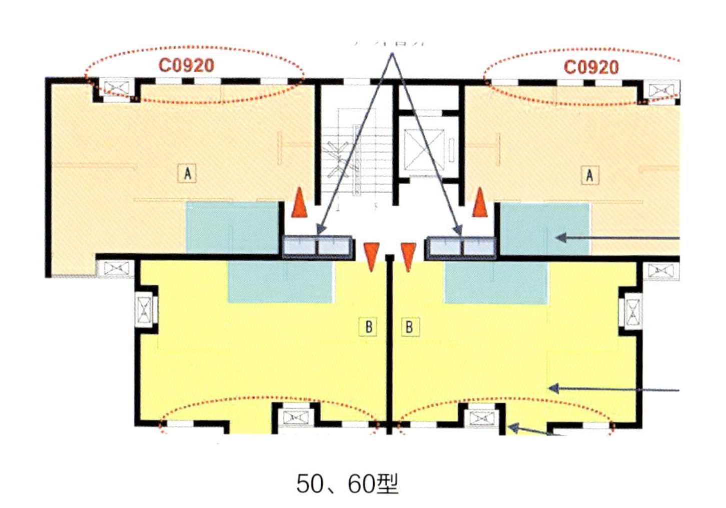

50、60型

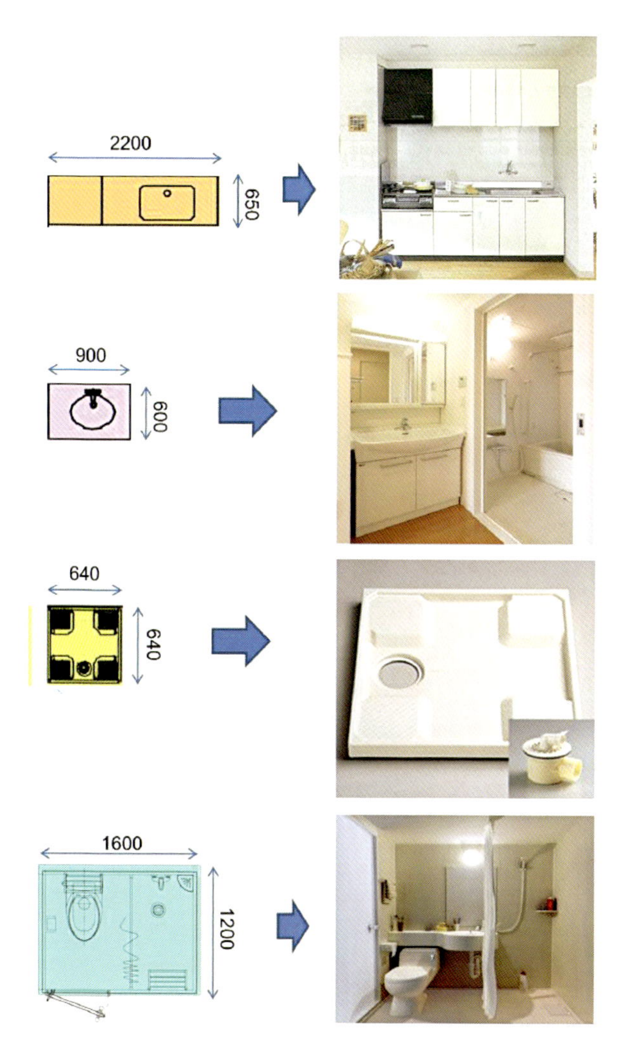

▲ 模数化的大空间结构体

模数化的结构框架、提供可灵活分割的功能空间

规整的结构框架便于生产、施工

集约化的用水空间

报送单位：深圳市华阳国际工程设计有限公司

广东

深圳·龙华扩展区0008地块保障性住房项目

项目概况

本项目位于深圳市龙华扩展区，距梅林关约2km，地块编号为0008。建筑规模为6栋26~28层高层住宅，总建筑面积约21.6万m^2，含面积约35m^2、50m^2、70m^2的套型共计4002套。

本项目为采用工业化生产方式建设的公共租赁住房，总体布局通过顺应城市路网的空间轴线，把地块内的保留山林和绿色园林空间联系起来，并有效地利用绿色新技术，形成一个绿色环保、低碳节能的小区，将建设成为深圳市绿色节能和住宅产业化示范小区。

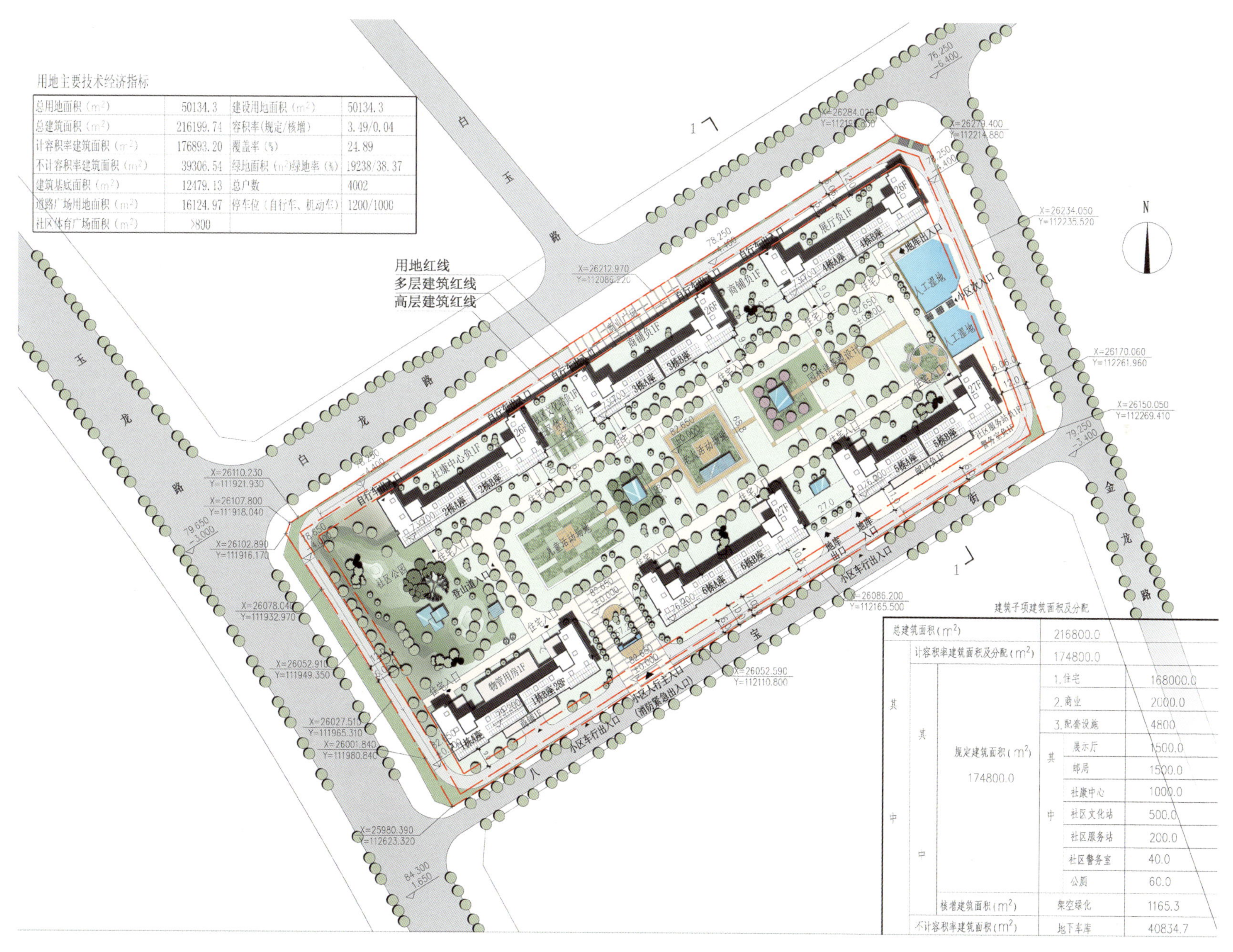

用地主要技术经济指标

总用地面积（m^2）	50134.3	建设用地面积（m^2）	50134.3
总建筑面积（m^2）	216199.74	容积率(规定/核增)	3.49/0.04
计容积率建筑面积（m^2）	176893.20	覆盖率（%）	24.89
不计容积率建筑面积（m^2）	39306.54	绿地面积（m^2)绿地率（%）	19238/38.37
建筑基底面积（m^2）	12479.13	总户数	4002
道路广场用地面积（m^2）	16124.97	停车位（自行车、机动车）	1200/1000
社区体育广场面积（m^2）	>800		

建筑子项建筑面积及分配

总建筑面积(m^2)					216800.0
其中	计容积率建筑面积及分配(m^2)				174800.0
	其中	规定建筑面积(m^2) 174800.0	1.住宅		168000.0
			2.商业		2000.0
			3.配套设施		4800
			其中	展示厅	1500.0
				邮局	1500.0
				社康中心	1000.0
				社区文化站	500.0
				社区服务站	200.0
				社区警务室	40.0
				公厕	60.0
		核增建筑面积(m^2)	架空绿化		1165.3
	不计容积率建筑面积(m^2)		地下车库		40834.7

总平面图

设计说明

1. 采用工业化住宅技术体系，遵循模块化、标准化、规模化的设计原则；
2. 实现工业化住宅建筑设计、室内设计、部品设计的流程控制一体化；
3. 结构设计应用内浇外挂结构体系，主体结构现浇，围护结构预制；
4. 外墙、楼梯、室外走廊（阳台）采用了工厂生产的预制混凝土构件，现场机械安装，像造汽车一样造房子；
5. 通过工业化建筑方式，实现节能环保、节材节水、减少建筑废弃物，提高劳动生产率和减少工程质量通病；
6. 绿色建筑（屋顶太阳能热水、人工湿地、雨水收集等）。

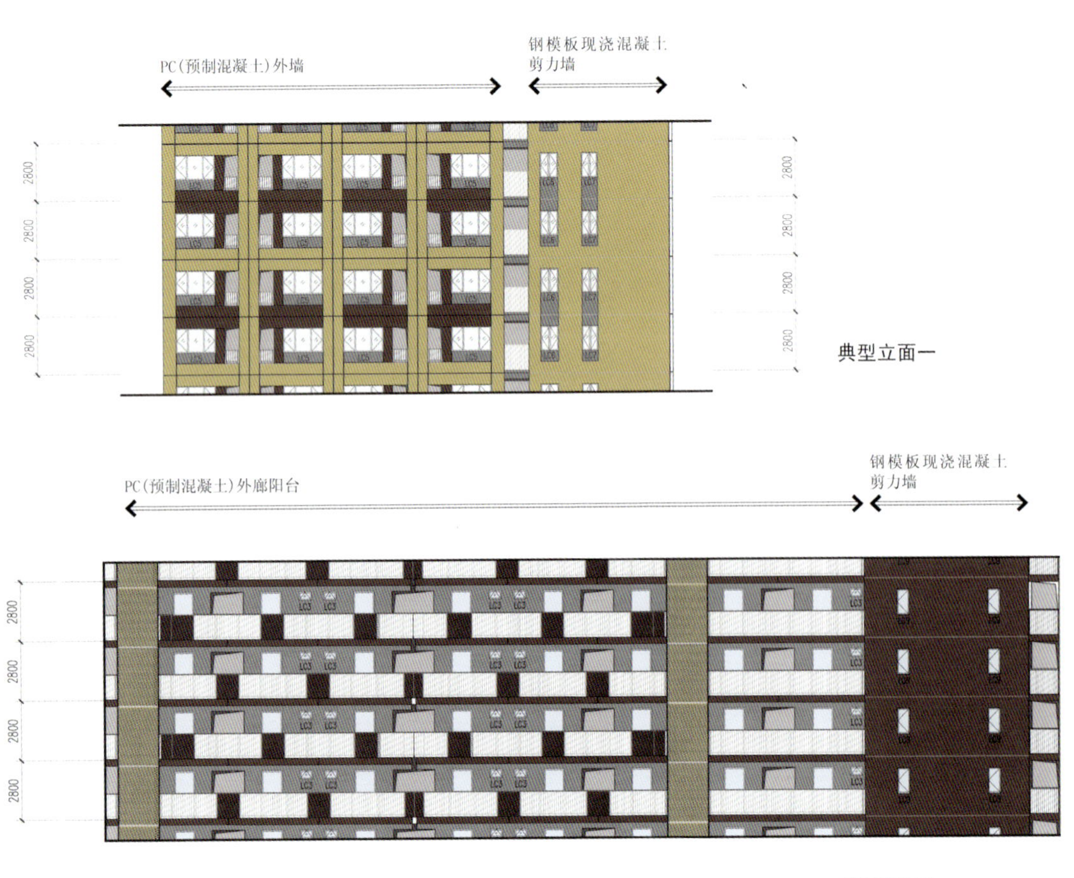

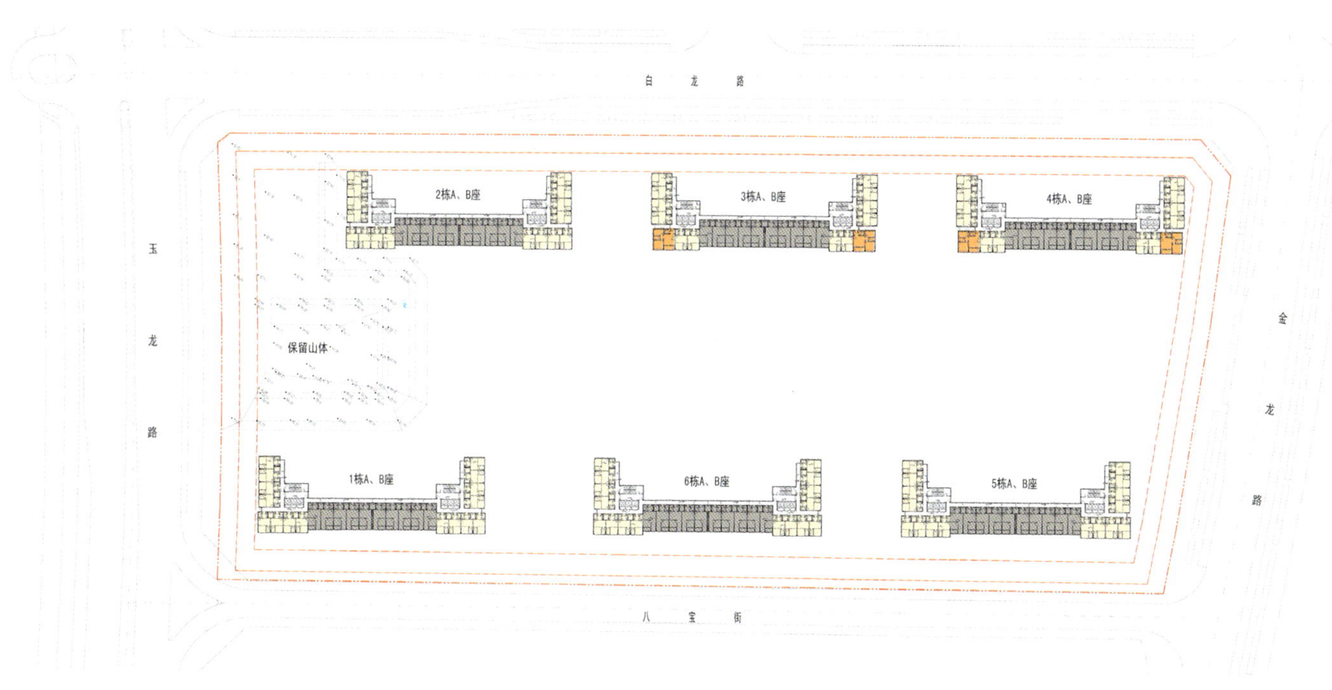

标准层组合平面图

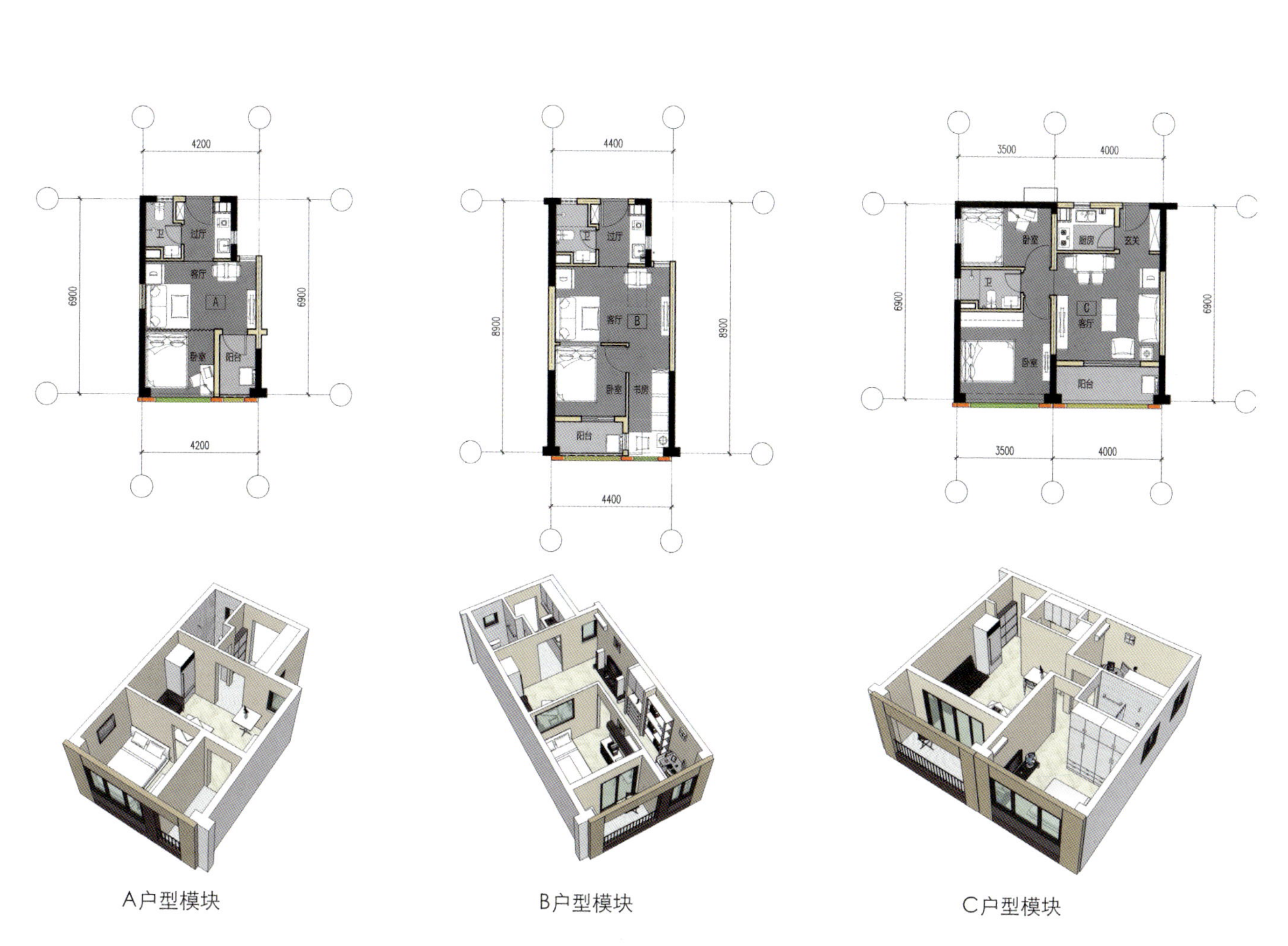

A户型模块

B户型模块

C户型模块

专家点评

这是一个以建造工业化、创造绿色建筑和住宅产业化为目标的各方面设计都比较周全的保障性住房项目。

项目以规划入手，根据周边环境条件，利用山体形成声屏障，创造区内良好声环境；楼栋为南北的布局为争取良好日照、通风环境创造了条件；商业及公共设施配套齐全，半地下停车库，使机动车停车率达95%，同时对自行车停车位也有妥善安排。

以三种套型模块对应不同保障住房类型，并对应外墙为预制钢筋混凝土外墙板，通过合理组织形成12栋重复率达95%的建筑楼栋，设计于建造方式结合密切、有机。

单元造型正确，适合套型选择和项目所在的地域环境条件。通过外廊及天井组织良好套内通风，体现绿色建筑理念。

项目拟采用太阳能热水、雨水回收、废水利用及生活垃圾处理等技术，在实现绿色建筑方面考虑得比较全面。

在全装修实施中通过菜单方式实现统一和住户的选择性的结合。

建筑外部结合预制构件和阳台的处理有丰富的表情与城市关系融洽、良好，也与所处地域环境相协调。

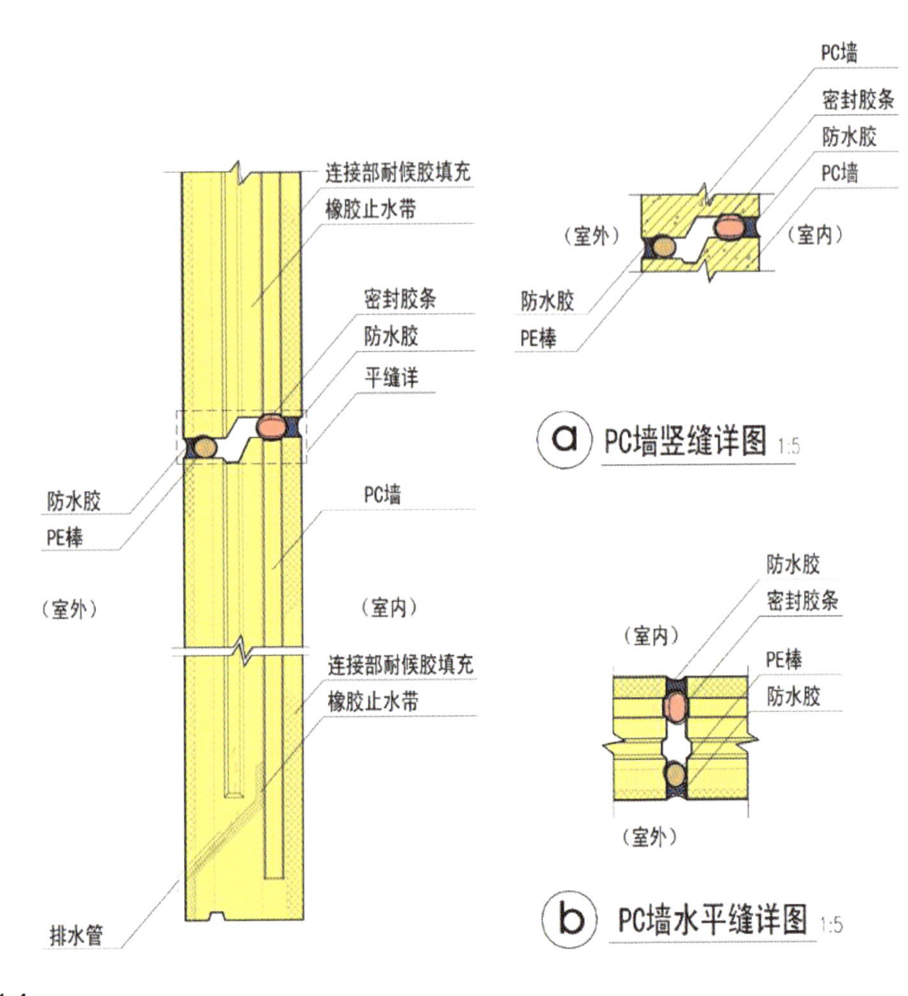

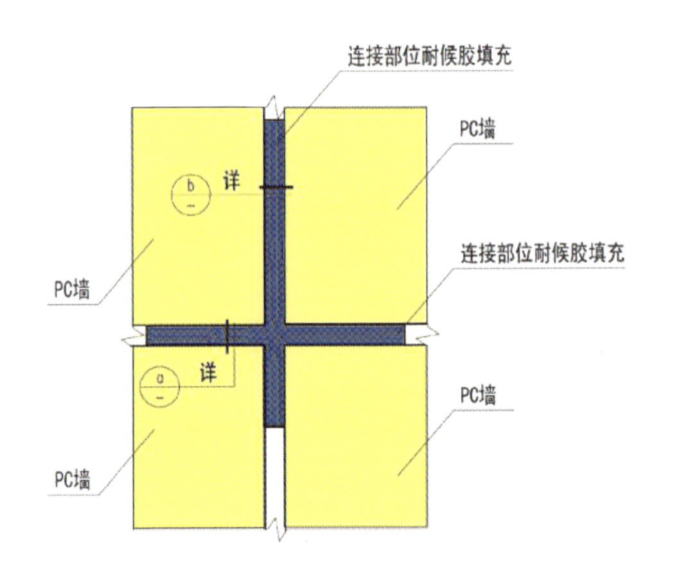

工业化之细部节点

防水设计是采用构造防水与物理防水相结合的方式，通过合理设计预制外墙板侧面的企口、凹槽、导水槽等达到构造防水的要求，墙体内、外侧辅以防水胶条达到物理防水的要求。

存在可再改进、研究的问题：

1. 目前工业化建造只是外墙部位的墙板，实际上在住宅的套内及一些构件上（如楼梯段、管井等）也做出安排，由此不但可以更全面提升质量，也可以改善和提高产品的品质、居住质量。如能在整体卫浴乃至厨房等方面有序考虑会更好。

2. 套型模块设计中，A、B套模块设置了天井（约2.0m×0.9m轴线尺寸），意在强化套内通风同时为起居空间提供采光。这种处置是否必须尚值得讨论，特别在A型还可以从阳光和卧室得到采光（及补偿），而由此带来的构件（墙体）和面积的增加是否值得，尚需通过深入比较、实地观察再做研究。

3. B套模块南面分为2.7m+1.7m（轴线尺寸）两个空间，书房成为一个1.7m×4.0m（轴线尺寸）的窄巷，其利用效率大大降低，而面积达6.5m^2，占套内面积的1/5。在小套型住宅中此为不当处理，还应再改进。

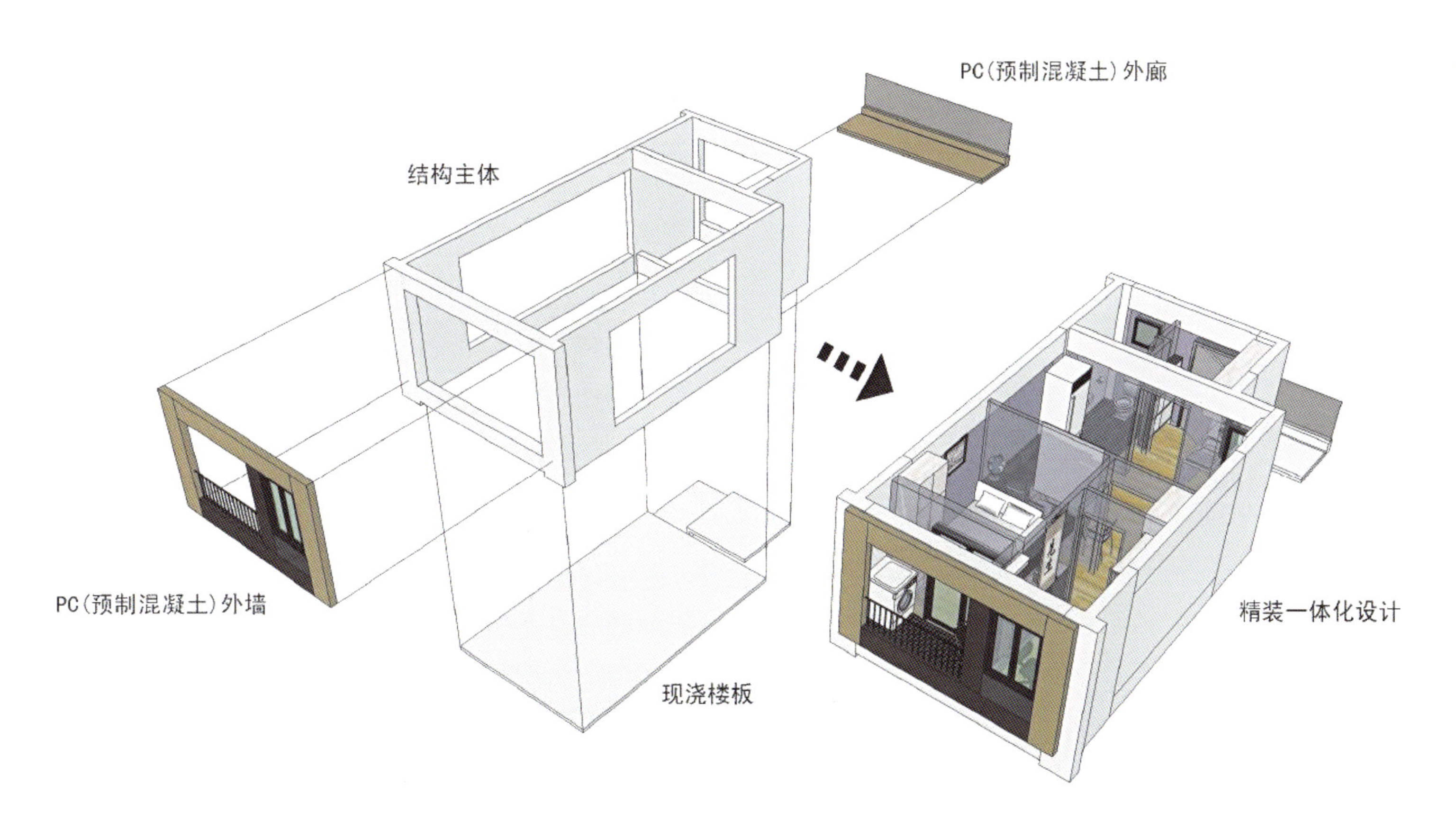

工业化之基本模块

PC预制构件工厂化生产采用的是钢制模具，具有节材、节水、节电、一次成型减少施工误差等良好的生产及施工优势，因此，构件尺寸标准化、构件种类最少化、构件样式最简化为建筑设计中最重要的因素。

产业化说明

一、设计模块化

户型单体设计从平面到装修全部采用模块化设计。运用“模数化”优化设计的A、B、C三个户型模块通过简单的复制、镜像的组合方式，形成A区、A（a）区、B区、C区，再经过合理的公共交通空间组合，形成重复率达95%的两个标准层组合方式，既满足规划设计要点，标准化的平面形式又能完全满足工业化生产的必要条件。通过对标准柱跨进行建模比较，优化PC构件种类，提高构件模板重复使用率，节约成本。

小区整体南立面图

二、设计标准化

通过对单体户型模块、标准层平面的优化组合，辅助三维模型设计试验，PC（预制混凝土）外墙构件设计为“二维板式构件”，有效降低钢制模具制作难度，同时模具重复使用程度相当高，除降低工业化生产成本外，更使得运输、堆放、施工更加便捷、高效。本项目PC（预制混凝土）外墙在保证立面美观、大方的前提下，立面开洞（阳台及窗）尺寸大小统一，外墙选择光整预制面，避免了因形体及立面的凹凸带来的工业化构件复杂，外饰面采用建筑涂料后施工法，有效地减小了构件生产模具数量，降低了预制阶段对工艺和时间的要求，实现了成本降低的目的。立面面层采用涂料，基于PC（预制混凝土）外墙的平整，可最好地发挥涂料的效果，避免因常规外墙基层开裂带来的效果上的破坏；与面砖及石材面层相比降低了工艺及施工的复杂性，防止施工过程中不确定因素对外墙饰面造成的污染，从而降低了成本；此外，涂料在立面形体及色彩的划分上更为灵活。外廊及栏杆亦按照采用标准化生产、现场装配的方式进行设计与施工。

三、布局规模化

在满足规划设计要点的前提下，对户型单体进行建筑设计的出发点使户型模块构成更加统一。整个规划由A（35m^2）、B（50m^2）、C（70m^2）三个户型组成，通过平面布局“模数化”设计使得户型模块更适合标准组合，以此达到外墙、外廊等预制构件尺寸标准化、构件种类最少化、构件样式最简化，降低工业化生产成本、时间周期，减少施工误差，提高施工效率。

小区整体剖面图

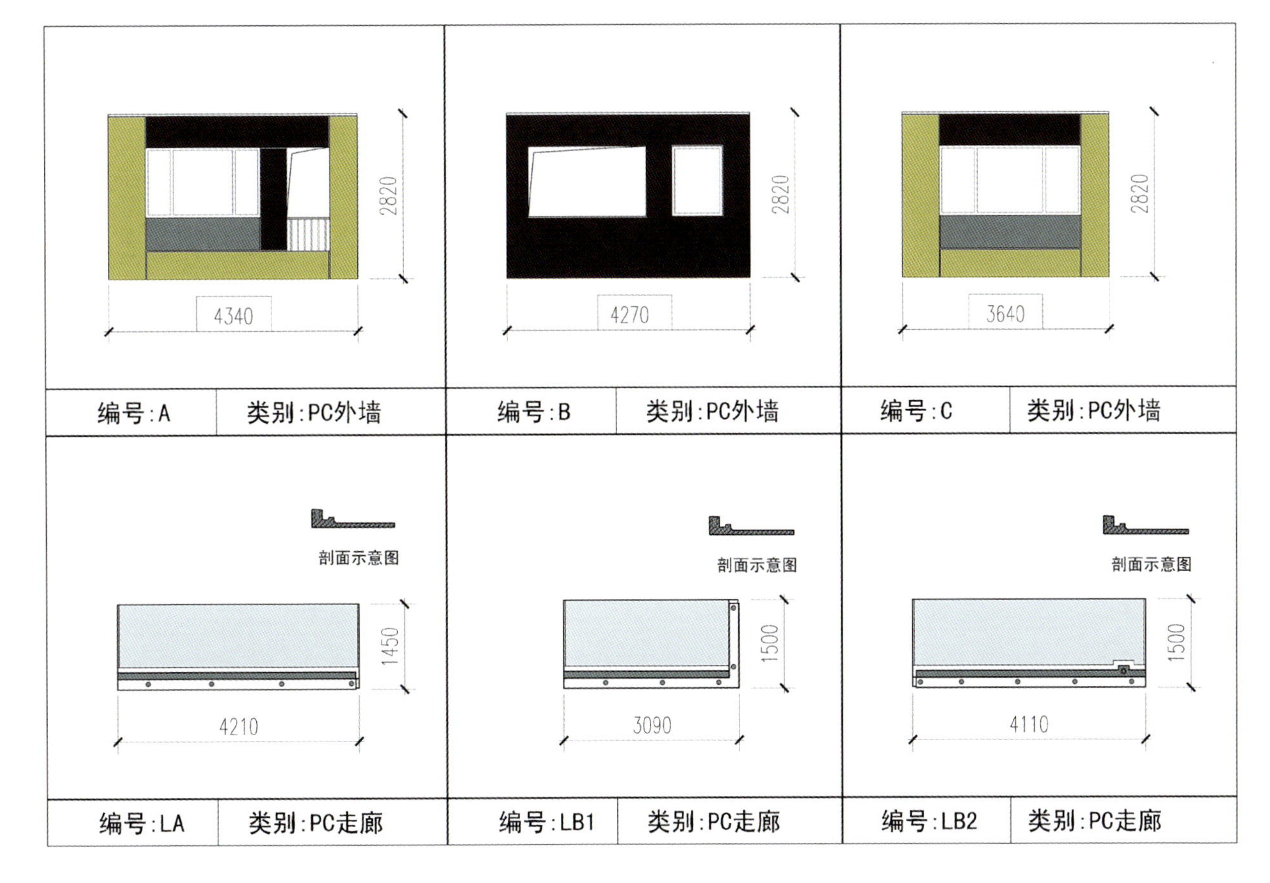

工业化之构件模具

通过对外墙、外廊、楼梯板的模块化设计，使得工厂化生产的标准构件的种类最小化，达到厂家可以像生产汽车零件一样生产住宅产品构件。

中国首届保障性住房设计竞赛
中国首届保障性住房设计竞赛

2011

中国首届保障性住房设计竞赛

二等奖

北京	北京市公安局公租房项目
北京	标准化设计工业化建造的公共租赁住房
北京	丽景园
广东	深圳市深康村保障性住房
广东	政府保障性住房标准化及工业化建造方式设计研究
广东	深圳市地铁横岗车辆段上盖保障性住房建筑方案
重庆	重庆市北部新区康庄美地公共租赁住房建设工程
山东	“核”与“模”——标准生长与自由
山东	保障性住房设计方案
山东	可持续性发展住宅
上海	上海市保障性安居工程马桥旗忠基地22A-02A地块设计
上海	上海市普陀区馨越公寓
浙江	绿城·理想之城
新疆	集合·易居

中国首届保障性住房设计竞赛

报送单位：北京市建筑设计研究院

北京

北京市公安局公租房项目

项目概况

本项目位于北京市宣武区半步桥44号地，南二环路北面，北京市刑侦总队办公楼用地内部，其北侧为宣武法院，东侧邻金泰开阳大厦，西侧为清芷园小区，南侧为刑侦总队办公楼。拟建公租房区域用地约6100m^2。本项目定位为主要面向北京市公安局广大民警租住的全装修中高档公租房，是北京市社会住宅新的试点。

总平面图

设计说明

道路系统规划

在西北侧开设一个主要车行口，使小区车辆从西北口进入，经停车场，再从西北口出，同时与建筑南侧消防车道形成环路。在用地西南侧开设应急出入口，满足消防及紧急情况时车辆通过，利用有限用地，在北侧解决了82辆地面停车。

绿化及景观系统

本项目在停车桥和建筑之间设置水平向景观带，使得车辆的尾气、噪声等污染尽可能少的影响居民生活。同时与南侧刑侦总队办公楼用地综合平衡，使绿化率达到25%。

立面设计

建筑风格融合了东方哲学的有机建筑设计理念，强调建筑是有机的生命，追求建筑与环境的共生，适合本规划中先景观、后建筑的理念。建筑风格内敛，具有较强的历史、文化感。

规划用地平衡表

用地类别				用地面积(平方米)	图幅号
用地性质	建设用地	F1住宅混合公建用地	公租房建设用地	6139.875	用地钉桩成果文号
			刑侦总队办公大院建设用地	18282.618	2010拨地0634
	代征绿化用地			——	
	代征道路用地			857.730	
	合计			25280.223	

公共服务设施规划设计指标

序号	名称	实设建筑面积 (m²) 地上	实设建筑面积 (m²) 地下	一般规模 建筑面积 (m²)	一般规模 规模 (处)	一般规模 用地面积 (m²)	建筑面积配置规定	备注	居住人口
1	社区卫生服务站	50		50	1	——		与里仁街6号院合用配套	1025
2	文体活动站	200		200	1	——	可包括青少年活动、老人活动（不少于50m²)\文化康乐、图书阅览等	与里仁街6号院合用配套	
3	综合文体活动场地	——	——	——	1	500		与里仁街6号院合用配套	
4	商业服务	100		100	1	——	含再生资源回收点	与里仁街6号院合用配套	
5	社区居民委员会	90		90	1	——		与里仁街6号院合用配套	
6	物业管理用房		50	50	1	——	可包括房管、维修、绿化、环卫、保安等	位于1#楼地下	
7	存自行车处	——	1098	——	——	——	按每户存自行车2辆、每车建筑面积1.5m²设置 可利用地下室存车，分散设置。	自行车停车在1#楼地下解决	
8	居民汽车场库	——	——	——	——	——	根据公共租赁住房建设技术导则和交评意见 本地块按0.2个车位/户配置机动车停车位	楼北侧地面停车	
9	配电室		150	6	1	——	箱式：2~3万m²设一处，建筑面积6m²。	贴邻于1#楼地下	
10	有线电视光电转换间		16	16	4		100户设一处，建筑面积4m²，可不单独占地。	位于1#楼地下	
11	垃圾分类投放站	——	——	——	4	24	用地面积6~8m²/100户	地块内分散布置	
12	其他配套服务设施	——	——	——	——	——	——	——	
合计		440	1314						
		1754							

备注：本规划配套指标满足《北京市居住公共服务设施规划设计指标》（市规发[2006]384号文）附表4的要求。

综合经济技术指标

项目名称		单 位	指 标	所占比重
总用地面积	共计	ha	2.528	100%
	（其中）建设用地面积	ha	2.442	97%
	（其中）代征道路用地面积	ha	0.086	4%
总建筑面积		m²	78282	
其中:				
地上总建筑面积		m²	64102	
住宅总建筑面积计算值(含阳台按全面积计算)		m²	22702	
住宅总建筑面积(含开敞阳台按1/2面积计算)			21955	
保留建筑地上建筑面积		m²	41400	
地下建筑面积		m²	14180	
新建地下建筑面积		m²	1780	
保留建筑地上建筑面积		m²	12400	
建筑基底面积		m²	6500	
居住户数		户	366	
居住人口		人	1025	
容积率			2.6	
建筑密度			27%	
绿地面积		m²	7345.87	
绿地率			30.1%	
机动车停车位		辆	396	
新增停车位		辆	82	
原有停车位		辆	314	
新增自行车停车位		辆	732	

套型结构比例明细表

楼号	性质	地上层数	地下层数	每栋总建筑面积(m²)	地上建筑面积(m²)	地上住宅建筑面积(m²)	地下建筑面积(m²)	套数	90m²以下住房建筑面积(m²)	90m²以下住房套数	每栋楼90m²以下住房面积比例	90m²以下住房总面积占住房项目总面积的比例
1#楼	公租房	23(最高)	2	23735	21955	21955	1780	366	21955	366	100.00%	——
合计	——	——	——	23735	21955	21955	1780	366	21955	366	——	100.00%
总建筑面积(m²)	23735											

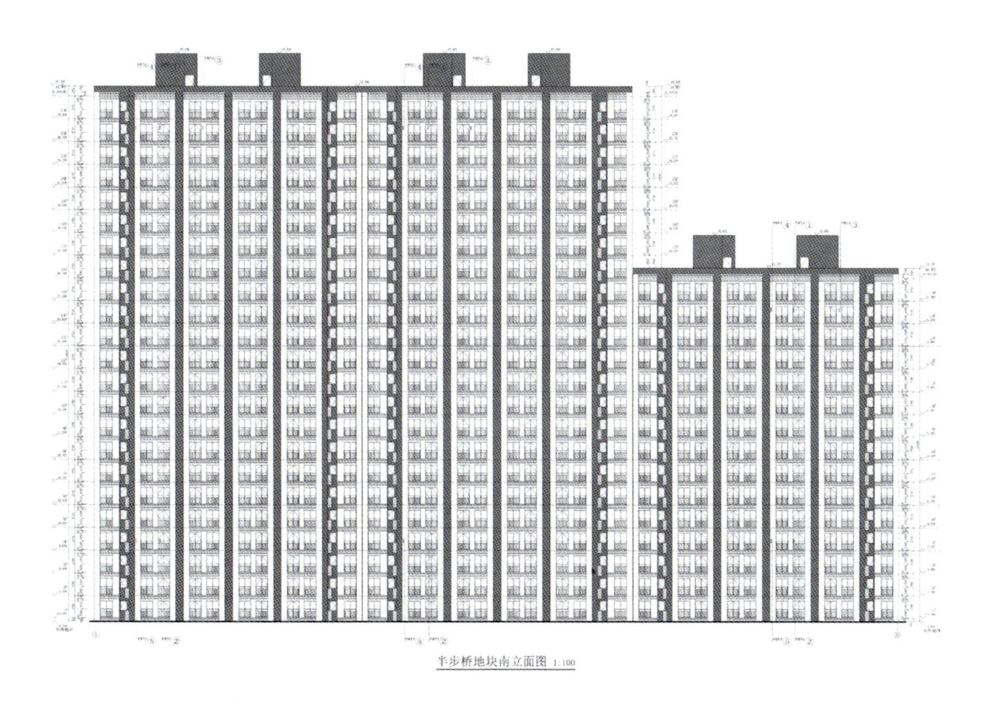

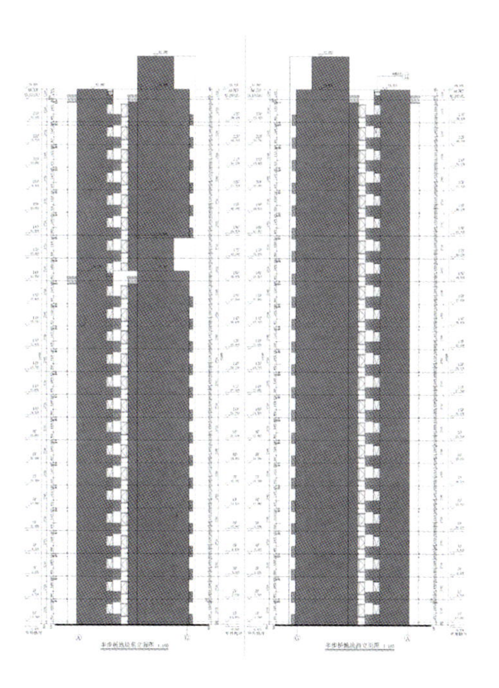

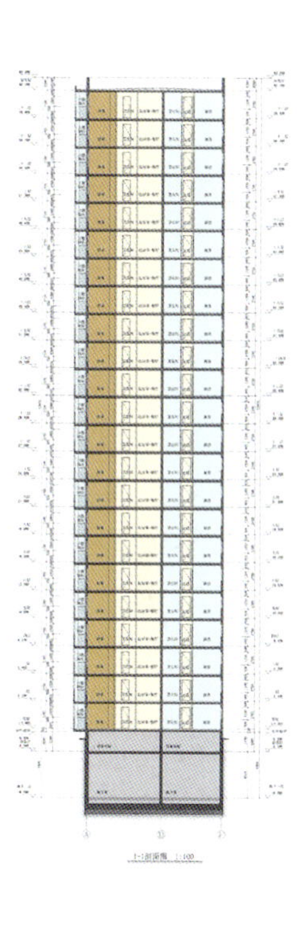

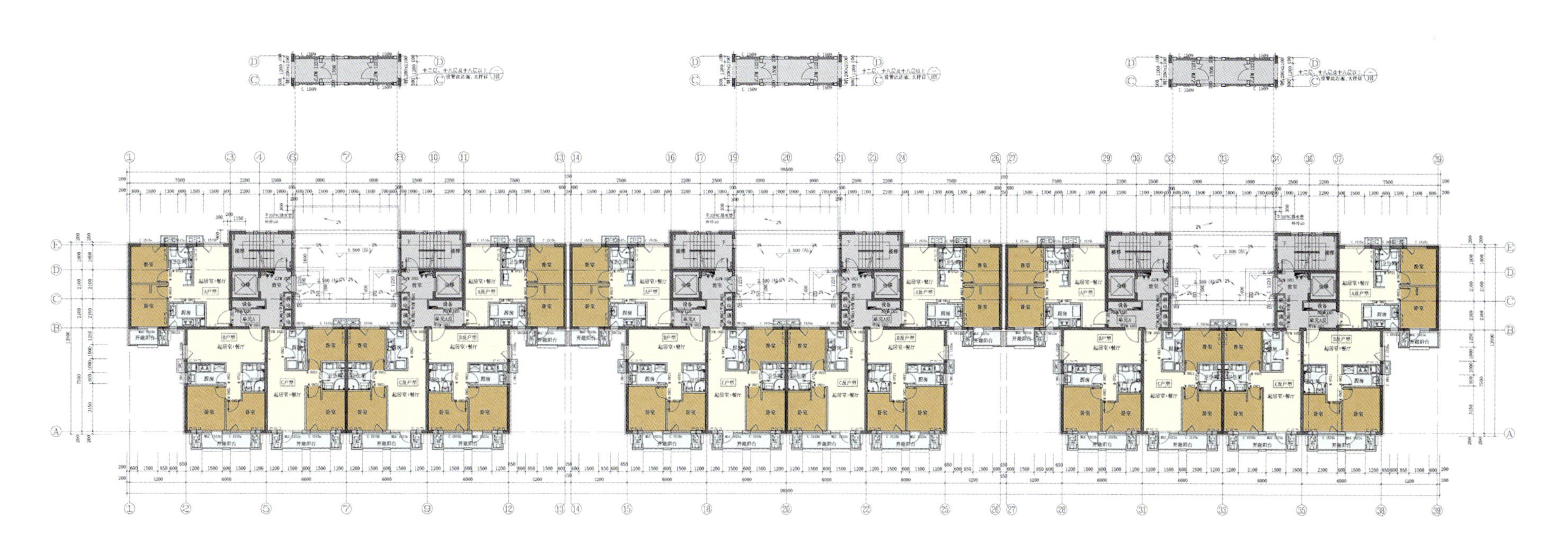

专家点评

本项目属单位自建社会住宅试点。用地交通便利，半步桥地块更靠近城市中心区。均为高层，套型面积控制在60m^2。

项目比较突出的是采用部分（南向纵横）弥制装配式剪力墙结构。

为在有限用地中解放出更多停车，在用地北侧设开敞停车桥结构方式，提供了更多车位。

项目按照北京市公租房导则在南阳台设分户式太阳能集热器提供生活热水。

以模块式6.0m×7.5m的大开间套型组织单元，为套内空间灵活布置与改造提供方便。在套内40m^{2}面积空间内实现两室一厅布局，厨、卫面积均达到3.4~4.0m^2，有些套型还有入户过渡空间及储藏空间，空间利用比较紧凑。

存在不足与建议：

1. 一些套内存在走道且面积近3m^2，与此同时，起居空间的开间为2.7m，尚可在开间尺寸及套内布局上再做深入研究。

2. 单元平面采用将楼电梯分成两组布置方式，虽可为平面布局开敞北向外墙提供便利，但其带来的不利影响也是显而易见的，特别在楼层达18层及以上时，对交通的便利性以及因隔层设连廊（封闭）将会带来不利影响。

3. 本项目的方案为采用更多住宅产业部品提供了可能，如整体卫生间，但遗憾的是未能采用，否则还可以便利套内布置并提高空间利用率。

产业化说明

四大主题方面打造未来的公租房，积极推动住宅工业体系的形成，通过推进技术创新和技术集成的应用，促进住宅产业化的发展。

一、工业化

为了改善传统的以现场湿作业为主的住宅建设方式，减少高耗能、高耗材问题，本方案从主体工业化和内装工业化两个方面入手，从设计阶段开始认真考虑工业化的推广与实施。

主体工业化：本方案为钢结构的主体，具有强度大、抗风、抗震性能；自重轻，地基的处理较容易，地下工程成本降低；工期短、间接费用少；易于实现工业化生产，标准化制作；钢结构材料可全部回收，符合可持续发展战略等优势。

内装工业化：主要包括整体厨房、整体卫浴、门窗、设备、管线等方面的标准化设计。

二、标准化

通过“模数化”设计与系列化的设计，实现建筑、结构、设备设计之间的协调，又满足不同住户的居住需求，提供多样化的选择。模数化设计通过模数控制可变空间、厨卫、储藏空间、灵活地划分空间的隔扇或家具，同时将部品进行通用化设计，管网集中化设计。系列化设计是由确定的“模数化”户型进行系列化组合，既可以适应用地的多变性，也可通过户型合并变化，满足日后的改建需求。

三、耐久化

采用CSI住宅体系，延长住宅使用寿命，形成住宅工业体系，实现住宅的可持续发展。不但要满足近期的使用要求，而且要保证使用过程中维修、建造、更新、优化的可能性和方便性，使住宅更具备耐久性。

四、环保化

从节地、节能环保、节水节材、健康安全四个方面，运用新技术，注重小区的环保，实现可持续发展战略。

报送单位：中国建筑标准设计研究院

北京①

标准化设计工业化建造的公共租赁住房

① 该项目位于南方某地区。“北京”是报送单位所在地，并非项目所在地。

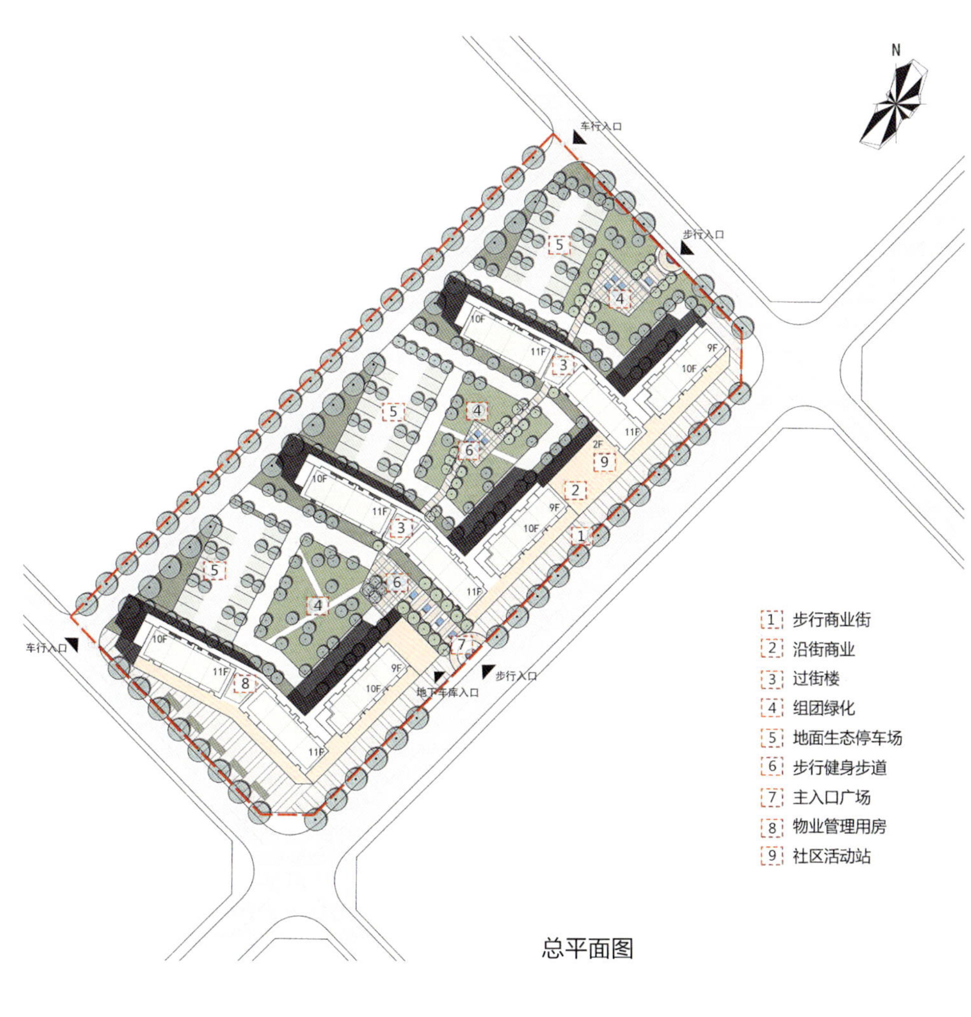

总平面图

项目概况

本项目位于南方某地区。项目用地12528m²，用地呈45°倾斜的长方形地块，用地内部较为平坦，无明显地势变化。

标准层平面图

经济技术指标表

项目			数值	单位
规划用地面积			12528	m²
总建筑面积			30878	m²
其中	地上	住宅建筑面积	23873	m²
		商业建筑面积	2105	m²
		物业建筑面积	100	m²
	地下		4800	m²
容积率			2.1	
建筑密度			19.3%	
绿地率			35.6%	
户数			402	户
停车位	地面停车		53	个
	地下车库停车		90	个
停车率			35.5%	

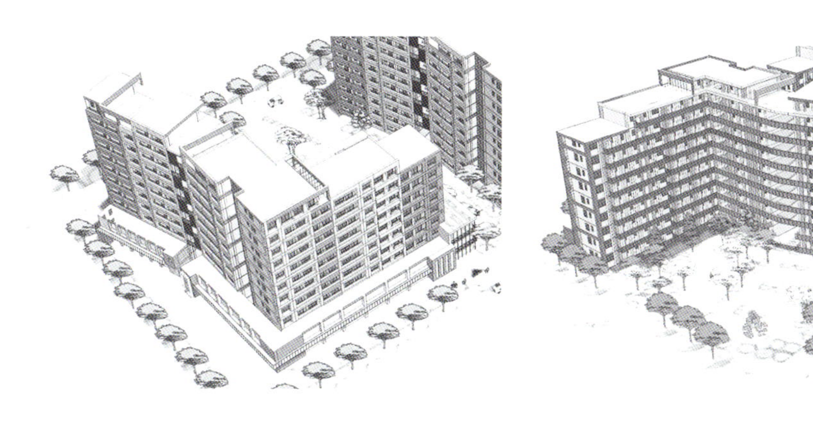

设计说明

为将本项目打造成为当地最优秀的公共租赁住房项目，在规划设计过程中，遵循以下原则：

1. 充分利用用地现状，节约用地与资源。

2. 规划注重密度和形态的变化，创造丰富的社区空间。

3. 强化社区的路径和公共节点，以形成抑扬折曲、开阖多变的“流动的风景”，强化社区景观性。

4. 道路设计便捷、安全、可达性强。

5. 住宅建筑设计以探究深层次的住居需求和理想为目标，力求通过丰富的细节体现无微不至的人性关怀。

本方案设计理念是力求打造未来的公租房，在住宅建筑全生命周期中实现持续高效地利用资源、最低限度地影响环境，积极推动住宅工业体系的形成，通过推进技术创新和技术集成的应用，促进住宅产业化的发展。

设计构思框架

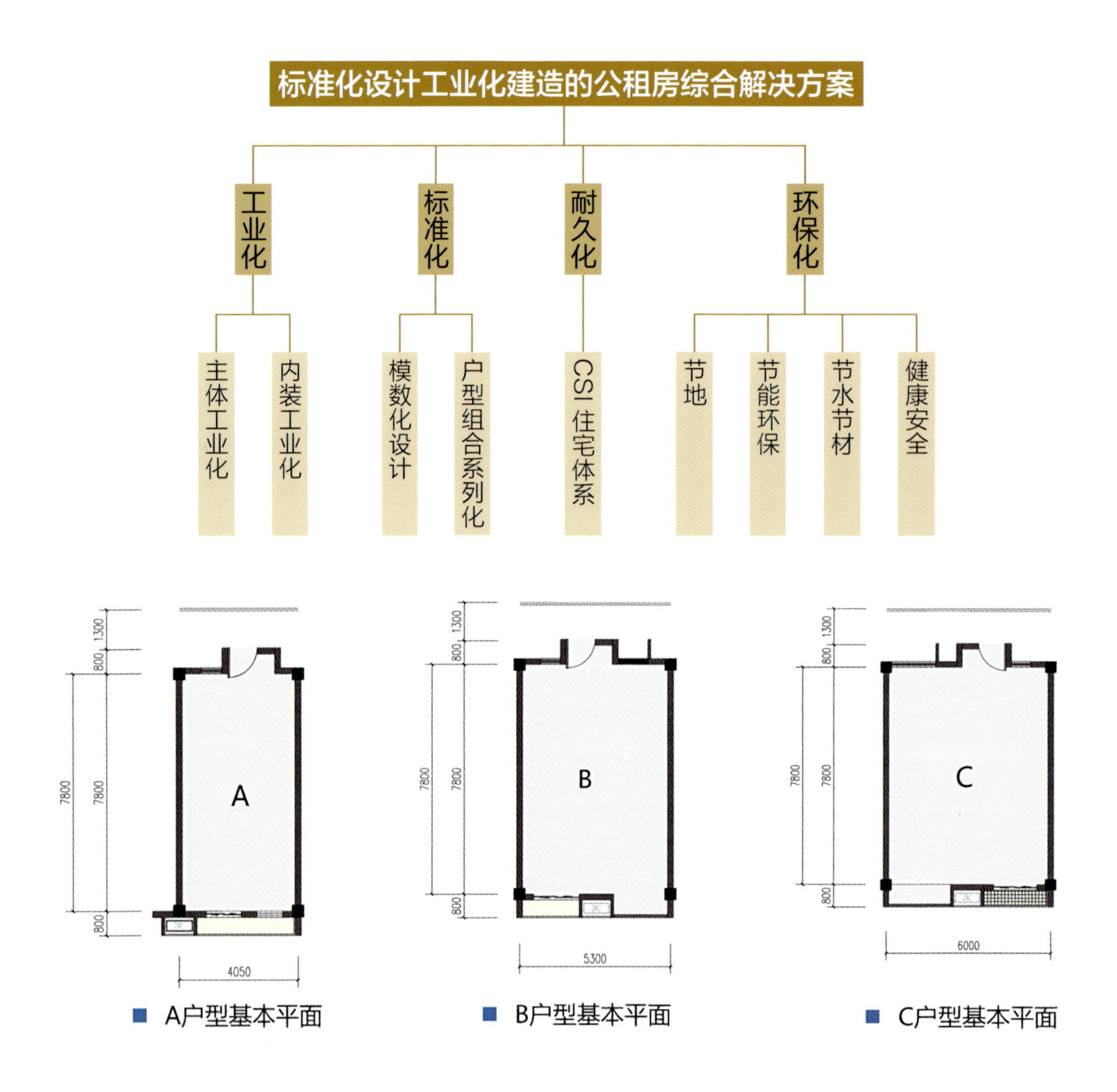

A户型基本平面　B户型基本平面　C户型基本平面

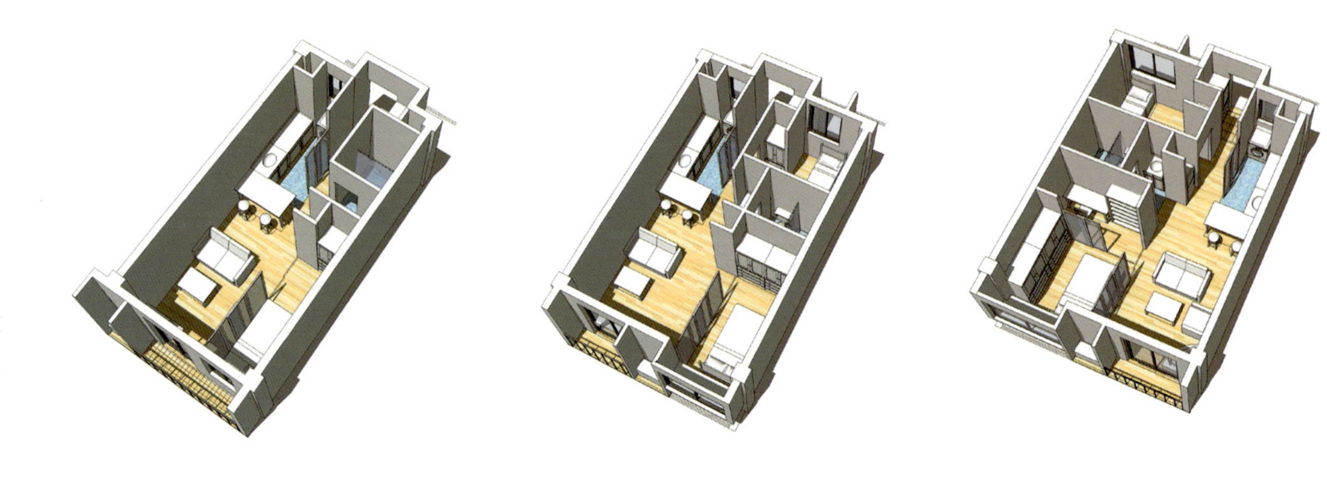

户型的模数化设计

本项目为公共租赁住房，户型面积分别为$40m^2$、$50m^2$、$60m^2$三个模块。

专家点评

该项目定位为标准化设计工业化建造的公共租赁住房，具有很好的推广和示范意义。

方案的院落式设计不仅形成了有围合感的公共空间，而且沿道路的商业建筑形成了良好的城市景观。

方案设计同时考虑到主体和内装的工业化。全面采用了钢结构主体和整体厨房、整体卫浴、门窗、设备、管线等方面的标准化设计。

方案以40m^2、50m^2、60m^{2}的模数化户型为基础进行组合，既可依适应不同的用地条件和保障对象进行组合设计，也可通过合并变化满足将来的改建需求，甚至改为公共建筑。

每个模块的区别在于进深相同，面宽不同，内部空间可以自由分割，并由标准化的厨房、整体卫浴、收纳家具、灵活隔墙等完成内装修。

方案采用了CSI住宅体系，是一种长寿命的工业化住宅体系。方案还提供了比较全面的绿色建筑技术体系，且具备应用的可能性。

▼ 系列标准户型的组合变化

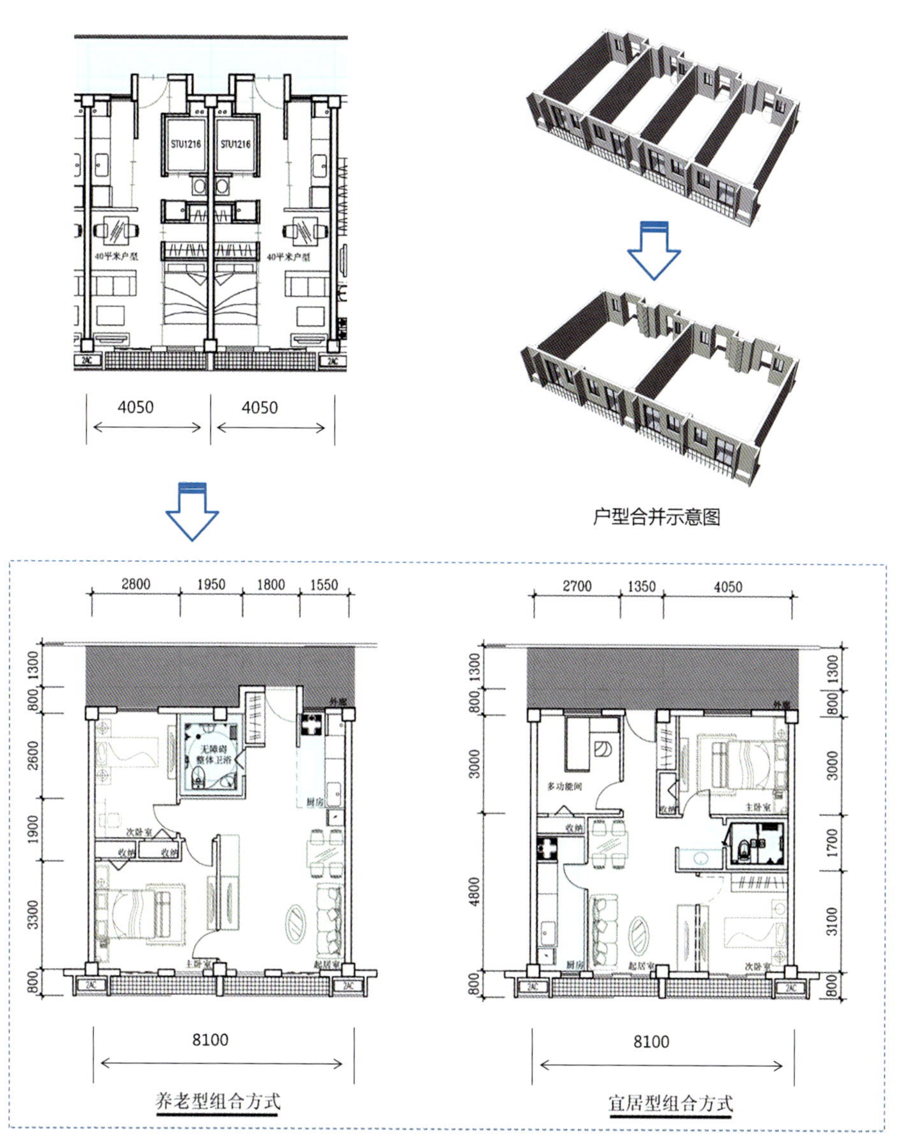

模块户型合并后的模数化

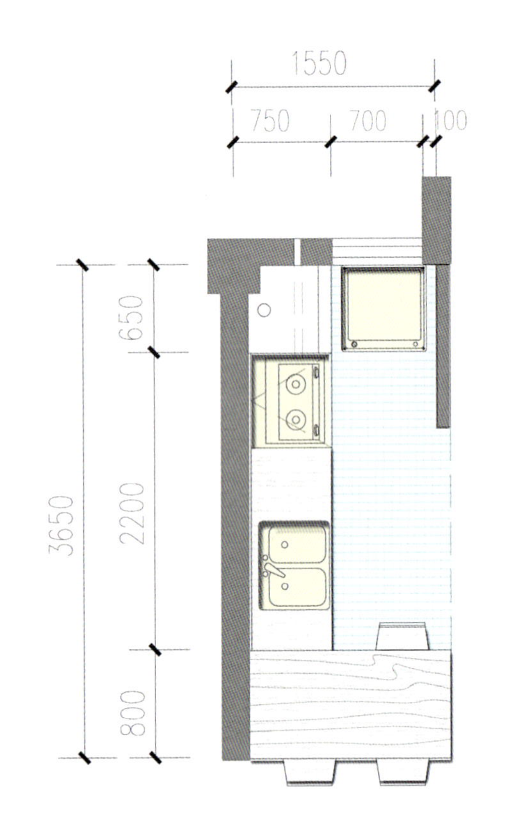

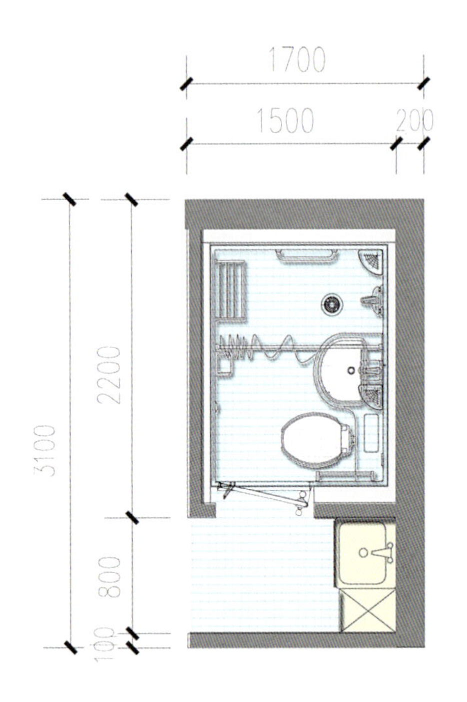

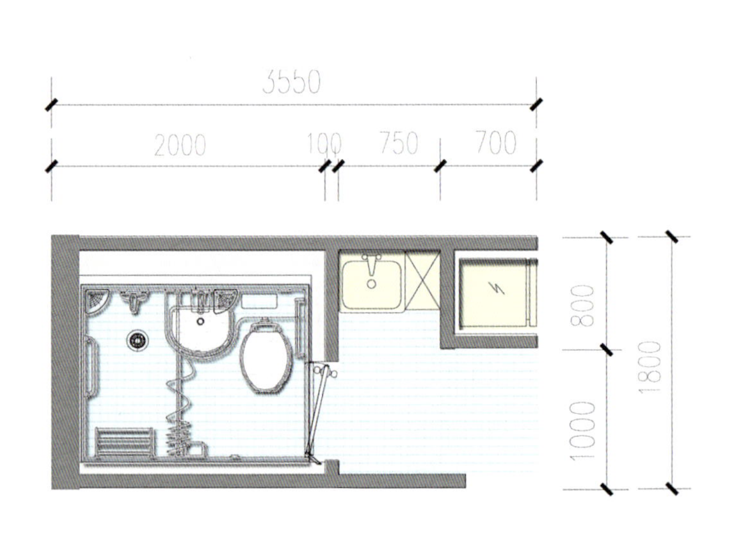

厨房空间示意图

卫生间示意图

卫生间及门口收纳空间示意图

A户型
玄关
洗衣
厨房
卫生间
起居室+餐厅
卧室
阳台
B户型
玄关
洗衣
厨房
卧室
卫生间
起居室+餐厅
卧室
阳台
飘窗
C户型
玄关
卧室
洗衣
厨房
卫生间
起居室+餐厅
书房
卧室
飘窗
阳台
洗衣
厨房
卫生间
洗衣
厨房
卫生间
卫生间
洗衣
厨房
A户型厨卫模块
B户型厨卫模块
C户型厨卫模块

报送单位：华通设计顾问工程有限公司、北京金隅嘉业房地产开发有限公司

北京

丽景园

总平面图

项目概况

本项目以中低收入家庭、经济、适用、社会保障为设计要点，再围绕活力健康之城——多元化生活场景进行项目主体设计，以改善周边的交通状况，提升居民的生活品质，带动该地区的经济活力为目标。最后将生态宜居地区的经济型——“百姓触手可及的绿色住宅”为最根本的出发点进行具体建筑方案设计。

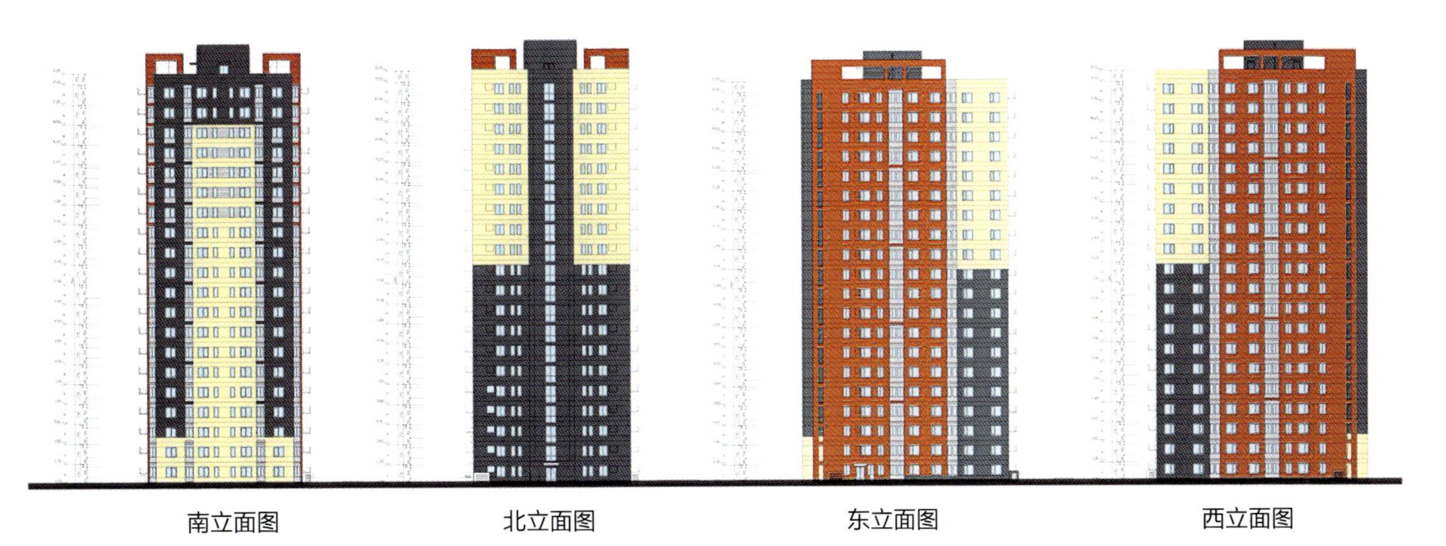

南立面图　北立面图　东立面图　西立面图

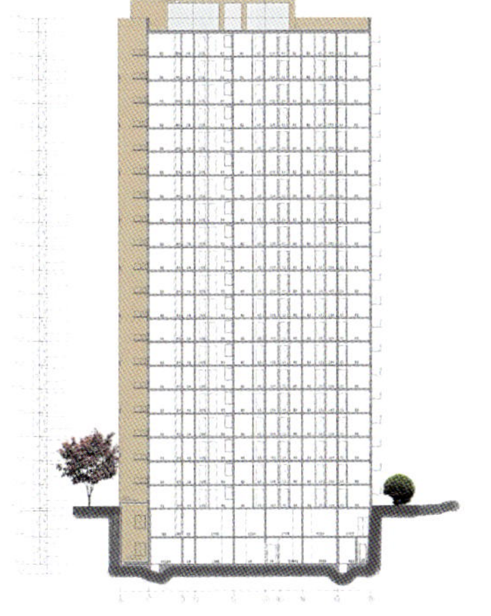

剖面图

设计说明

规划

紧扣经济 、适用、宜居主题，以相匹配的规划设计手法（被动式节能、短板塔式布局、产品均好性）打造可持续发展的和谐社区。

产品

提高产品的均好性，使每一户都均衡共享采光、通风、景观等资源。在保证居住品质的同时，提高产品得房率，合理降低开发成本，力争打造可持续发展的绿色社区。采用经济节能的保温隔热材料、遮阳系统、节电设施和节水系统等，从宏观到细节系统打造经济型可持续发展社区。

绿色节能

1. 以被动式节能为主，在努力提升项目的绿色品质的同时，尽可能降低由此所带来的额外投入。

2. 引入了计算机BIM技术和实效模拟技术作为辅助设计手段，以建筑性能化分析为科学依据，力争在规划设计阶段使建筑环境和品质达到最优。

3. 以集成化设计为手段，改变传统设计流程，实现设计的绿色创新。

4. 以定量化输出为结果，实现对项目的精准化评价。

经济技术指标

套型	套内使用	套内建筑
D-A	26.6m^2	41.89m^2
D-B	18.47m^2	29.09m^2
D-C	19.53m^2	30.76m^2
D-D	19.85m^2	31.76m^2
D-E	29.08m^2	45.80m^2
D-F	28.71m^2	45.21m^2
D-G	30.59m^2	48.17m^2
D-A反	26.6m^2	41.89m^2
D-B反	18.47m^2	29.09m^2
D-C反	19.53m^2	30.76m^2
D-D反	19.85m^2	31.26m^2
D-E反	29.08m^2	45.80m^2
D-F反	28.71m^2	45.21m^2
D-G反	30.59m^2	48.17m^2

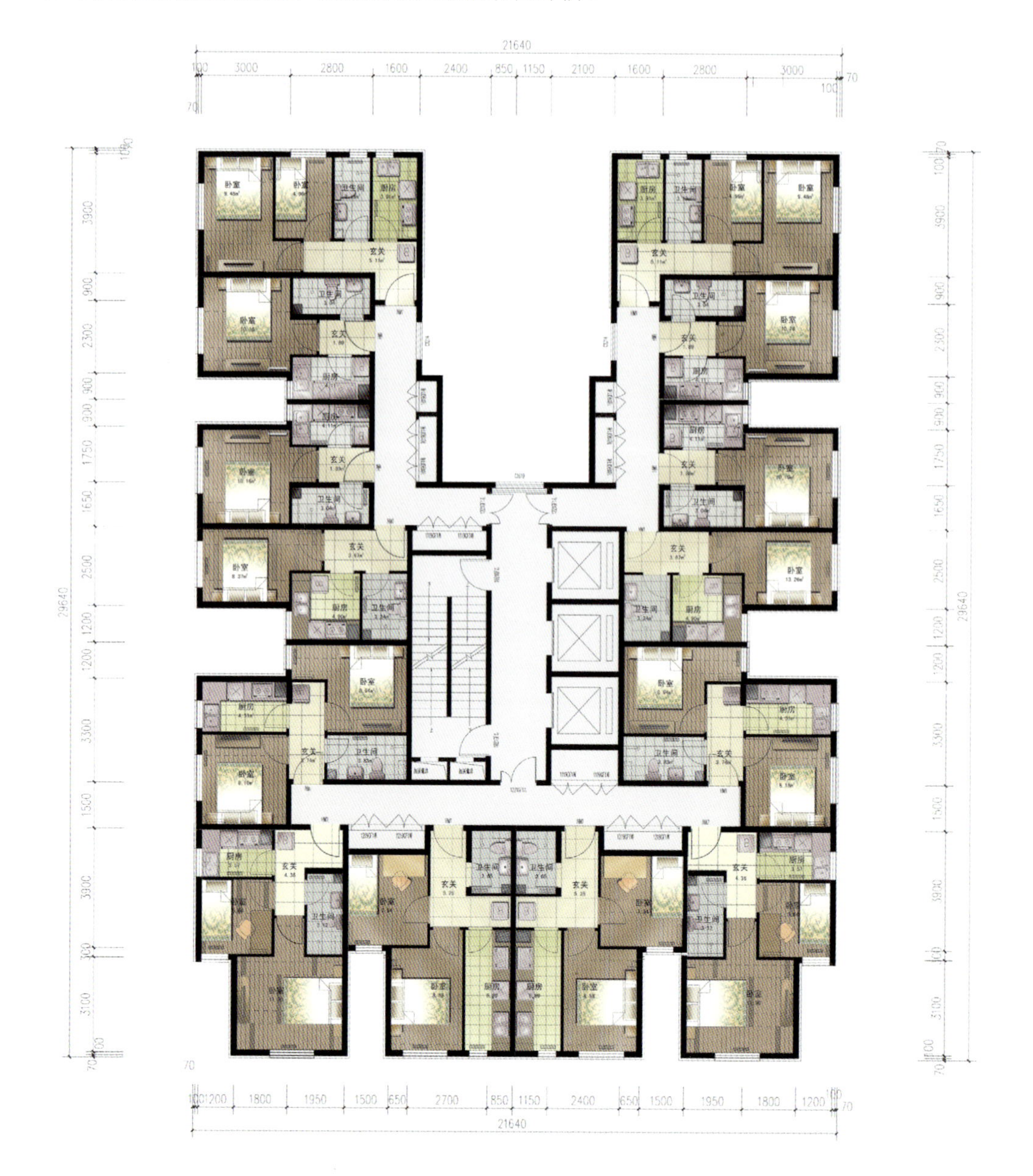

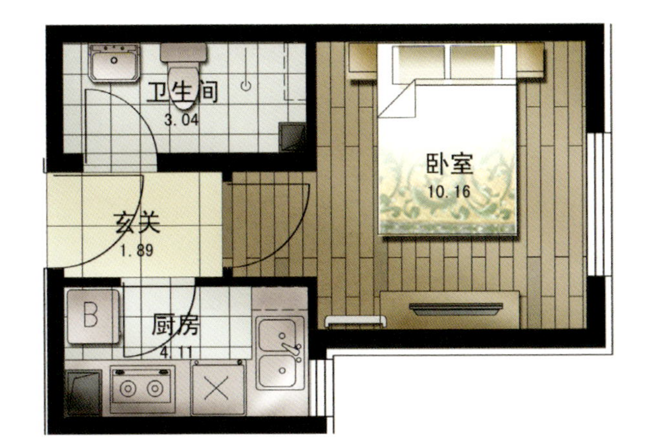

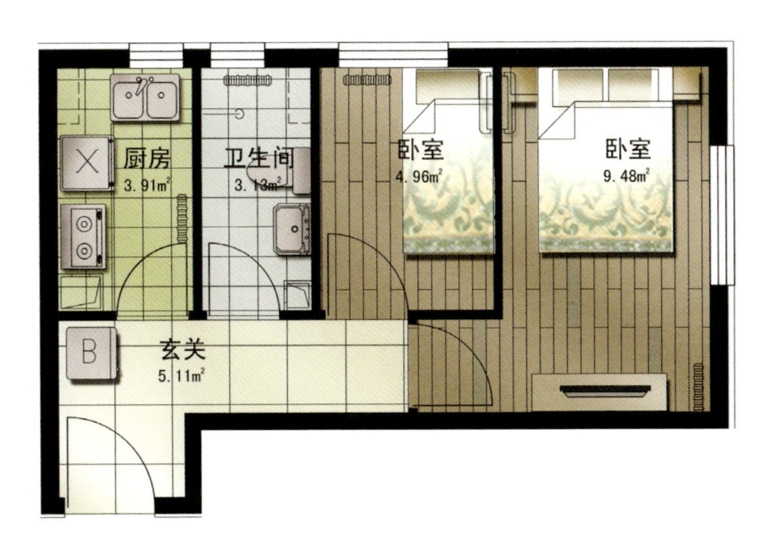

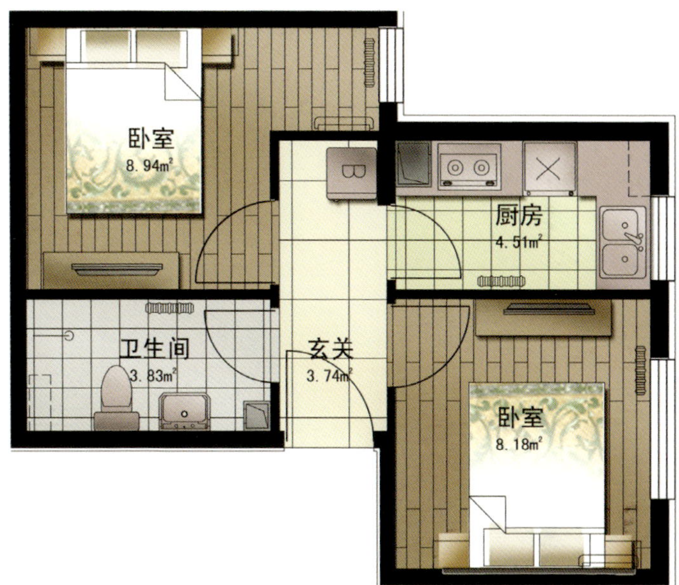

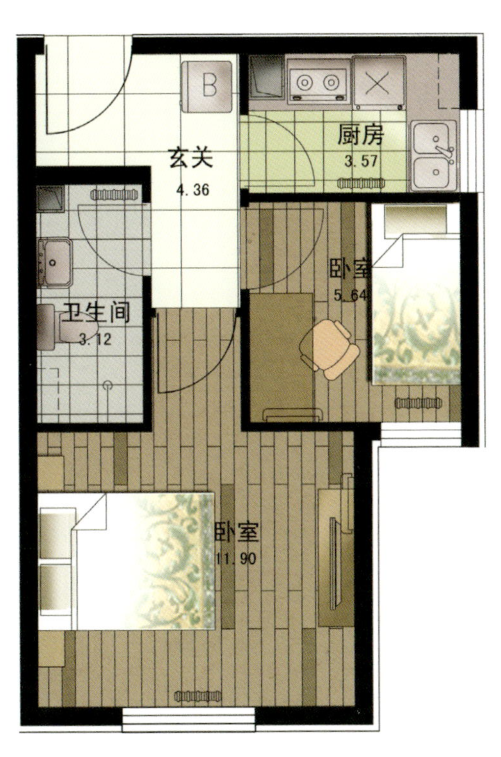

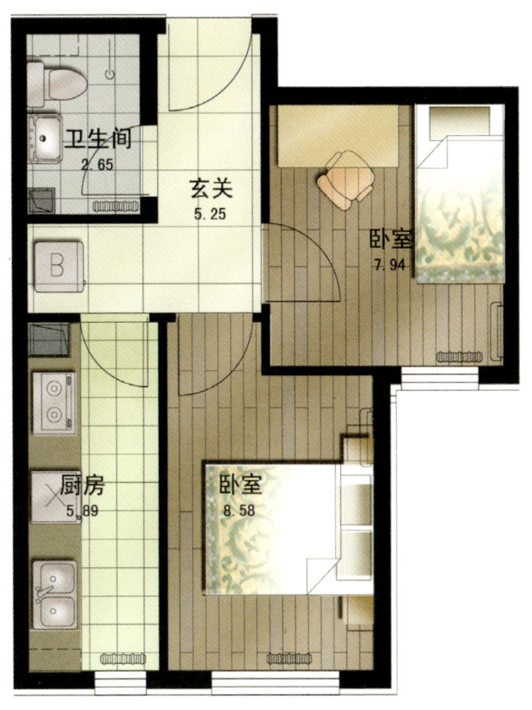

户型模块化设计

方案设计中对各种面积区间的户型进行标准模块设计，在整体规划设计中，可根据相应的户型比例及排布要求进行灵活组合，为产业化住宅设计奠定了基础。

专家点评

亮点：

1. 该项目紧邻城市地铁和公交站点，交通便捷，配套设施齐全，有助于降低中低收入家庭的生活成本。同时，在住宅楼和地铁站间适当布置商业设施，一则可缓冲密集人流对居住环境的干扰，二则可借助相对集中的人流活跃商业氛围。

2. 利用计算机模拟技术作为辅助设计手段，对住区日照、通风、室外声环境等进行量化分析和优化设计，有利于提高规划设计方案的科学性。

3. 对不同面积指标的户型进行标准模块设计，可根据所需要的户型比例及排布要求灵活地组合成不同的住宅单元。较好地处理了标准化和多样化的相互关系。

4. 在深入研究和分析的基础上，对厨房、卫生间、管道井等部位的平面形状、尺度、设备和管线布置等进行了精细化设计，保证了方案的合理性，提高了空间利用率和使用者的舒适度（对于小面积住宅而言，深入做好此项目工作显得尤为重要）。

5. 采用经济节能的保温隔热材料、遮阳系统、节电设施和节水系统等，从宏观到细节系统地贯彻节约资源、保护环境的可持续发展理念。

不足：

1. 对于该项目中层数最多的住宅楼（32层），布置3部电梯数量偏少（以每层14户的住宅单元为例，每部电梯平均服务近150户居民）。

2. 住宅缺乏可改造性。

优化建议：

1. 适当增加电梯数量。

2. 考虑未来可改造性。

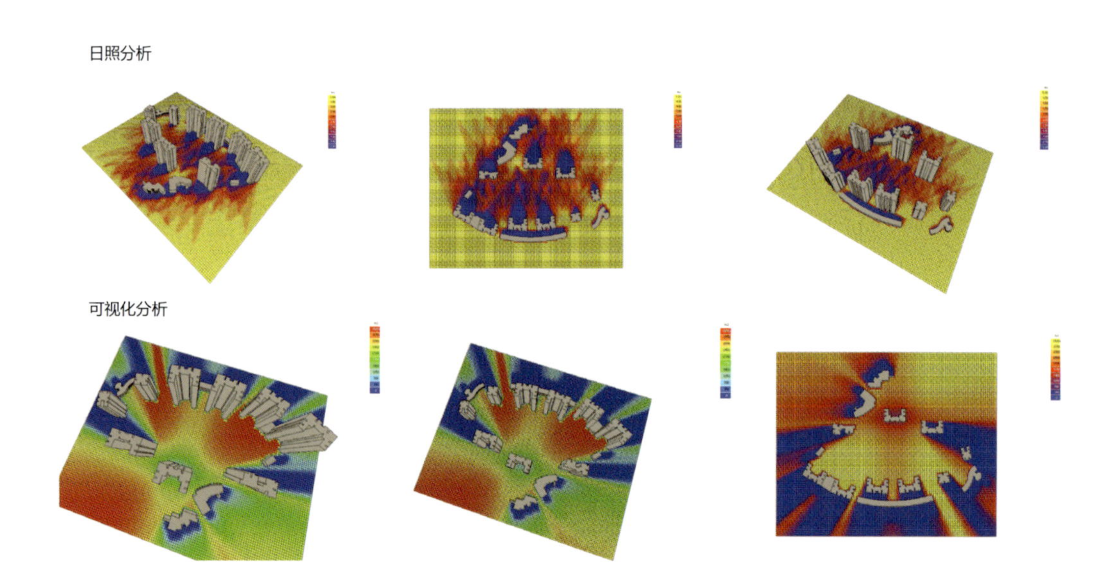

日照及可视化分析

采用Ecotect模拟分析的方法，获取接近于实际效果的采光结果，对丽景园小区的日照情况进行模拟与评估，并根据小区日照以及可视度的分析结果，改进方案中的不利因素。在规划阶段对住宅的采光性能进行精确、严格的控制。如在小区的设计中，通过可视化分析，形成南侧优化的方案，使小区内住宅均达到良好的光效果。

产业化说明

方案设计中对各种面积区间的户型进行标准模块设计，在整体规划设计中，可根据相应的户型比例及排布要求进行灵活组合，为产业化住宅设计奠定了基础。居室设计采用构件式预制组合，包括窗户的预制外墙板、预制楼梯、露台、可供选择的半预制楼板和套装门及厨房装置。管井的模块化研究，保证管井尺寸经济、合理。方便设计人员查用，提高设计质量。厨卫部分的精细化设计，主要包括集中布置管线和深入到细节的设计，提高空间的利用率和使用者的舒适度。由于厨卫部分面积指标较小，如果平面形状不仔细推敲，空间尺寸与炊具、设备的摆放不匹配，就会造成使用上的不合理，从而影响舒适度。立面装饰构件采用"模数化"尺寸，统一规格，降低成本。

自然风环境分析

使用CFD技术分析高层住宅小区内的风速、风压等指标，对高层建筑小区内的微气候作出评估和预测，以改进小区内的风环境，达到最佳的自然通风效果，保证了小区室外环境质量的舒适性要求。通过性能的量化分析和精心设计，常营丽景园小区风压、风速全部满足绿色建筑三星标准要求。

冬季1.5m风速

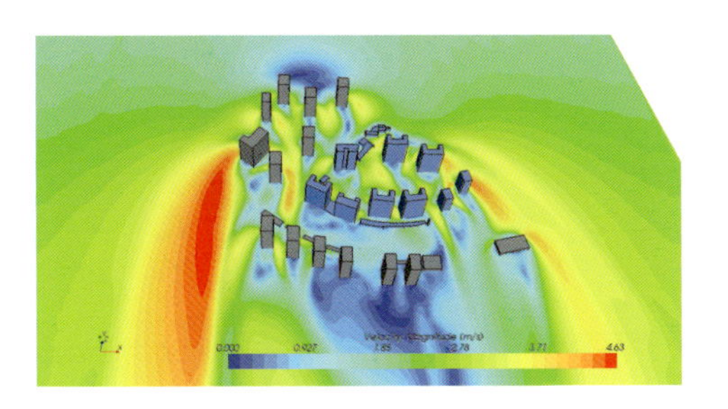

冬季背风面风压图

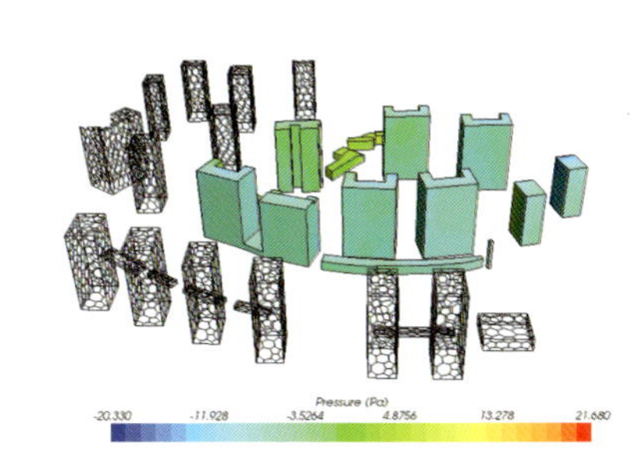

冬季迎风面风压图

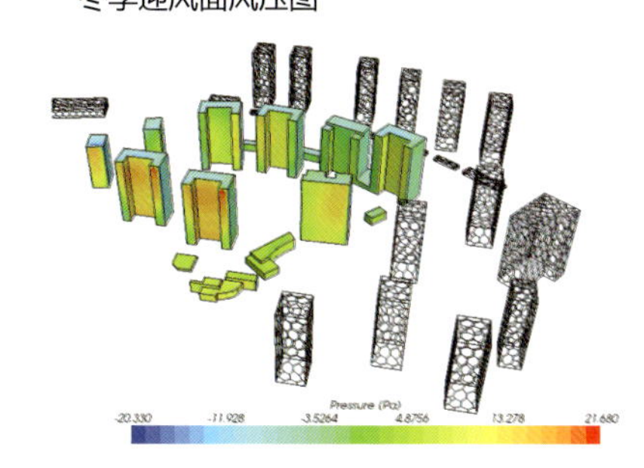

夏季1.5m风速

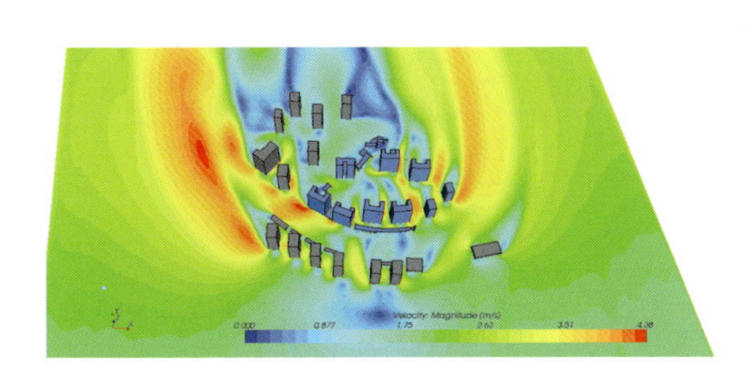

夏季背风面风压图

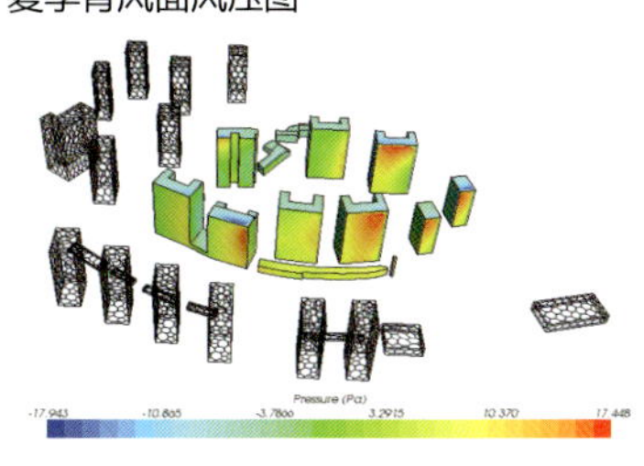

夏季迎风面风压图

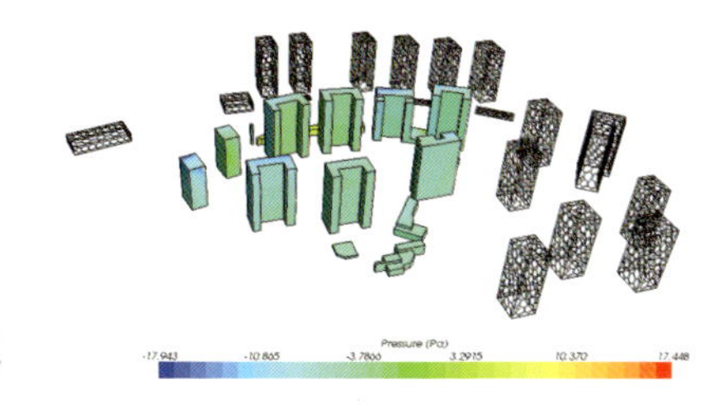

报送单位：中国华西工程设计建设有限公司

深圳市深康村保障性住房

项目概况

本项目用地呈不规则四边形，占地面积约6.9万m^2。北高南低，北面台地与南面台地高差达5m。场地高差在设计中予以充分利用，以丰富小区内环境及地下室的层次感和空间感。在达到平衡土方的同时最大限度降低地下车库的机械通风及采光。

总平面图

经济技术指标

序号	项目名称	单位	数值
1	总用地面积	(m²)	68767.15
2	总建筑面积	(m²)	240436.21
	其中 计容积率建筑面积	(m²)	210239.52
	其中 规定计容积率建筑面积	(m²)	206300
	其中 住宅	(m²)	186870
	九年一贯制学校	(m²)	12200
	商业	(m²)	4000
	净菜市场	(m²)	1000
	社区中心	(m²)	2230
	其中 健康服务中心	(m²)	600
	居委会	(m²)	100
	服务站	(m²)	200
	警务室	(m²)	50
	邮政所	(m²)	100
	垃圾站	(m²)	100
	公厕	(m²)	80
	物管	(m²)	600
	辅助用房	(m²)	400
	核增计容积率建筑面积（架空层）	(m²)	3939.52
	不计容积率建筑面积	(m²)	30196.69
	其中 地下一层	(m²)	16385.9
	地下二层	(m²)	13810.79
3	容积率		3.06
	其中 规定容积率		3.00
	核增容积率		0.06
4	覆盖率		20.5%
5	绿地率		35%
6	停车位	(辆)	934
	其中 地上	(辆)	122
	地下	(辆)	812
7	总户数	(户)	2792
	其中 90m²户型	(户)	928
	60m²户型	(户)	944
	50m²户型	(户)	920

设计说明

项目规划以传统园林的手法作指导，在有限的面积里做出最大限度的景观绿地效果。植物配置上以“春有花、夏有荫、秋有果、冬有景”的理念来搭配，从而达到以人为本的设计要求。

住宅套型以一梯六户和一梯八户为主，分为三房二厅一卫、二房二厅一卫、二房一厅一卫三种类型。所有套型均南向布置，在强调均好性的同时，按资源利用最大化的原则进行合理布局，实现户户有景，以充分发挥景观资源、公共资源的价值。户内空间布局方正，功能分区明确，南向景观阳台与客厅相连。建筑的朝向、间距保证每户住宅均可满足日照要求。

为了增加建筑外观的亲切感，使建筑尺度更加宜人，故将琐碎的细节化零为整，以建筑体块的相互穿插，虚实对比的处理手法形成建筑立面特征，同时多体块的运用有效地化解了建筑的高大尺度，减少了高层建筑的压抑感和单调感。

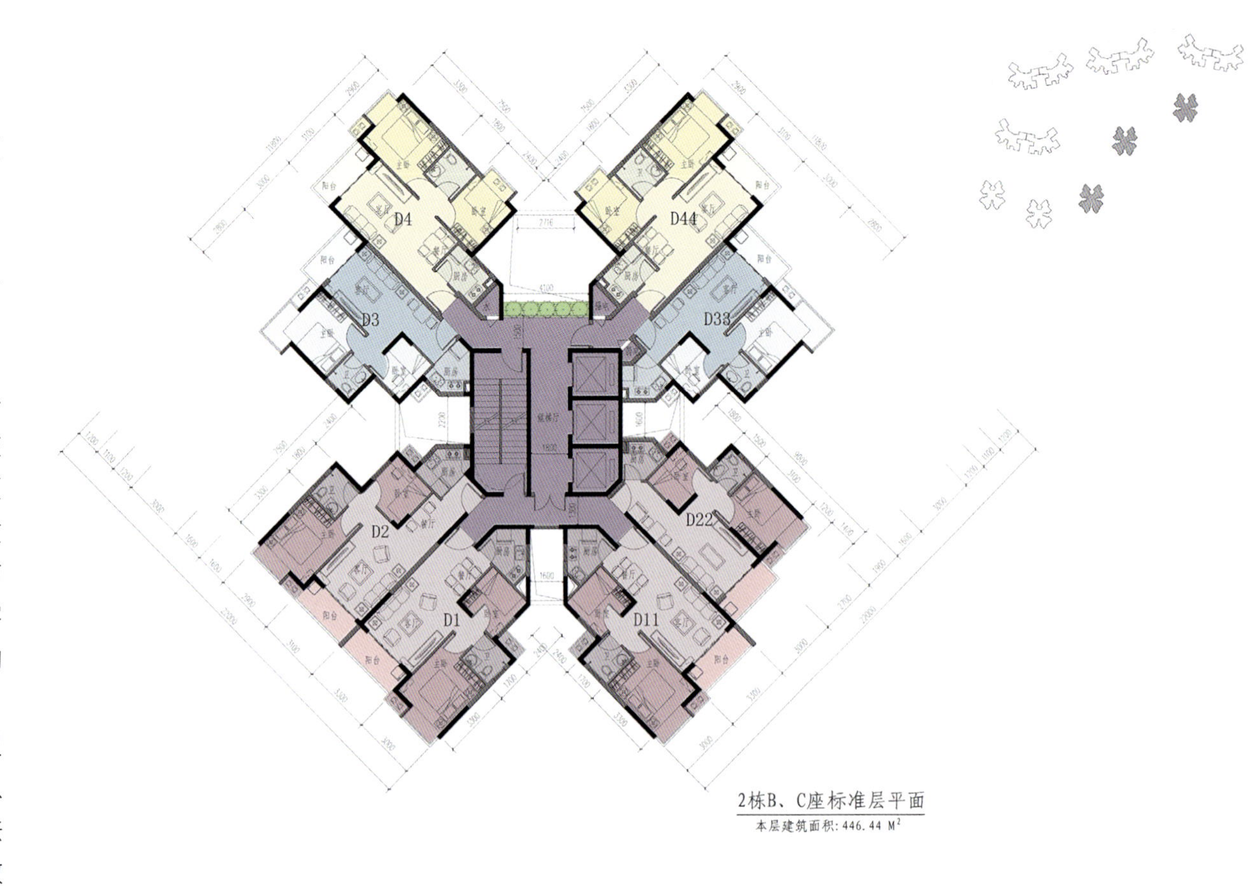

2栋B、C座标准层平面

本层建筑面积：446.44 M²

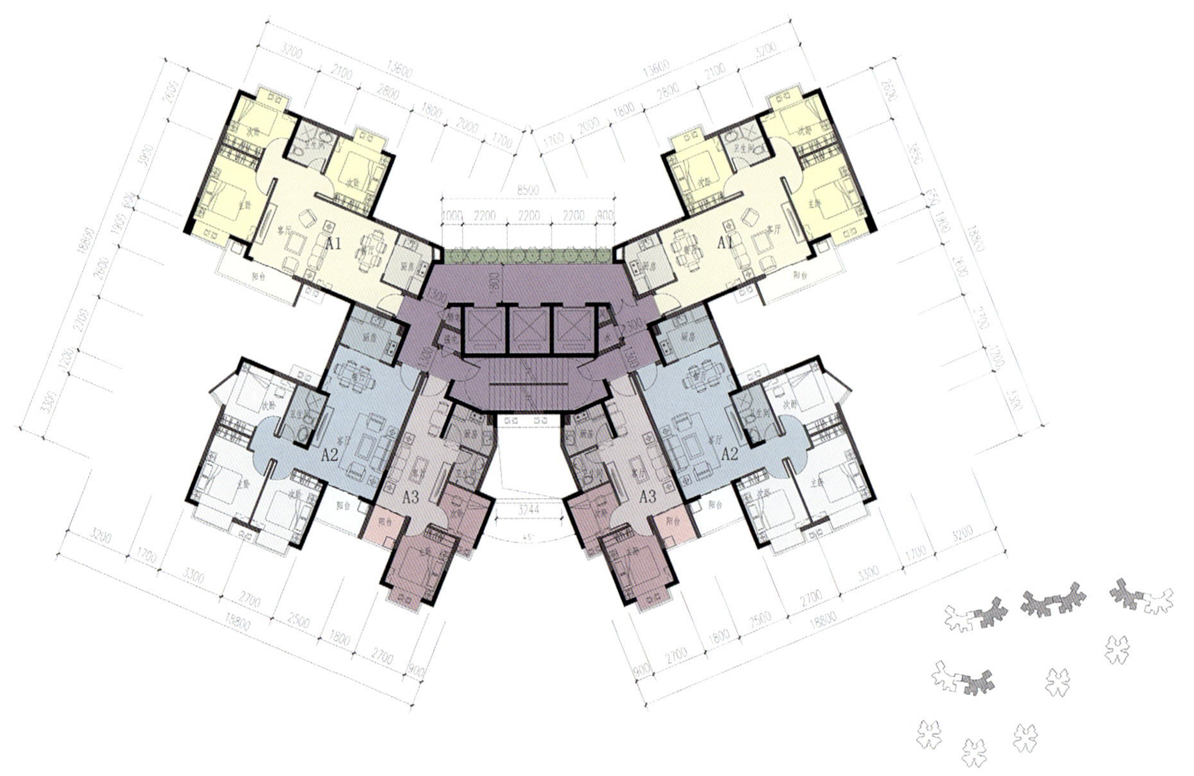

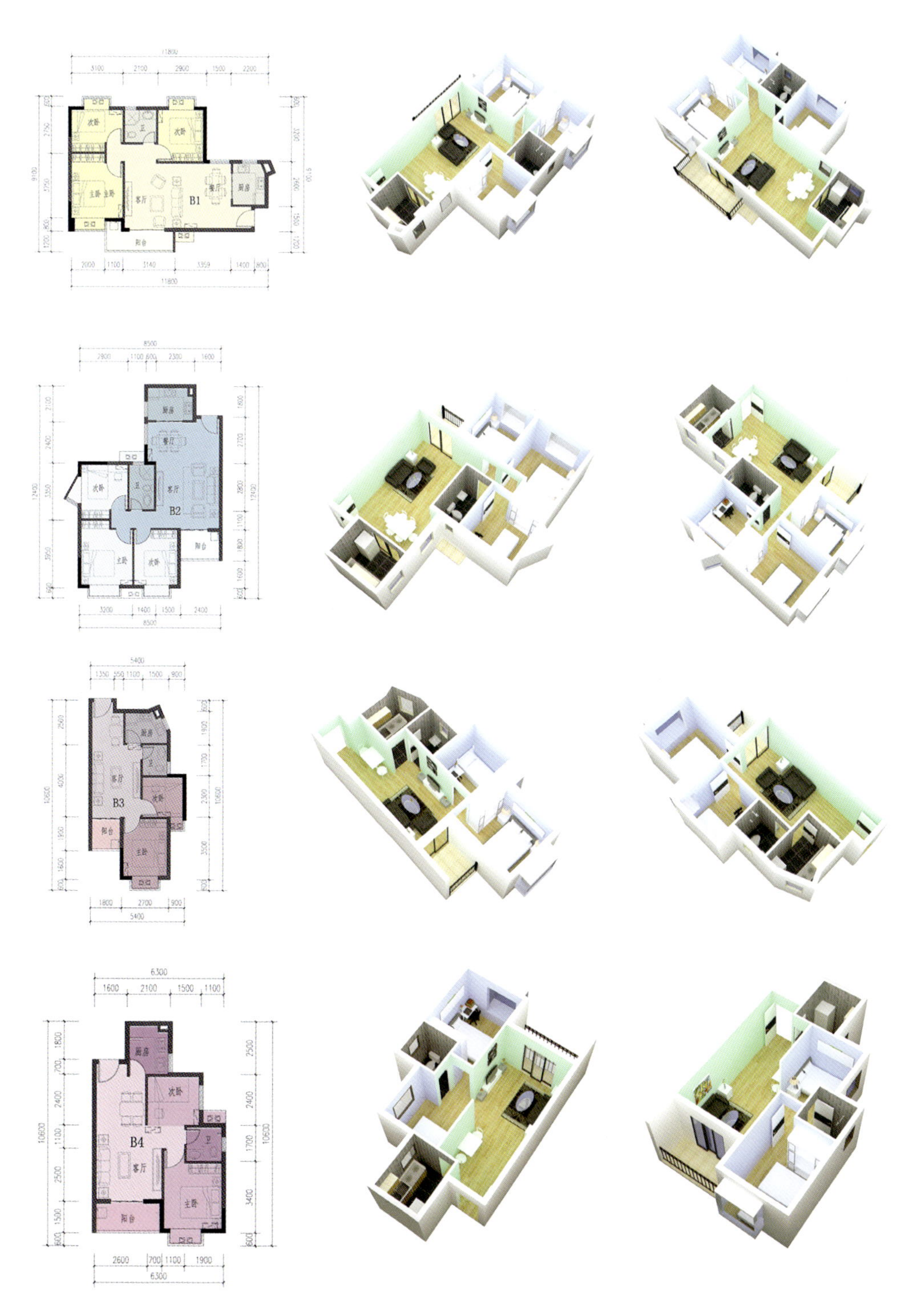

专家点评

深圳市深康村保障性住房项目由六户和八户组成单元的高层住宅构成，项目内还建有配套商业和九年一贯制学校。

住宅户型设计根据深圳的气候环境特点，注重通风，明厨明卫，而且绝大部分户型南向布置。

方案设计采用了太阳能热水系统和雨水回收利用系统，体现了绿色建筑的设计理念。

但是方案设计没有考虑到标准化设计及工业化建造，住宅平面也不具备灵活可变性。

剖面图

	户型	套内面积（m^2）	建筑面积（m^2）	实用率
B1	三房两厅一卫	69.30	88.12	81.36%
B2	三房两厅一卫	70.32	88.93	
B3	两房一厅一卫	38.69	49.61	
B4	两房两厅一卫	47.59	58.49	

产业化说明

方案充分考虑深圳地区的经济发展水平、气候环境特征及当地的生活习惯，力求实现经济性与实用性的统一。

一、适用性

每户都有充足的南向面和自然通风采光面，大堂和电梯厅均敞亮通风；单元平面布置紧凑、实用率高，各房间设计标准化、模块化；户型设计强调“干湿、动静、洁污”分区；户内均有完整的生活设施，强调空间利用的适应性；除满足一般设备要求外，还引用附近发电站余热为小区服务；充分考虑公共服务设施和住宅楼的无障碍通道和垂直交通设施、无障碍厕所等。

二、环境性

设计强调各栋住宅的均好性；并留有完整的室外公共绿地和活动场地；绿地率大于40%；方案利用场地高差条件实现人车分行；建筑形体挺拔，立面简洁、大方，富有现代气息；小区配套设计有学校、垃圾站、商业、净菜市场、社区中心等设施。

三、经济性

自然通风采光、充足的日照条件、节能型灯具的采用和太阳能的利用能有效地减少能源消耗；节水型卫生洁具、中水和雨水回收系统能有效地减少水资源的消耗；小区容积率为3.0，设计有地下停车场，户型实用率均超过80%；除广泛采用新材料和新技术外，设计还充分考虑了建材的回收利用。

四、安全性

设计充分考虑燃气电气设备的安全和安全防范，并控制装修材料的污染；建筑采用框架结构，抗震设防烈度为7度；建筑为1类高层，耐火等级为1级。

五、耐久性

在装修材料、防水材料、管线材料、门窗及设备的选择上强调实用性和耐久性，建筑主体结构设计年限为50年。

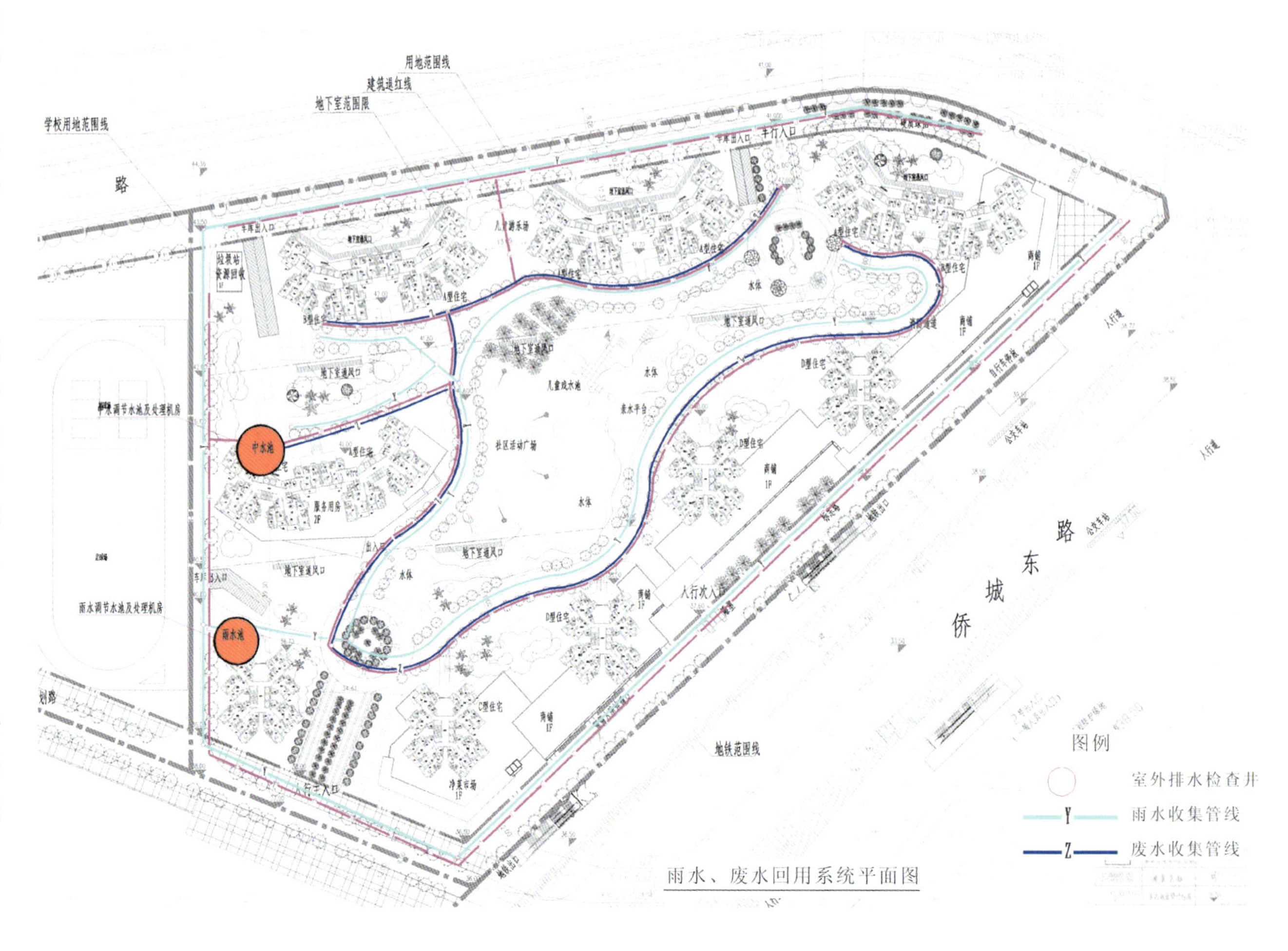

雨水、废水回用系统平面图

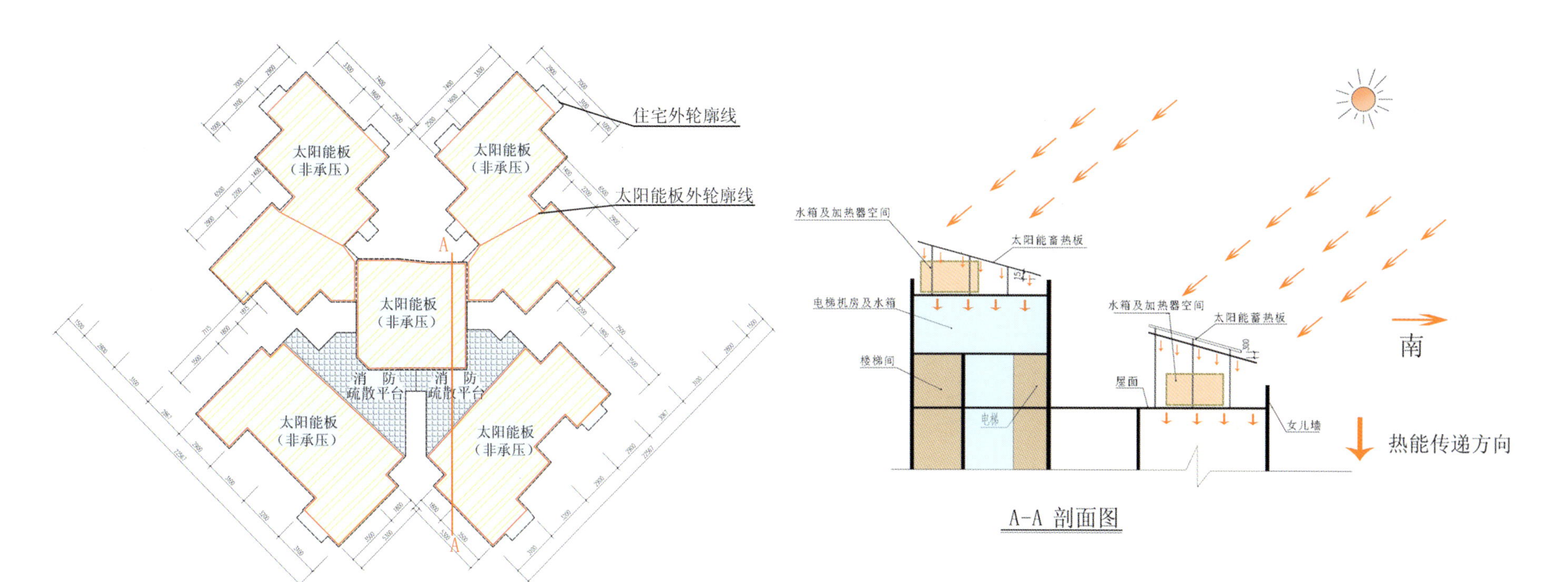

屋顶布置分组式太阳能板，总面积362.2m²，按3.5m²/户计算，可供103户使用热水。

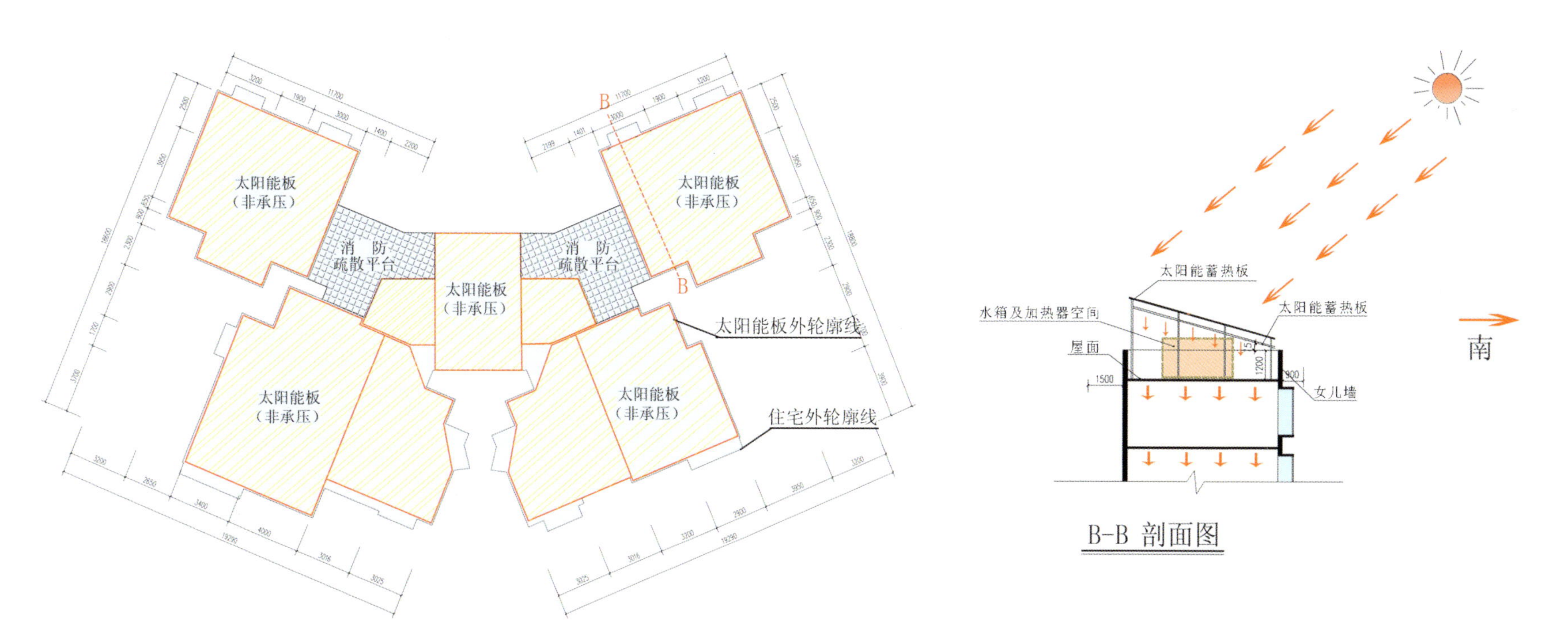

屋顶布置分组式太阳能板，总面积379.1m²，按3.5m²/户计算，可供108户使用热水。

报送单位：深圳市协鹏建筑与工程设计有限公司

广东

政府保障性住房标准化及工业化建造方式设计研究

SZ BZ QB(蝶型) - 4T24 - 35型建筑指标参数表

	基本户型	套内面积(m²)	公共面积(m²)	建筑面积(m²)	实用率
标准层指标	35型	27.03	7.94	34.97	77.24%
	合计	648.72	191.21	839.93	77.24%
首层大堂	421.55				
首层架空	590.54				
屋顶机房	70.2				

SZ BZ QB(蝶型) - 4T24 - 35型结构计算主要参数表

建筑限高(m)	层数	地震烈度	抗震等级	基本风压(kN/m²)	风载作用下的位移(△u/hmax)		地震作用下的位移(△u/hmax)		自振周期(s)			周期比
					X方向	Y方向	X方向	Y方向	T1	T2	T3	T3/T1
120	41层	6度	三级	0.7								
				0.5								
120	41层	7度	二级	0.9								
				0.7								

标准层平面图

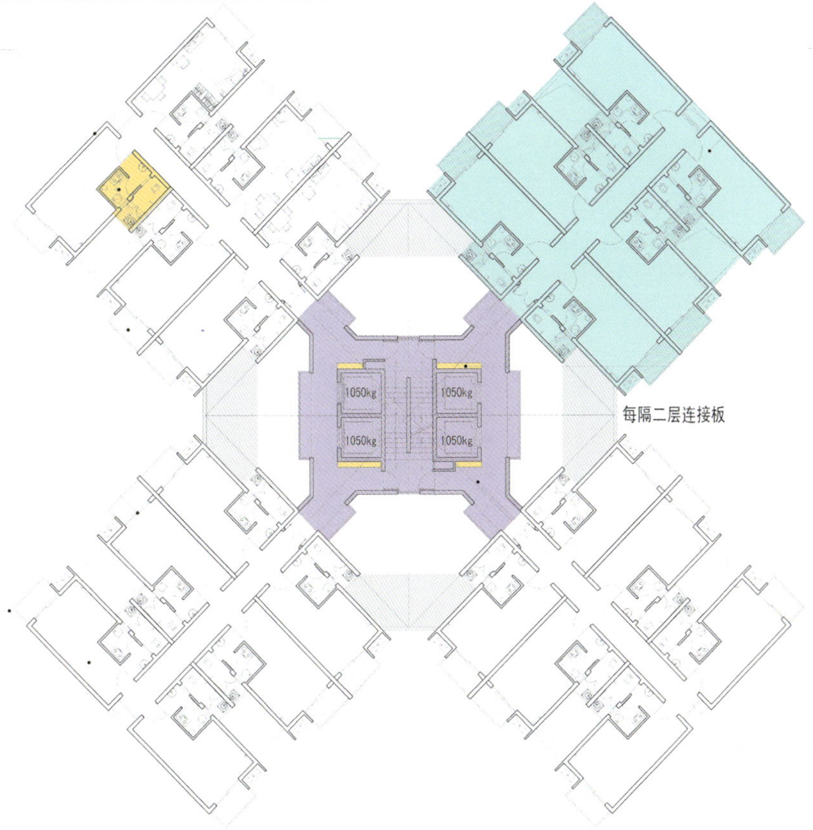

剪力墙、梁板模板、配筋标准化

厨卫标准化

阳台标准化

门窗标准化

建筑立面套餐化

室内装修套餐化

1050kg

1050kg

1050kg

1050kg

每隔二层连接板

基本户型标准化、系列化户型组合模块化

综合布线柜取代传统管道井

核心筒标准化、模块化

标准化产品设计研究思路图示

首层平面图

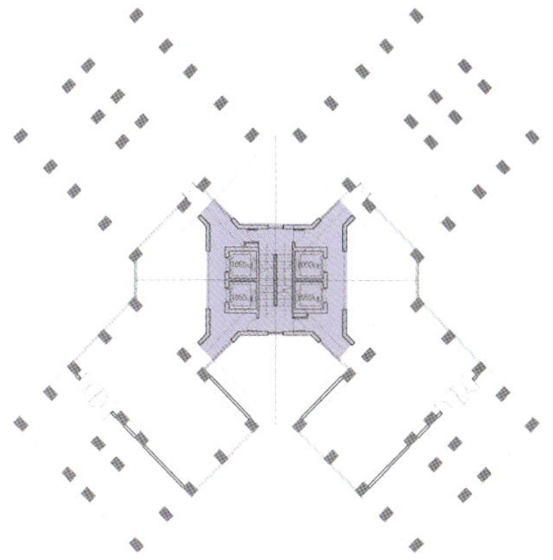

屋顶平面图

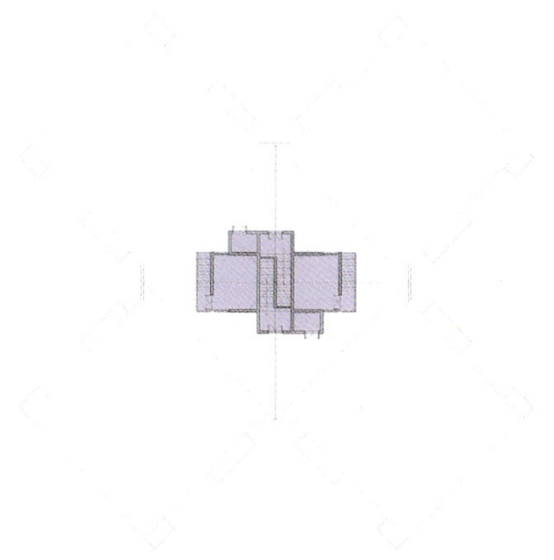

设计说明

设计理念

保障性住房的基本特征只有通过产品标准化设计、工业化建造、产业化生产配套的手段，才有可能实现"建造成本可控、工程质量可控、建设周期可控"的三大目标。

设计亮点

保障性住房标准化产品系列选型适应节约利用土地资源，标准层面积大，提升容积率至4.0~6.0，而又不提高覆盖率。标准层形体均匀、对称，具备良好的工程力学性能。

产品系列选型适应不同鲜明地块对产品形体及户型指标搭配的规划要求；适应"工业化建造、标准化生产、集团采购"的住宅产业化发展模式。有效贯彻节能、减排方针。

产品系列标准化并不等同于呆板、单调、千篇一律。可用建筑立面套餐化的表达方式适当丰富住宅单体表现能力。

（11种标准化基本户型+6种标准化核心筒）相互组合搭配，形成115种产品供选用；取消管道井，改用工程制造的标准化综合布线柜。

政府保障性住房标准化产品模块集成路线图

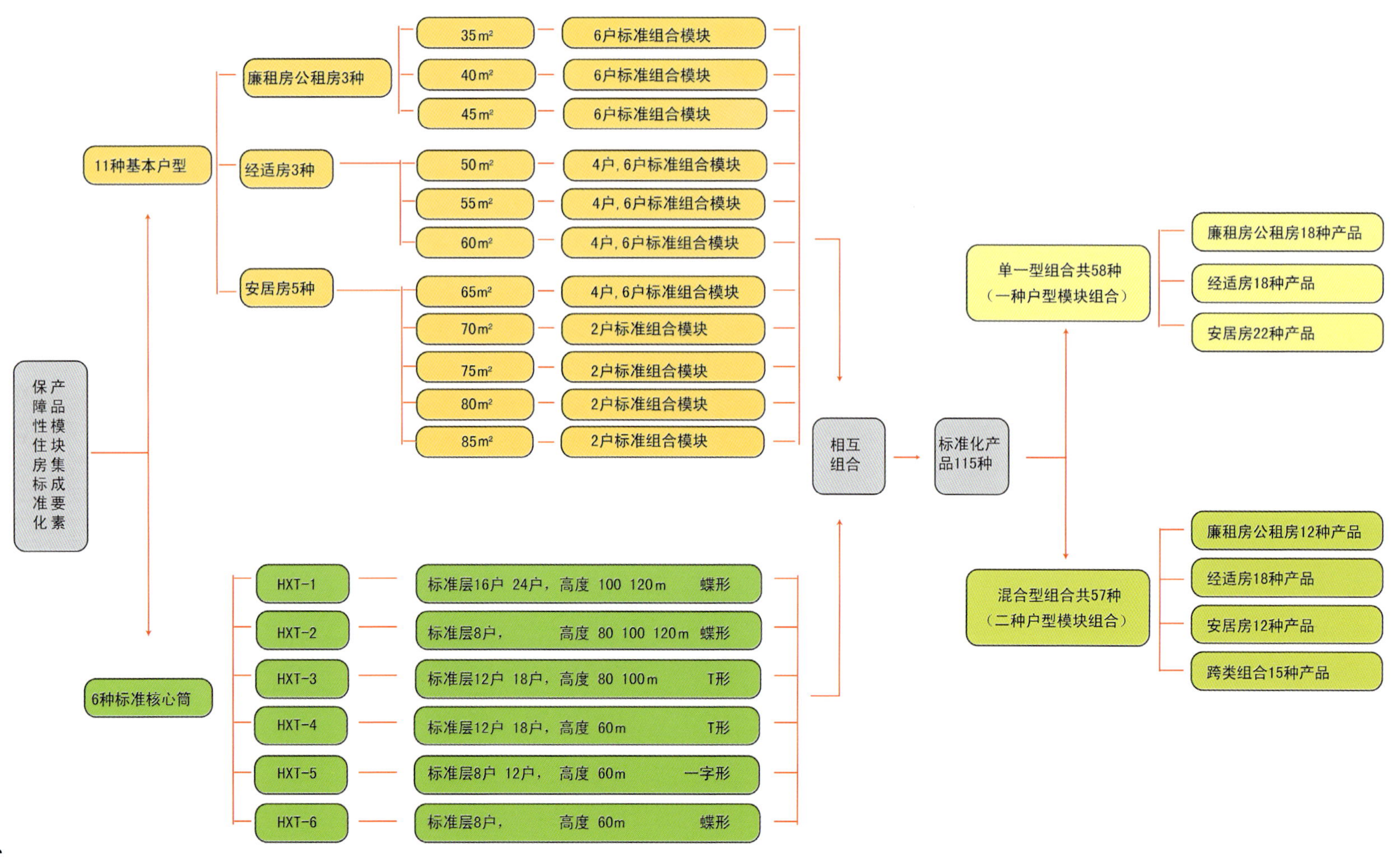

新型工业化建造方式示意图（一）

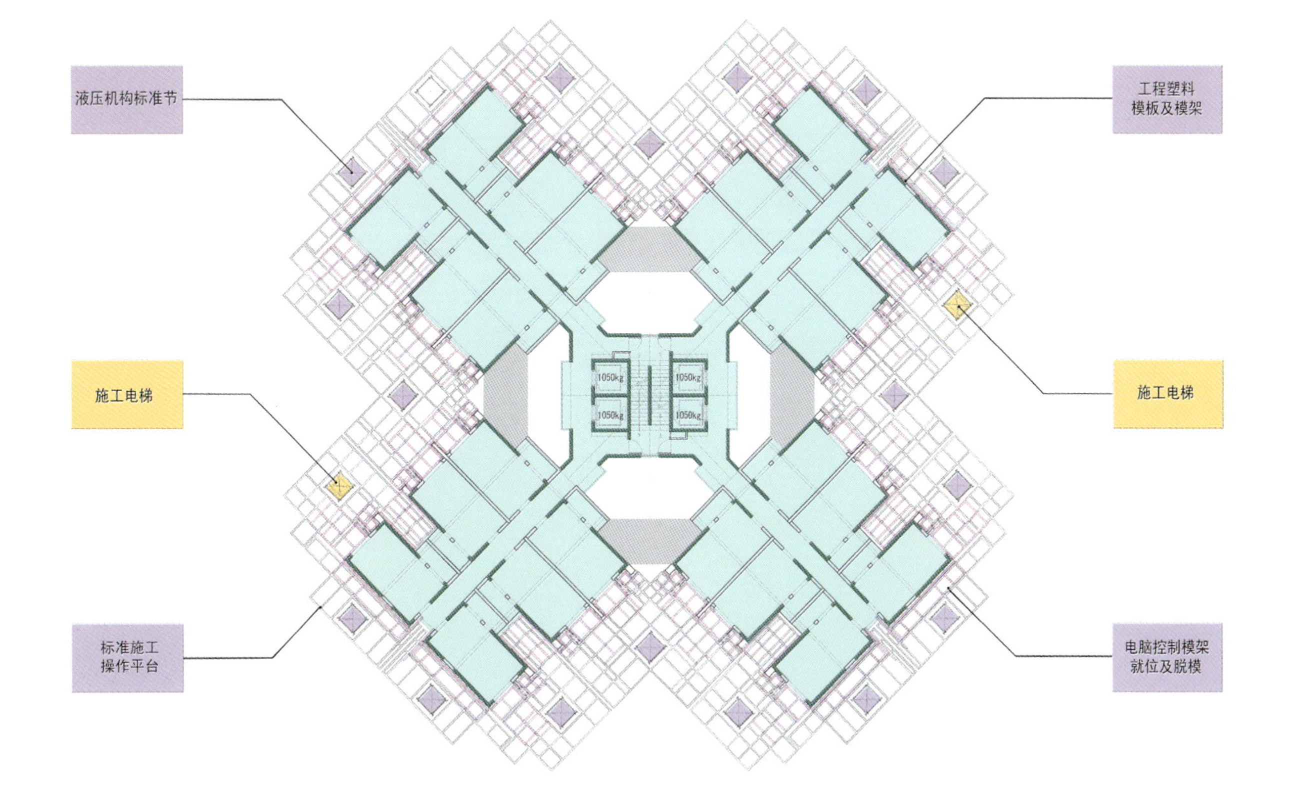

新型工业化建造方式示意图（二）

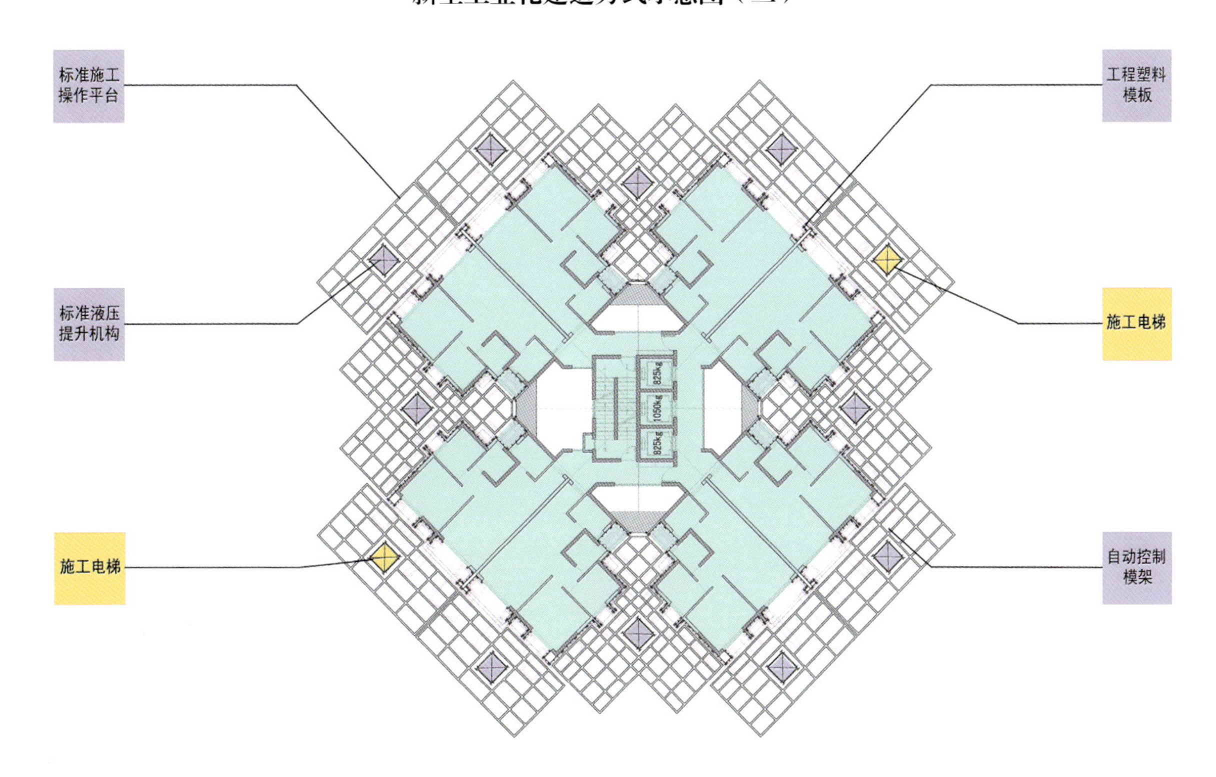

专家点评

该方案是一个概念性设计，以一个基础性方案进行变化，再分别根据多层、中高层、高层的要求进行调整。

方案的基本单元由一梯三户两个户型构成，户型平面比较规整，功能合理，对储藏空间有一定考虑，方案可以根据需要调整，将起居空间改为卧室。

方案没有考虑规划布局、标准化设计、产业化、建筑节能与绿色建筑技术等内容，因此与实际的建设还有一定距离。

由于该方案仅仅是一个户型变化的探讨，如果再多进行一些有针对性的需求研究，将使方案的调整变化更加有据可依。

报送单位：深圳市建筑设计研究总院有限公司

广东

深圳市地铁横岗车辆段上盖保障性住房建筑方案

项目概况

深圳市政府和规划部门为节约土地资源，批准横岗双层车辆段及综合物业开发的建设项目，是目前全国首例双层车辆段上盖空间的低密度物业开发。地块组团的定位：六约生活居住区。通过与组团绿化隔离带、公园、生态走廊等绿化开敞的沟通与联系，共同构成生态城市的整体形态。主要依托轨道交通3号线近期建设，推动旧城改造，优化城市空间，促进产业发展。

总平面图

保障性住房总平面图

总用地面积：64354.17m^2

总建筑面积：180000m^2

其中：60m^2：84600m^2

50m^2：62850m^2

90m^2：26550m^2

商业及配套：6000m^2

总户数：2962户

60m^2：1410户

（占总户数的48%）

50m^2：1257户

（占总户数的42%）

90m^2：295户

（占总户数的10%）

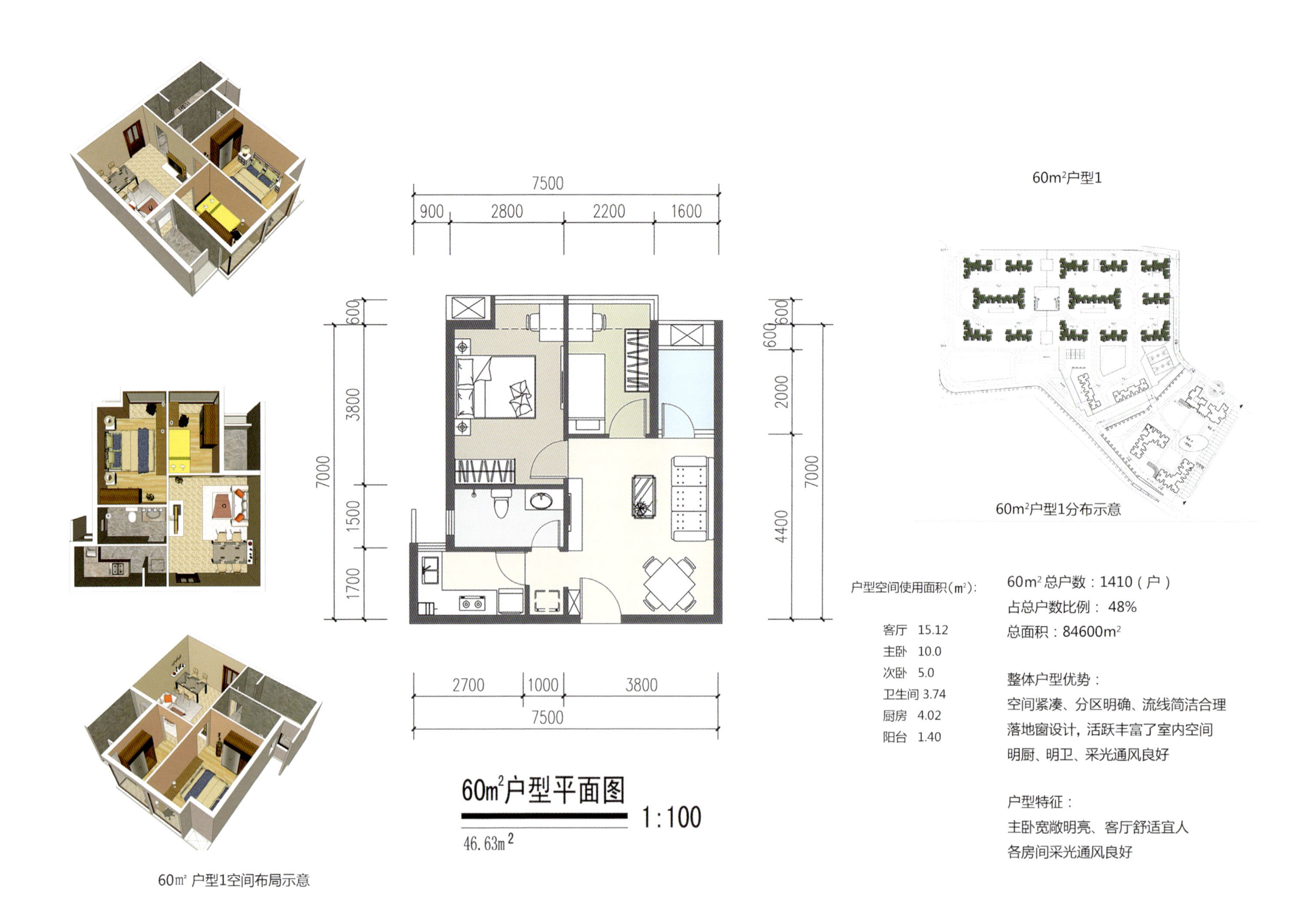

60m² 户型1空间布局示意

设计说明

设计创意：

本项目是对土地进行二次开发利用，节约资源 。在下部车辆段结构已完成的情况下进行上部保障性住房设计，采用新的结构体系来支撑设计、建筑。

采用通而不透的半围合布局方式，结合地形，以南向偏东为主的朝向，契合了深圳市的主导风向。日照、通风条件有较大改善。

50㎡ 户型1空间布局示意

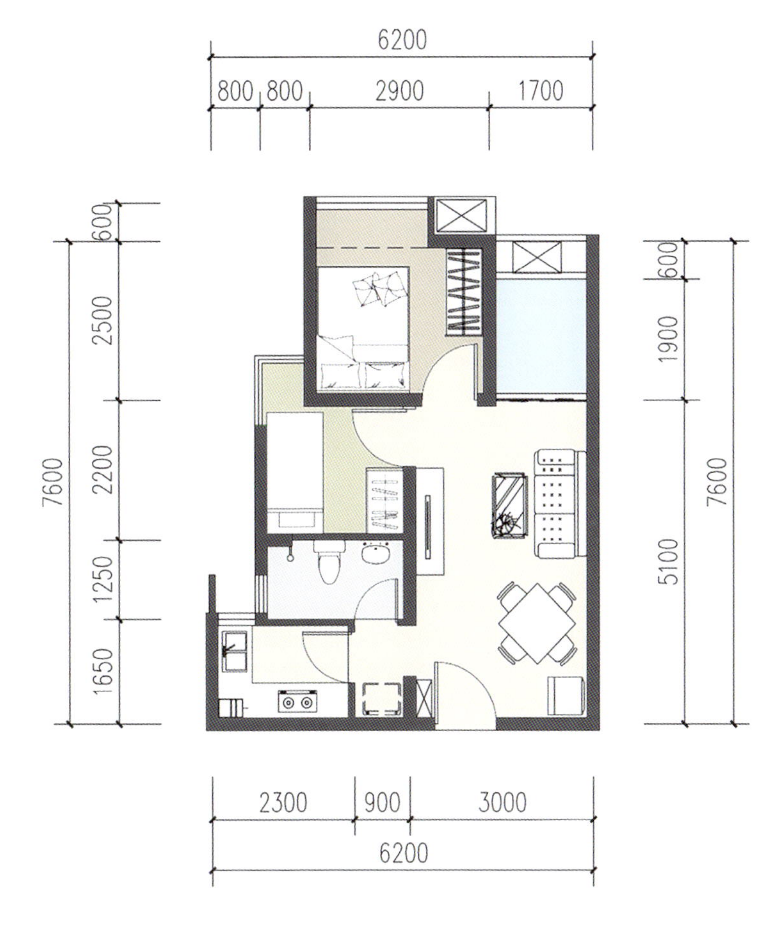

50m²户型平面图 1:100

在白地处（内廊）

50m²户型1

50m²户型1分布示意

户型空间使用面积（m²）：

客厅 13.50
主卧 6.24
次卧 4.62
卫生间 2.71
厨房 3.05
阳台 1.50

50m²总户数：1257（户）
占总户数比例： 42%
总面积：62850m²

户型特征：
客厅餐厅宽敞宜人
紧凑实用

设计亮点

规划设计：

在总体布置、造型和色彩运用等方面注重城市设计理念，与周边环境相协调，体现都市综合体多种功能对空间的不同需求及变化。规划布局空间流畅自然，功能合理完善，为多元化活动需求创造条件。建筑空间充分体现地铁车辆段上盖空间魅力，创造出具有台地建筑特色的独特建筑空间关系。具有简明的现代感，体现鲜明的时代特色。

户型设计：

以50m²小两房和60m²小三房的套型为主。主导套型符合模块化、产业化的精髓，套型设计紧凑、合理，并充分考虑地域因素及上盖条件。在有限套型面积内，合理组织，利用好每一个有效空间。

专家点评

该方案在地铁车辆段上盖建设保障性住房，有效地复合利用这类特殊用地，不但节约土地资源，而且使保障房住区有了便捷的公共交通。这种开发思路富有创意，值得称道。

从规划层面来看，建筑布局充分利用地块南侧的景观条件，使各楼栋和组团间都形成较好的景观视线。道路交通组织实现了人车分流，并通过首层架空扩展了居民的休闲活动场地。公共配套部分也考虑得比较完善。

在楼栋设计方面，重视对东西朝向的利用，形成L形、H形等多种楼栋形式，例如7号、8号楼栋端头采用向南北均凸出的形式，较有新意；通过对楼栋设置一些凹口，实现明厨明卫；套型进深适度，利于自然采光和通风；套内平面布局合理、功能关系紧凑、空间利用充分。

整套方案图纸完成度较高，表现清晰，楼栋和公共配套设施的设计都较为细致。对于储藏空间缺乏、有的套型卧室形状不便使用，以及有些凹口的深度与开口宽度之比偏大等情况，建议再做调整和推敲。如能综合考虑保障房住区与北侧商业及地铁站的衔接，有一部电梯可容纳担架且为无障碍电梯则会更好。

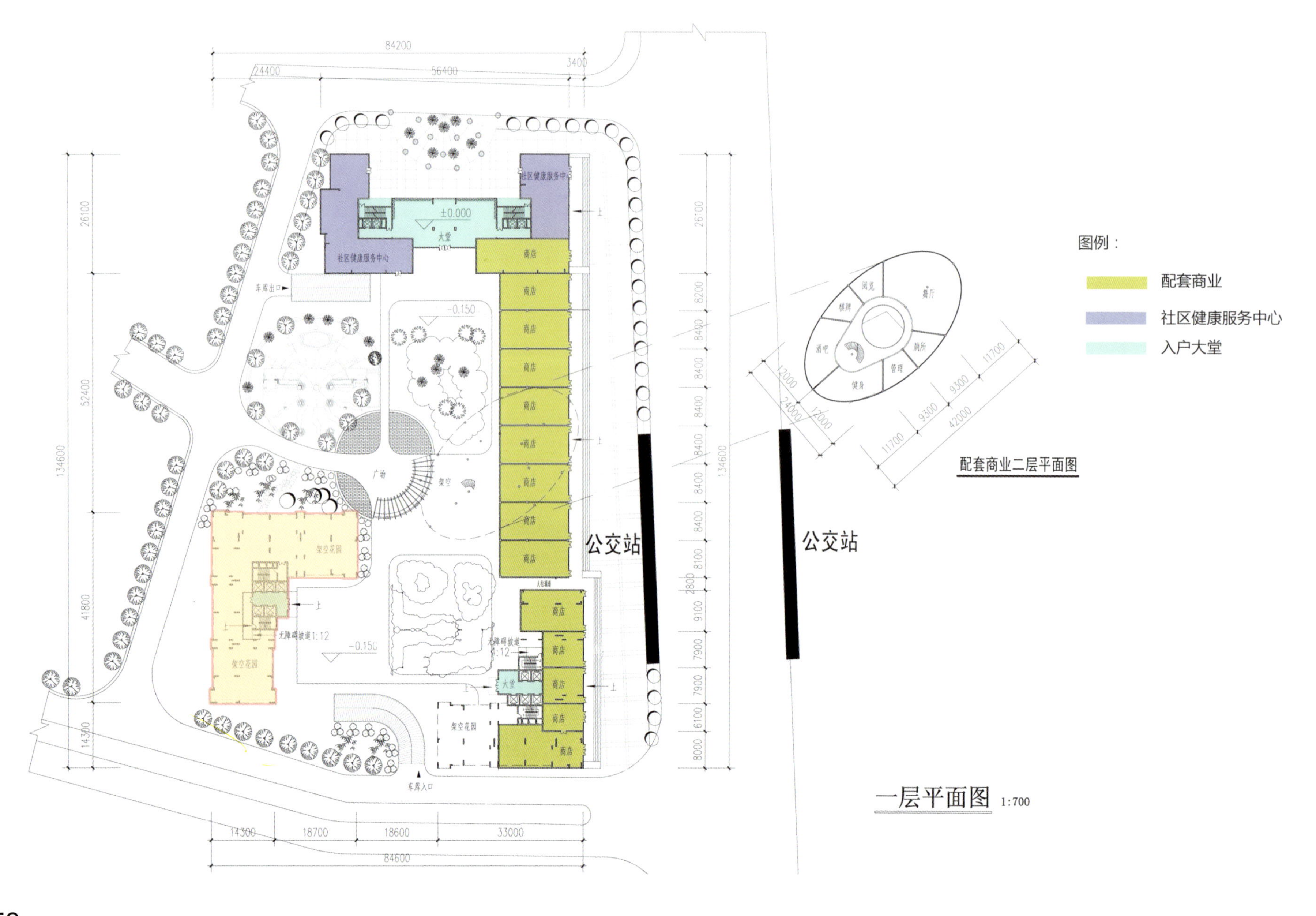

一层平面图 1:700

产业化说明

1. 提高土地的利用率，减少不必要的土地浪费行为。在双层车辆段上盖上进行保障性住房建设，对土地进行二次开发利用，节约资源。

2. 使用太阳能等清洁能源，减少环境污染。本项目实行太阳能全覆盖，所有户型均能享受太阳能热水，不足部分其他系统补足。庭院灯等公共区域照明尽量采用光伏发电技术。

3. 资源尽可能回收再生，重复利用，选择资源节约型发展模式。根据国家规范及《深圳市绿色建筑评价规范》关于节水与水资源利用方面控制项的要求，制定非传统水源利用方案。

4. 采用技术成熟的工业化产品。在该项目梁、板、柱、外墙围护、内隔墙的建设中采用技术成熟的工业化产品。考虑弱电系统电视、电话、网络三网合一。户型设计模块化，以单个套型为单元，进行排列、组合。装修模块化，便利。

5. 满足不同功能需求及动态使用的模块化居住空间设计。在认真进行市场调查、户型建筑面积确定的前提下，规划设计争取户户满意，使用户有多种选择的余地，甚至爱不释手。

14#、15#楼标准层平面图 1:200

(二梯十户，户型建筑面积：50m²)
本层建筑面积：488.48m² 公摊建筑面积：97.54m² 实用率：80.03%

2#、4#、6#、10#、12#楼标准层平面图 1:150

本层建筑面积：402.34m² 本层公摊面积：71.71m² 实用率：82.18%

报送单位：上海对外建设建筑设计有限公司重庆分公司

重庆

重庆市北部新区康庄美地公共租赁住房建设工程

项目概况

重庆市北部新区康庄美地公共租赁住房建设工程规划布局可以概括为：一个中心，五个组团的整体结构。一个中心是指位于小区中部，紧邻轻轨车站的中心广场；五个组团是指围绕中心广场的五个居住组团。在入口广场的一侧，布置了集中的运动场地，足球场、篮球场、羽毛球场、门球场等，使得健康重庆在这里得以实现。小学、幼儿园、商业街、超市、物业用房、社区卫生站及社区活动用房配套完善，提供生活便利性的同时，提供了就业机会。目前本项目商业招商工作已全部完成，新世纪超市、UME影院、各大餐饮品牌等均已签约。

设计说明

规划设计主要体现为高品质的居住环境、完善的配套设施、良好的城市景观、富有地方性的建筑风格，并在节能、节地、节水、节材和环境保护上有所创新，力求创造出公共租赁住房规划设计的新模式规划设计布局。

本项目力图创造一种具有重庆地方本土特色的现代建筑风格——新巴渝风格建筑。住宅以现代青灰调风格为主，强调简洁的体量组合，并突出现代的材料和现代的构造技术，同时引入地方建筑的特色以灰砖、局部坡屋顶以及花格窗，描绘出新巴渝风格建筑；立面色彩采用灰色及白色为主色调，结合体量的高低错落，以达到具有鲜明个性的现代建筑群体形象。

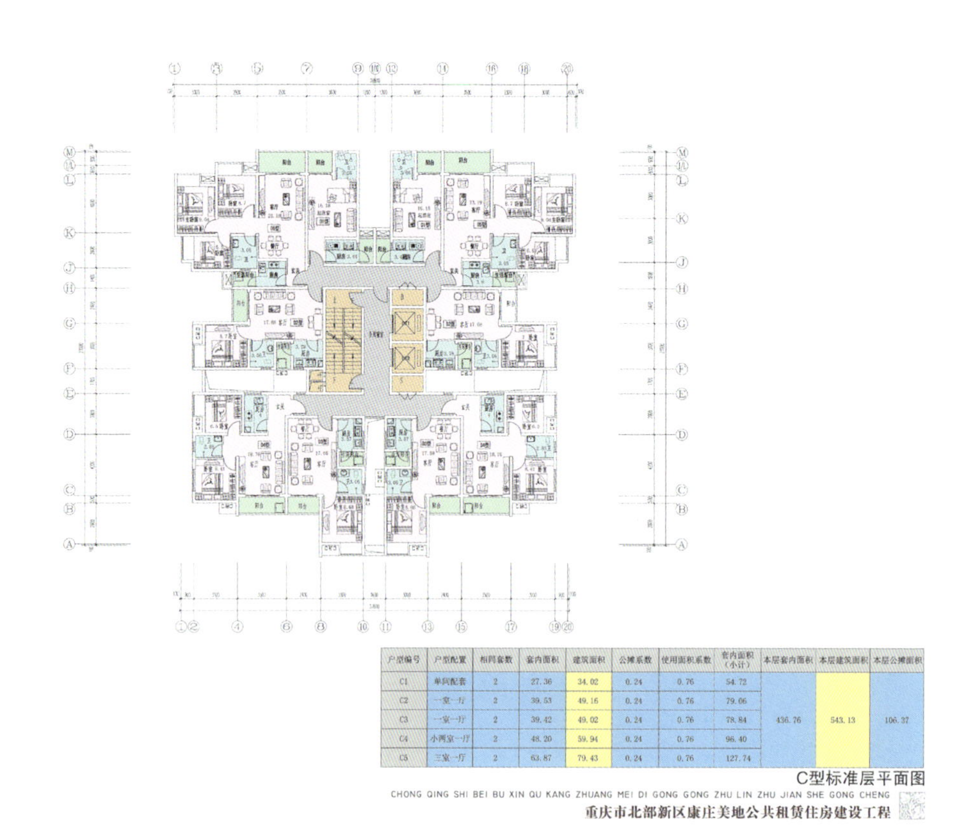

户型编号	户型配置	相同套数	套内面积	建筑面积	公摊系数	使用面积系数	套内面积（小计）	本层套内面积	本层建筑面积	本层公摊面积
C1	单间配套	2	27.36	34.02	0.24	0.76	54.72	436.76	543.13	106.37
C2	一室一厅	2	39.53	49.16	0.24	0.76	79.06			
C3	一室一厅	2	39.42	49.02	0.24	0.76	78.84			
C4	小两室一厅	2	48.20	59.94	0.24	0.76	96.40			
C5	三室一厅	2	63.87	79.43	0.24	0.76	127.74			

C型标准层平面图

CHONG QING SHI BEI BU XIN QU KANG ZHUANG MEI DI GONG GONG ZHU LIN ZHU JIAN SHE GONG CHENG

重庆市北部新区康庄美地公共租赁住房建设工程

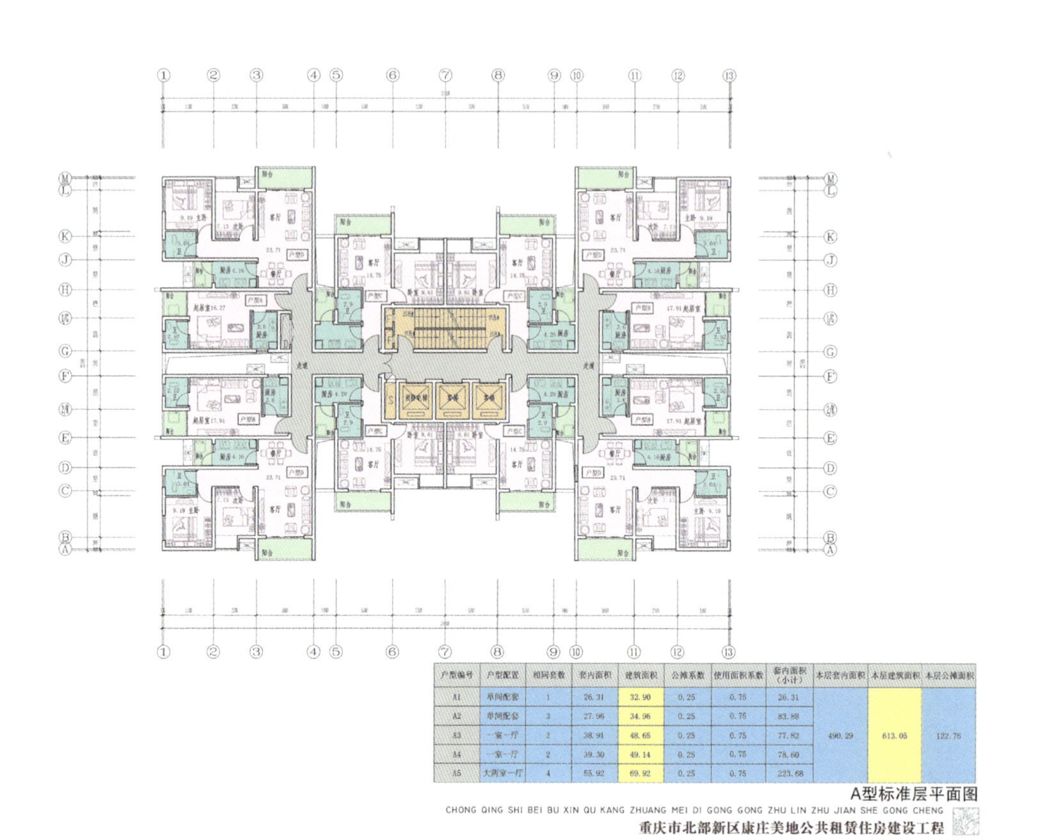

户型编号	户型配置	相同套数	套内面积	建筑面积	公摊系数	使用面积系数	套内面积（小计）	本层套内面积	本层建筑面积	本层公摊面积
A1	单间配套	1	26.31	32.90	0.25	0.75	26.31	490.29	613.05	122.76
A2	单间配套	3	27.96	34.96	0.25	0.75	83.88			
A3	一室一厅	2	38.91	48.65	0.25	0.75	77.82			
A4	一室一厅	2	39.30	49.14	0.25	0.75	78.60			
A5	大两室一厅	4	55.92	69.92	0.25	0.75	223.68			

A型标准层平面图

CHONG QING SHI BEI BU XIN QU KANG ZHUANG MEI DI GONG GONG ZHU LIN ZHU JIAN SHE GONG CHENG

重庆市北部新区康庄美地公共租赁住房建设工程

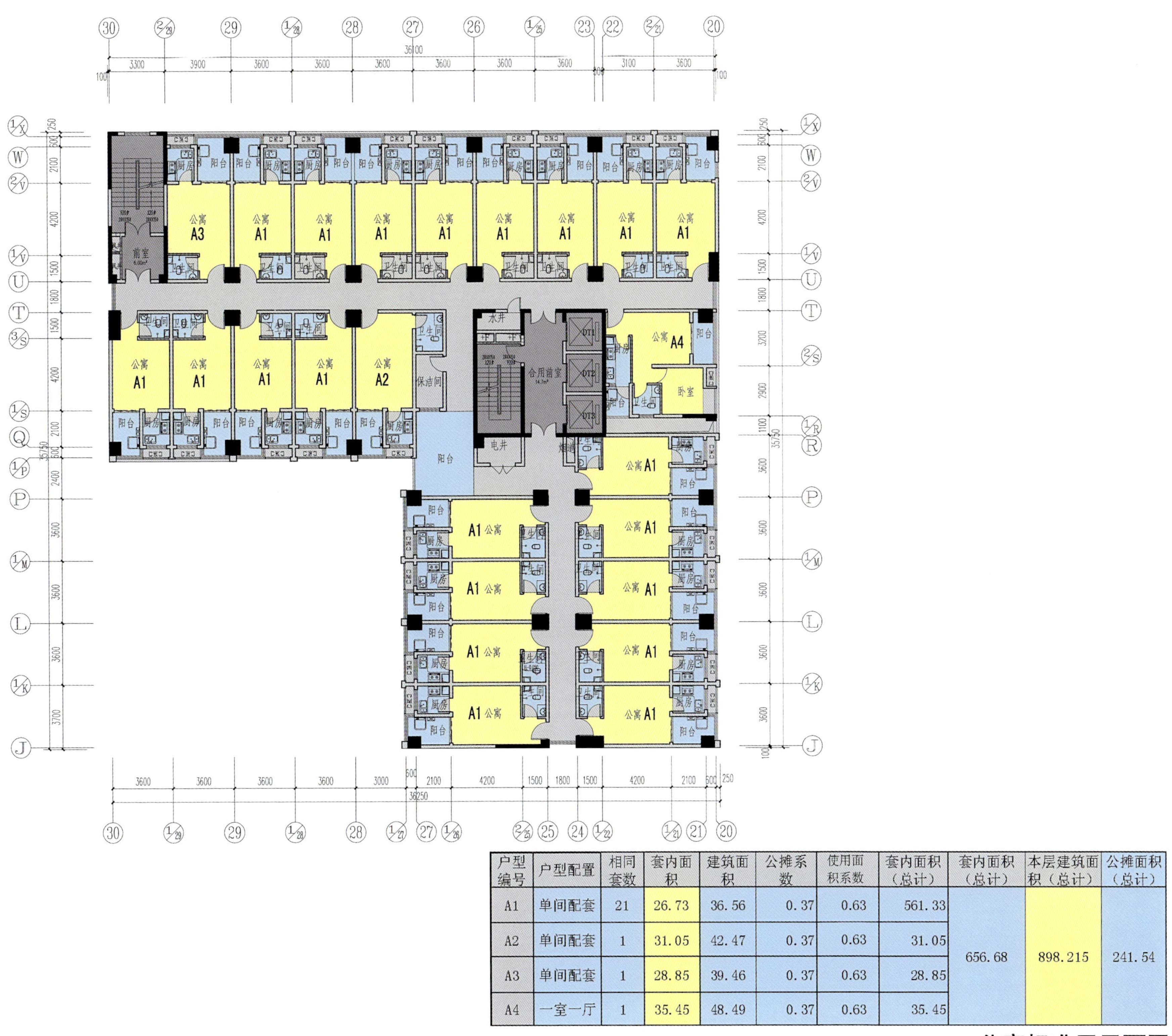

户型编号	户型配置	相同套数	套内面积	建筑面积	公摊系数	使用面积系数	套内面积（总计）	套内面积（总计）	本层建筑面积（总计）	公摊面积（总计）
A1	单间配套	21	26.73	36.56	0.37	0.63	561.33	656.68	898.215	241.54
A2	单间配套	1	31.05	42.47	0.37	0.63	31.05			
A3	单间配套	1	28.85	39.46	0.37	0.63	28.85			
A4	一室一厅	1	35.45	48.49	0.37	0.63	35.45			

公寓标准层平面图

专家点评

亮点：

1. 该项目是重庆市截至目前为止最大的公共租赁房居住区，占地面积51.5公顷，约5万人口居住。该项目规划与重庆市城市规划有机衔接，形成了一个供重庆市中低收入家庭居住的功能完善、生活方便的大型住区。

2. 该项目在临近轻轨车站处规划了中心广场和公共配套区域，形成1个中心5个居住组团的规划布局，规划结构清晰，道路系统便捷，出入口选择适当，商业、教育、卫生、文化、体育、娱乐等公共建筑配套齐全，环境和景观优美。

3. 根据公共租赁房居民的行为特征，创造了多个开放空间，可为不同年龄段和不同兴趣爱好的居民提供交往和活动场所。

4. 充分利用山地和坡地地形，经过适度填方，较好地处理了地下、半地下车库、商业用房与住宅的高差关系。

5. 住宅均为“全装修”成品房。住宅设计注重节能、节地、节水、节材和环境保护。

不足：

1. A型单元标准层和C型单元标准层平面图，图中户型编号与表中户型编号不符。

2. 单元平面图表达内容不完整，没有标明冰箱位置。

3. 部分户型不具有能够获得冬季日照的居住空间。

优化建议：

1. 细化厨房、卫生间设计。

2. A型单元标准层凹槽较深，建议对深凹槽住宅的通风效果进行调研，做更加细致的研究。

建筑工程综合技术经济指标一览表(总指标)

项目		计量单位	规划要求指标	数值	备注
总用地面积		m²		514789	
居住户数		户（套）		19879	
居住人数		个		49698	按每户2.5人计算
总建筑面积		m²		1244065.95	不包含学校为[illegible]㎡
一、按功能性质划分					
1）30个班小学（2个）		m²		19638	
2）公租房		m²		954151.94	
3）公寓		m²		73557.17	
4）配套设施建筑面积		m²		92353.73	
①物管用房		m²		2877	按公租房面积的0.3%配置，包含一、二期
②社区组织工作用房		m²		3187	按每100户15平方计算，包含一、二期
③商业		m²		78015.99	其中地下10562.89㎡
④幼儿园（3个）		m²		7344.51	A12#，B8#楼
⑤开闭所		m²		216	
⑦其它配套		m²		713.23	
5）地下车库及设备用房		m²		104365.09	
二、按地上地下部分划分					
1）地上建筑面积		m²		1129137.95	
其中	地上公租房及配套建筑面积	m²		1109499.95	
	地上学校建筑面积	m²		19638	
2）地下建筑面积		m²		114927.98	其中地下商业为10562.89㎡
停车泊位		辆		3809	
①地面（室外）		辆		717	
②车库停车		辆		3092	
小学地块容积率				0.65	
公租房地块容积率				3.90	
总容积率				3.62	
建筑密度		%		25%	
绿地率		%		33.6%	

▶ 工艺流程（涂料、面砖饰面）

基层处理 → 粘贴膨胀聚苯板

粘贴膨胀聚苯板 → 修补、打磨加固处理

修补、打磨加固处理 → 批抹面胶浆、压入耐网格布、找平 → 批刮柔性耐水腻子 → 整体涂料施工

修补、打磨加固处理 → 批抹面胶浆、铺贴增强网并用锚栓固定 → 批抹面胶浆并找平 → 粘贴面砖用勾缝剂勾缝

基层墙体
界面剂
粘结层
无机保温砂浆
抹面砂浆
耐碱玻纤网格布
抗裂砂浆
饰面层

产业化说明

一、节能

户型平面设计力求方正，以此减小建筑形体系数，使节能效率更加高效。保证电梯厅前室可以进行自然采光、自然通风，增加公共前室的舒适性，同时有利于节能减排。

二、节地

采用点式设计，并且采用平层单栋12户。相较于板式和一般的商品房住宅，大大节省了占地面积。同时在建筑高度上尽量拔高，减少占地面积，提高保障性住房的城市居住容量。

三、节材（户型设计）

在户型设计上，力求达到功能的紧凑和完整。这种方正的建筑平面的建筑体系更加合理，这样的结构体系更加经济。在户型设计的基础上进行统一的精装修二次设计，设计遵循“整体设计、整体装修、一次到位、方便使用”的原则，以“小居室、大功能”的基本思路，达到“面积紧凑、功能齐全、配套精细、装修完善”的基本要求。

四、集成技术

户型可灵活多变的组合，以满足不同的居住需求；精装修的整体设计、整体装修、一次到位、方便使用；建筑用材统一进货、定制，比如门、窗等材料。以上三个方面，可以决定每栋建筑的模块化生产。

五、立面风格

借用地方传统建筑元素调整地方特色。将巴渝民居传统建筑符号进行线条化处理，重点新定义为整体当中具有可塑性的构建，以新的方式相结合，进而得到了整体的突破。

报送单位：山东省建筑设计研究院、山东大学土建与水利学院

山东

“核”与“模”
——标准生长与自由

总平面图

设计说明

本设计辩证地处理“标准化”建造和“多样性”使用的关系，以“标准与多样”为设计核心，采用大空间剪力墙、无梁大板楼面和轻质隔墙结构体系，标准化的“交通、厨卫”核与自由分隔的模块化户型有机组合，同时提出“复合空间”的功能组织，创造舒适宜居而又充满适应性的保障性住房。

标准模块：①将交通空间与厨卫空间组织为“中心核”，和玄关、储藏间一体化设计，做到管线集中，流线明确，洁污分区，便于营建。②将6m×8.7m的长方形，以“交通空间（标准化）——服务空间（标准化）——居住空间（灵活组织）”的模式，形成标准模块单元，统一多样，便于生产和造价核算。

有机生长：通过改变交通核，使标准模块组合具有细胞生长性，可“长高，长胖”，对场地具有良好的适应性。标准模块组织灵活，节约成本，为产业化提供基础。

自由多样：在标准模块的居住空间中，可根据不同家庭需求和生活形态变化自由分隔，自由组织，多样适用。

舒适人本：以人体尺度为出发点，合理组织空间布局；以人的行为方式为出发点，增加使用时间和频率最多的空间尺度；提出“复合使用”空间概念，或餐居一体，或将洗漱与冰箱空间复合到起居室，利用人的视觉尺度，做到小户型、大空间。同时最大限度地利用自然采光、通风，提高宜居度。

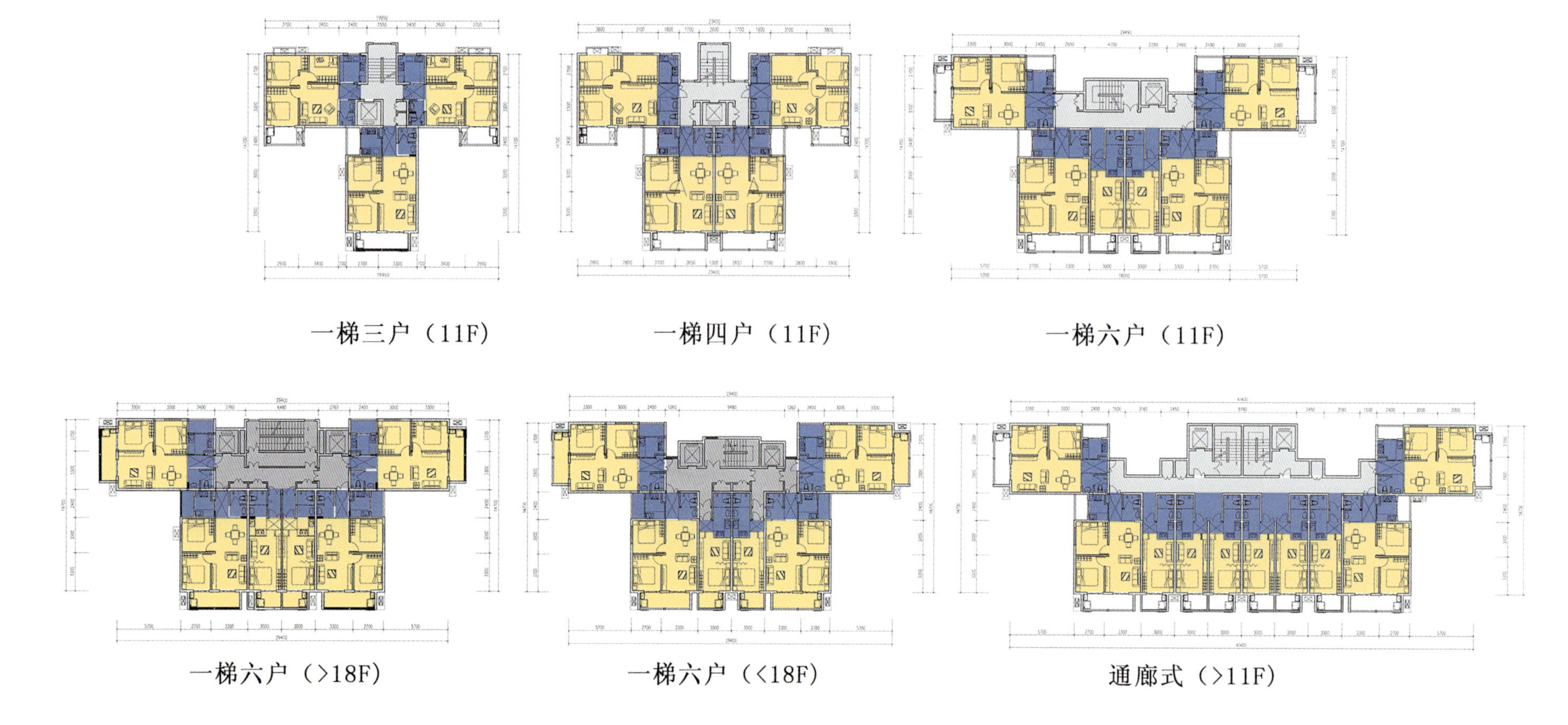

一梯三户（11F）　一梯四户（11F）　一梯六户（11F）

一梯六户（>18F）　一梯六户（<18F）　通廊式（>11F）

标准层平面图

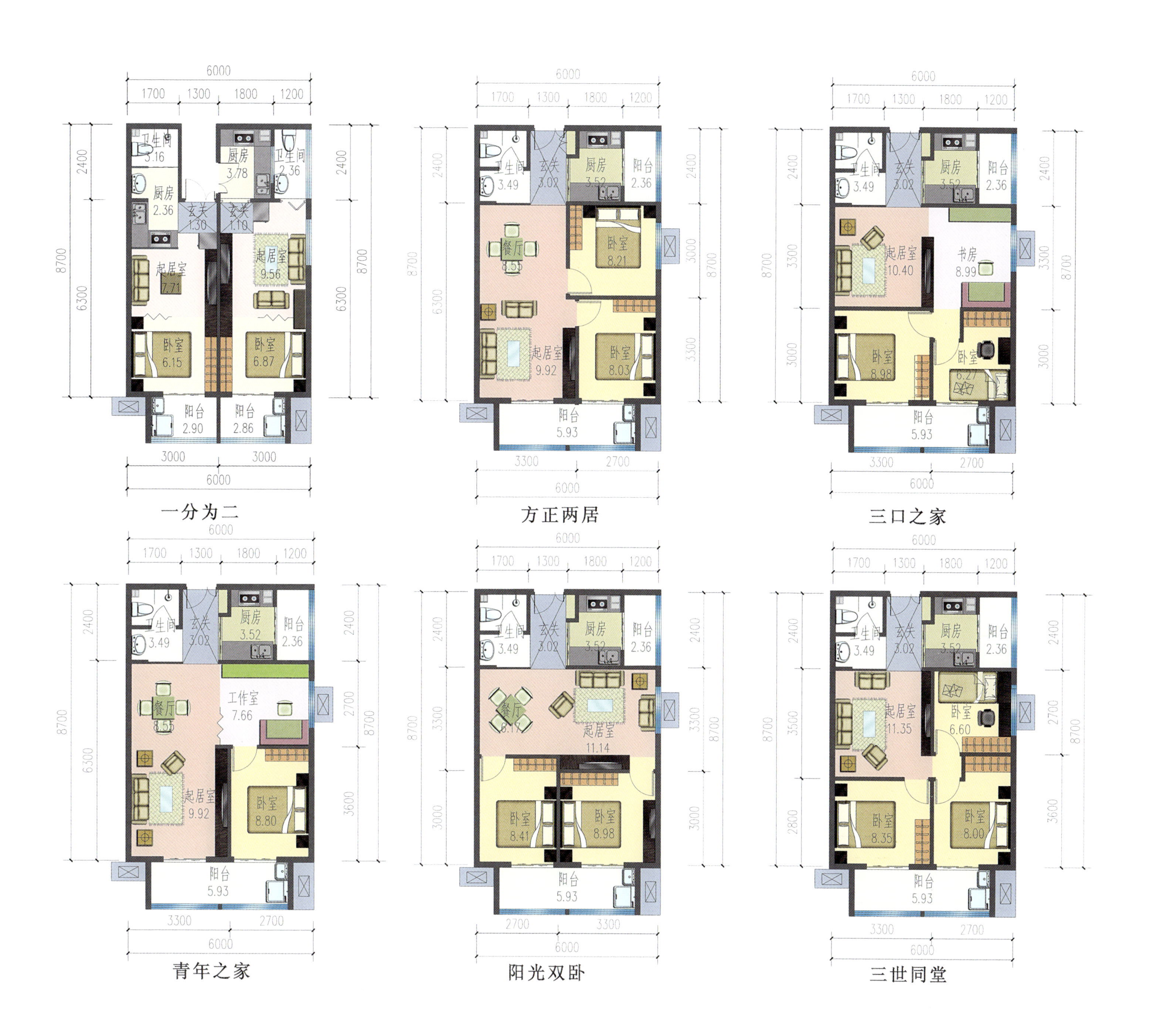
一分为二
卫生间 3.16
厨房 2.36
玄关 1.30
起居室 7.71
卧室 6.15
阳台 2.90
厨房 3.78
卫生间 2.36
玄关 1.10
起居室 9.56
卧室 6.87
阳台 2.86
方正两居
卫生间 3.49
玄关 3.02
厨房 3.52
阳台 2.36
餐厅 8.55
卧室 8.21
起居室 9.92
卧室 8.03
阳台 5.93
三口之家
卫生间 3.49
玄关 3.02
厨房 3.52
阳台 2.36
起居室 10.40
书房 8.99
卧室 8.98
卧室 6.27
阳台 5.93
青年之家
卫生间 3.49
玄关 3.02
厨房 3.52
阳台 2.36
餐厅 8.55
工作室 7.66
起居室 9.92
卧室 8.80
阳台 5.93
阳光双卧
卫生间 3.49
玄关 3.02
厨房 3.52
阳台 2.36
餐厅 8.17
起居室 11.14
卧室 8.41
卧室 8.98
阳台 5.93
三世同堂
卫生间 3.49
玄关 3.02
厨房 3.52
阳台 2.36
起居室 11.35
卧室 6.60
卧室 8.35
卧室 8.00
阳台 5.93

专家点评

该方案采用剪力墙和无梁楼盖大空间结构，以“核与模”为基础，将交通空间与厨卫空间组织为“中心核”，以标准化的交通、服务空间和灵活可变的居住空间形成“模块单元”，使管线集中在楼栋核心位置，通过模块组合衍生出各类楼栋单元形式。这种标准化和多样化设计思路具有一定的逻辑性，有利于推进住宅产业化。

方案提出“生长”的概念，将各个套型的厨房、卫生间等面积相对较小的服务空间“捆绑”于交通核四周，从而“解放”出卧室、起居室（厅）等使用空间。厨卫确定后，套内其他空间便可灵活分隔，适应性较强。方案还探讨了不同居住者的使用需求，模拟其家庭生活，给出了不同的空间分隔方式。这种思考方式很有必要。方案对节能也做了考虑，例如：在阳台栏板处放置太阳能集热器；房间内部南北通透，有利于自然通风。

方案需要改进的有：① 一梯四户的楼栋单元形式较好，公摊面积相对合理，但其他楼栋则均存在一些问题，如：一梯三户的楼栋不节地；一梯六户、八户的楼栋公摊面积较大，中间套型的设计欠佳，使用效果不好，例如厨房无法直接对外采光。② 每个套型的面宽均为6m，可以考虑其他面宽，做出更加丰富的平面类型。③ 厨、卫、门厅模块设计可进一步细化，例如门厅的鞋柜摆放位置、厨房外侧服务阳台的形状及面积等，都有调整的余地。④ 细化卫生间、厨房的设备及部品设计，更有利于标准化和产业化推行。⑤ 屋顶赘余构架可以取消。

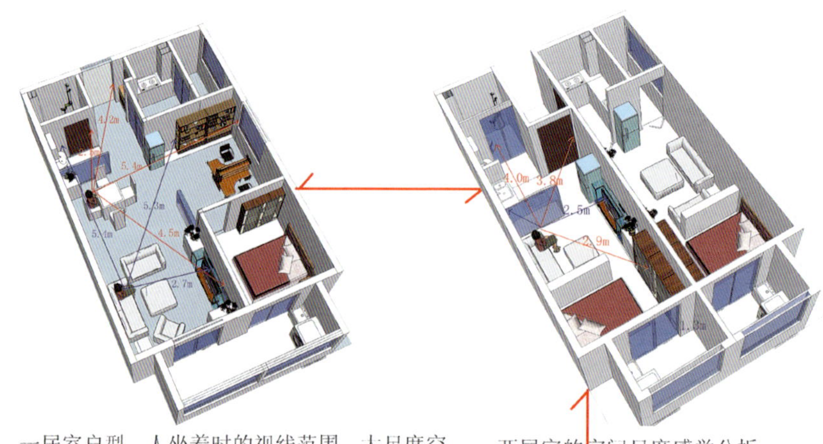

一居室户型，人坐着时的视线范围，大尺度空间舒适感觉。

两居室的空间尺度感觉分析。

扩大视线范围后的空间尺度

通常情况视线范围分析

大视觉空间尺度

小户型、大空间

以人体尺度为出发点，合理组织空间布局，以人的行为方式为出发点，增加使用时间和频率最多的空间尺度，利用人的视觉习惯，尺度，营造小户型，大空间的舒适感觉。

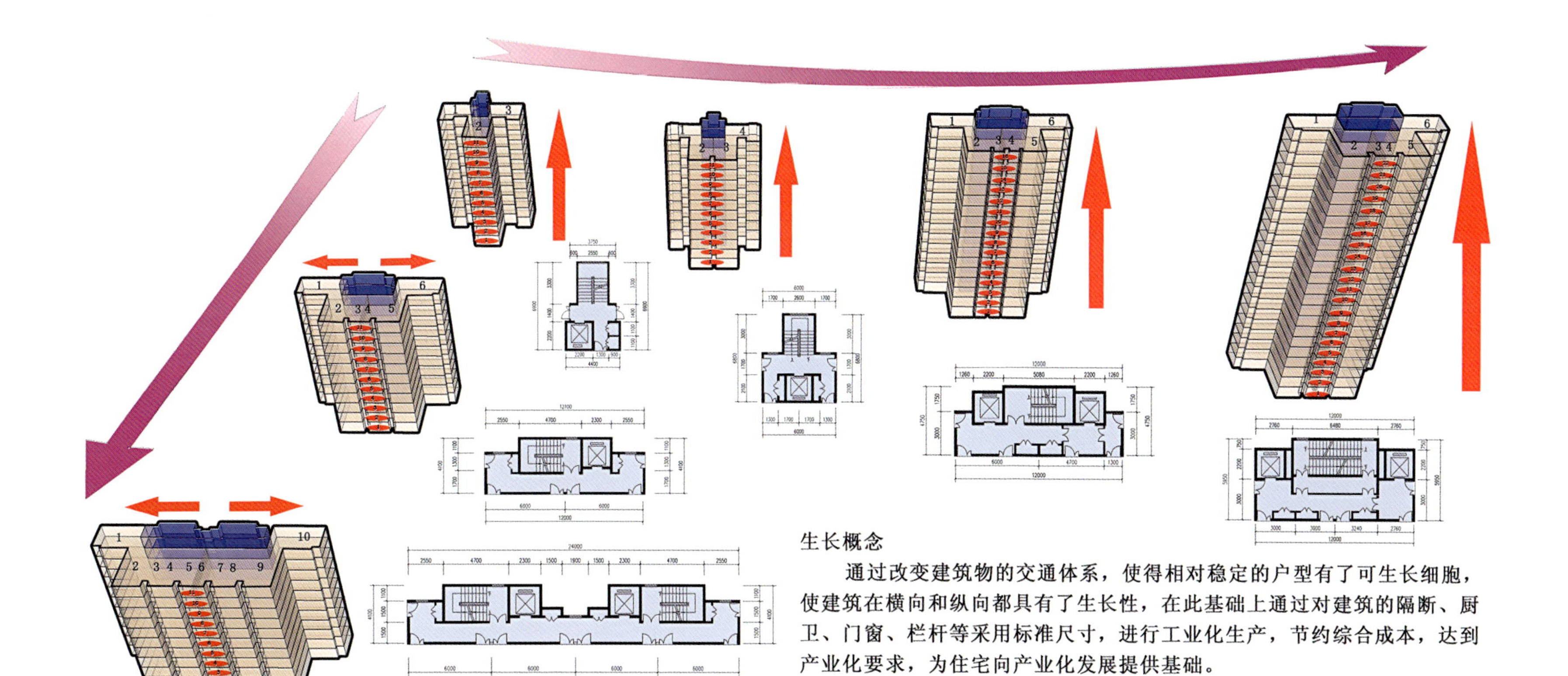

生长概念

通过改变建筑物的交通体系，使得相对稳定的户型有了可生长细胞，使建筑在横向和纵向都具有了生长性，在此基础上通过对建筑的隔断、厨卫、门窗、栏杆等采用标准尺寸，进行工业化生产，节约综合成本，达到产业化要求，为住宅向产业化发展提供基础。

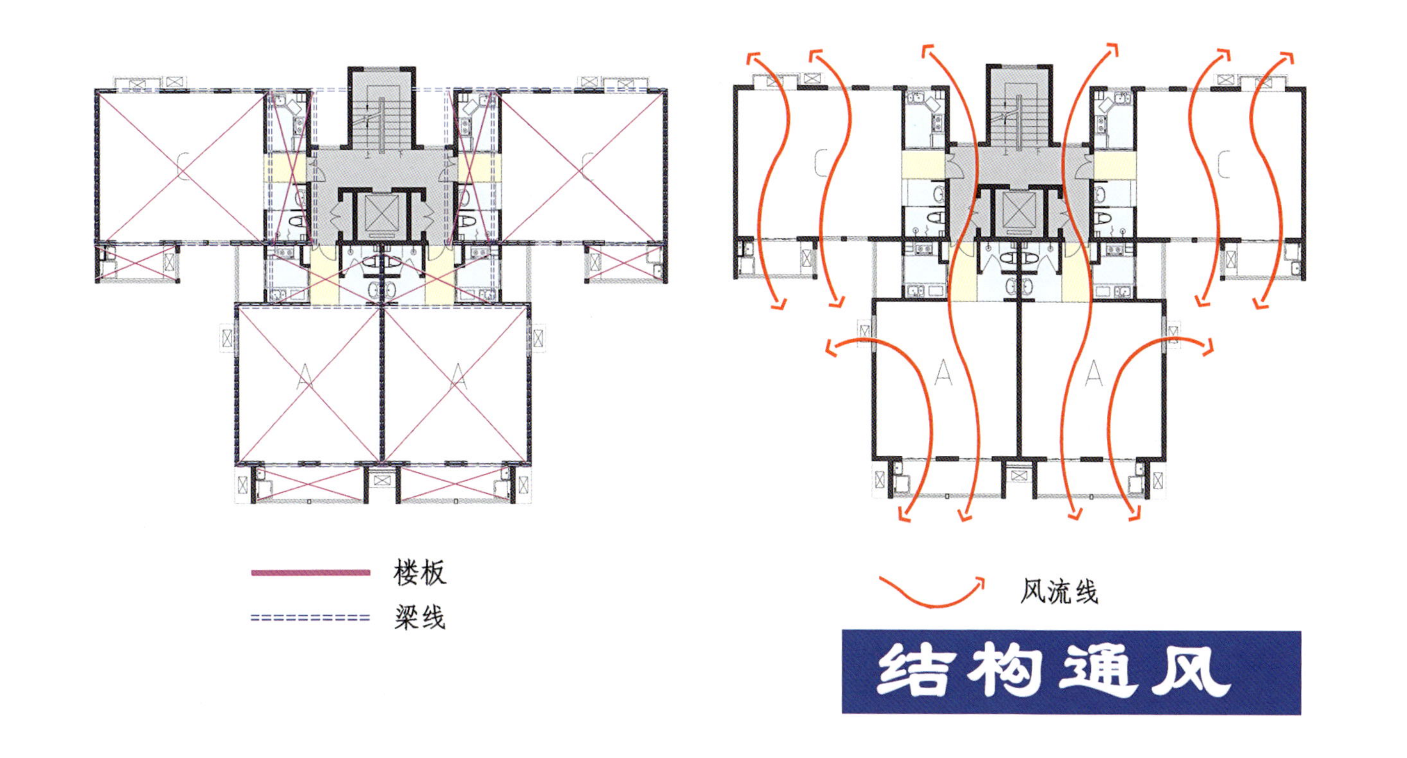

结构通风

报送单位：山东铭远工程设计咨询有限公司

山东

保障性住房设计方案

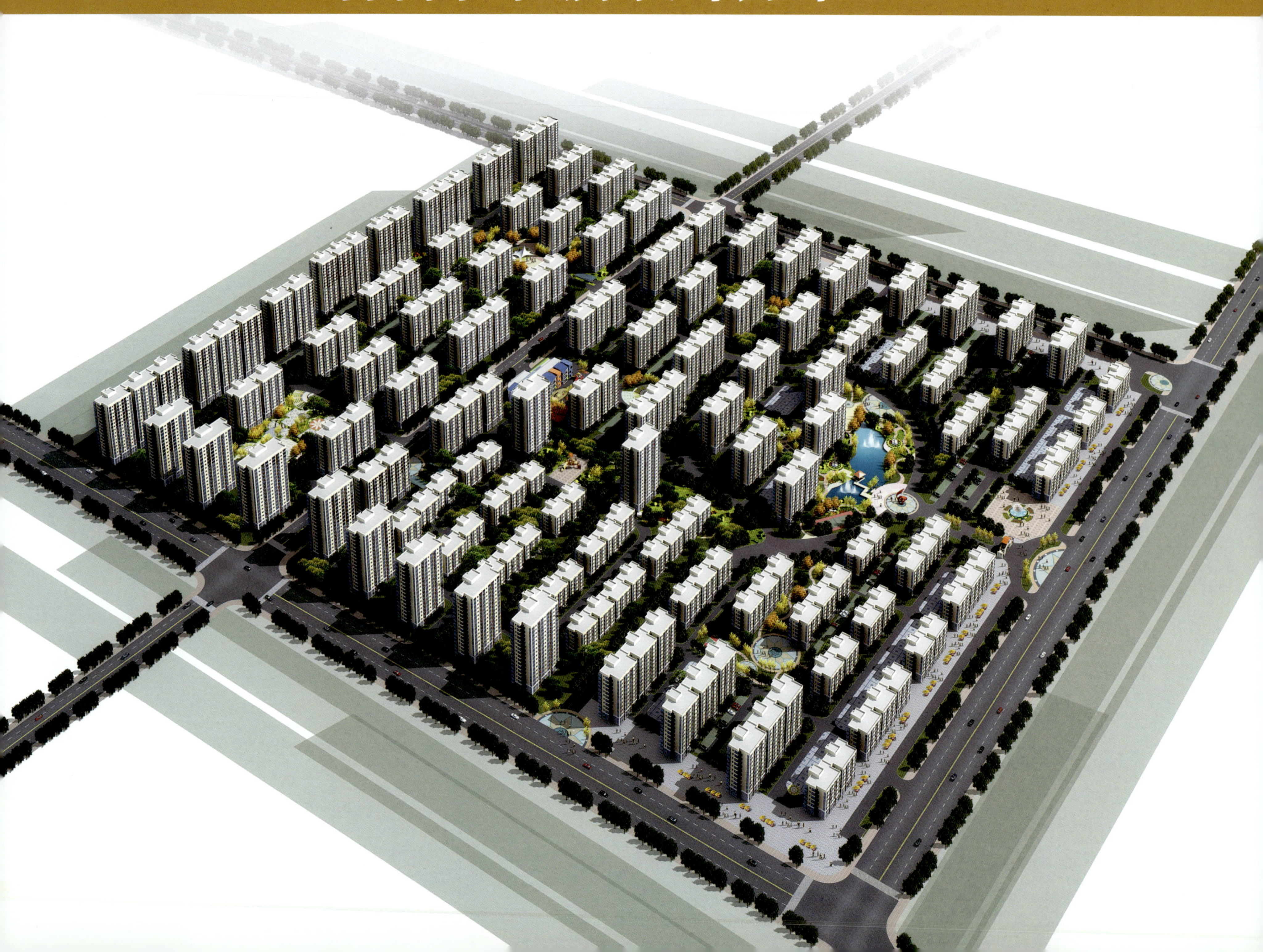

项目概况

本项目位于小区中央绿地周围，环境优秀，距离小区配套设施较近，方便生活。

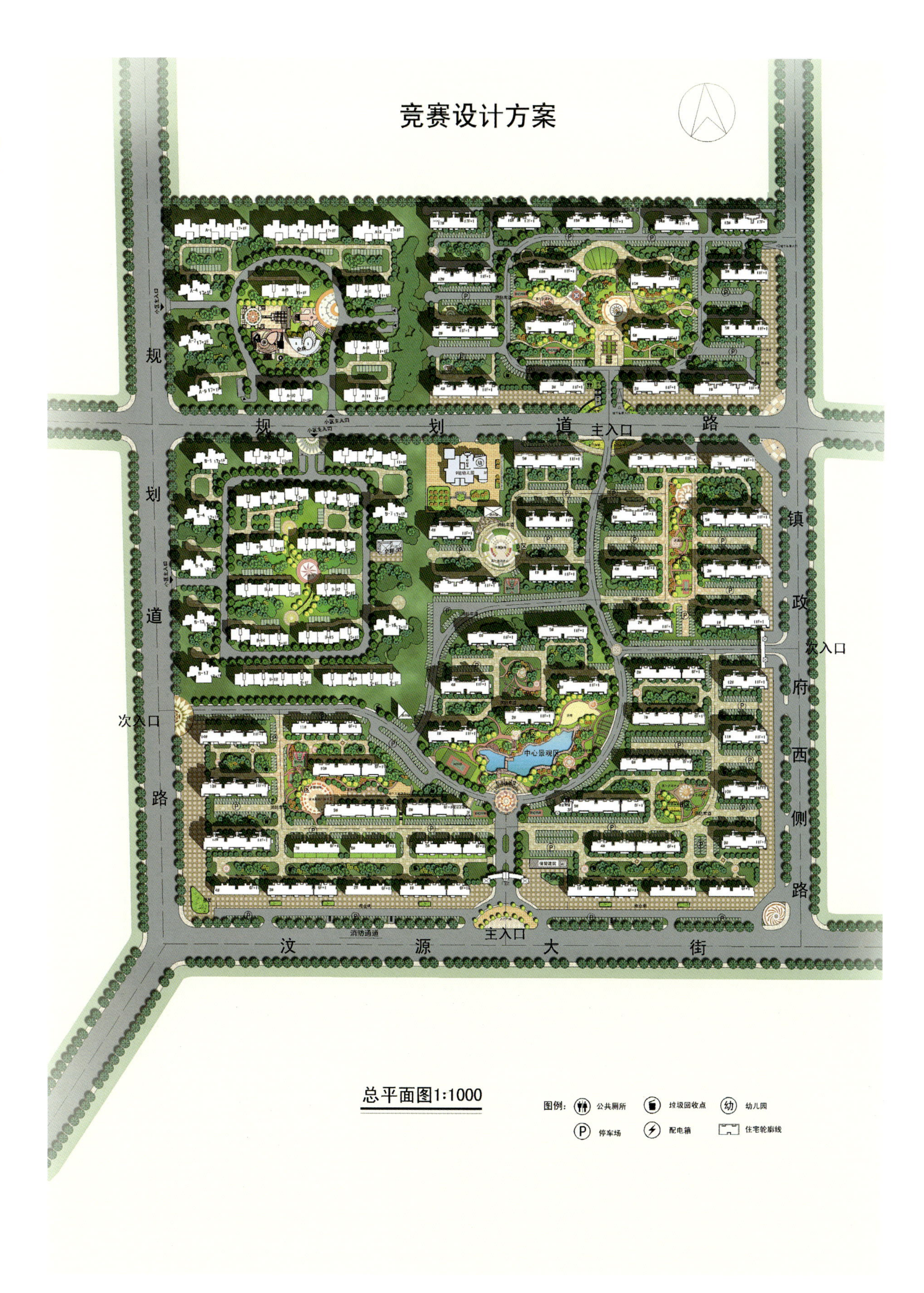

设计说明

力求在最有限的空间里，创造出丰富、有层次的空间居住环境，满足最基本的居住功能，整个标准层平面的大部分房间都是全明的，其中，位于南向阳台上的厨房是本案的一个设计亮点，而且大进深的套型组合设计有利于节约用地，各功能空间围绕核心筒布置，利用率高。

模块的设计理念，加之采用钢结构体系，使得本设计充分体现“产业化、低污染、规模生产、节约资源”的理念。

2～29层平面图 1:100

标准层建筑面积: 320.05m²

专家点评

青岛白沙湾保障性住房项目包括了公租房和限价房。参赛的建筑为面向老年人和夹心层的公租房。

设计方案采用7200mm×7200mm的模块围绕核心筒布置，满足了基本的居住功能，而且有利于节约土地。厨房布置在阳台一侧，为户型平面设计提供了新的思路。钢框架－核心筒体系的柱、梁采用螺栓连接，可以进行现场装配，工业化程度高，缩短了建造工期。

设计方案拟采用的绿色建筑技术比较常见，应针对保障性住房的特点和需求采用具有相应的适用性技术。

设计方案中核心筒与模块的组合方式比较单一，而且核心筒两侧还存在空间浪费，可以进一步优化调整。

服务人群

旨在解决如下人群的居住问题：

1. 老年人

在卧室、客厅、洗手间的马桶旁边安置SOS一键式报警系统，连接到小区的SOS呼救中心，然后再由SOS呼救中心呼叫医院。这个系统设计的优点是：简单有效、利于急救。

2. 夹心层

这里所谓的“夹心层”是指市场之外的无能力购房群体的代名词。这群人中，有的达不到廉租房条件、又买不起商品房、上有老下有小、很多可能还是城市化进程的劳动人群，将他们推到城市中，迫切地要解决居住问题。

独居老人，遇突发疾病，怎么办?

一键式SOS呼救系统
老年人生命保障系统

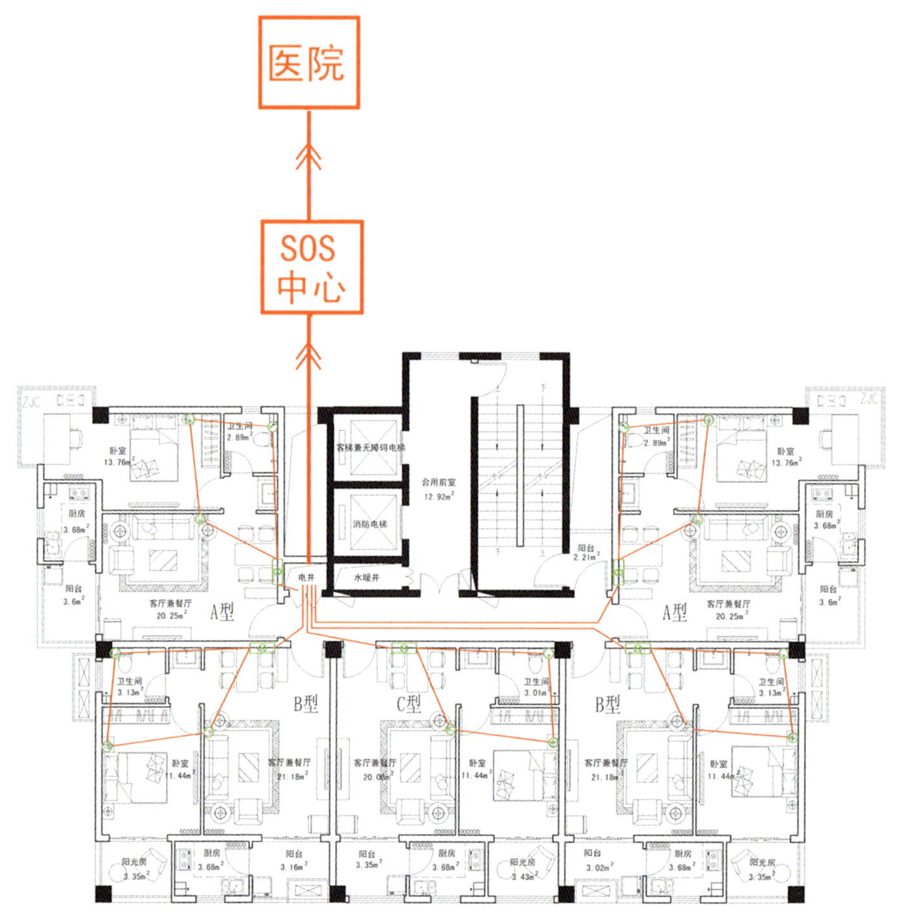

产业化说明

1. 标准模块设计

本方案在构想上利用一种模块的形式，建筑模数标准7200mmX7200mm,形成一个住户单元，既满足了老百姓的具体要求，又最大化地实现了节能，在通风、采光方面上都做了最大限度的设计，实现卫生间、厨房的整体化生产，设计、施工一体化。

2. 结构设计

本方案高层住宅采用钢框架-核心筒体系，柱梁采用全栓接刚接节点，楼板采用预制叠合式楼板，非承重墙采用轻质复合保温墙板，全部的梁、柱、非承重墙以及预制部分的楼板均在工厂中加工完成，工人在现场的浇筑、砌筑等湿作业大大减少。

3. 暖通专业设计

针对本项目户型小、房间面积小的特点选用分户式散热器采暖系统。考虑到最大程度提高舒适及节能要求，系统运行水温控制在低温状态，系统供回水温度为60/45℃。采用自平衡型进、排风系统，由一台排风风机和若干自平衡式的进风口、排风口组成。排风风机与排风口通过软管连接。而进风口分别设置与各个房间内与室外相通的适当位置。

4. 给排水设计

本方案采用无负压（“无吸程”）管网增压稳流给水设备，它是在变频恒压供水设备上发展起来的，它主要由稳压补偿罐、变频水泵、无负压流量控制器、能量储存器、双向补偿器及智能控制系统等组成。同时还采用了水泵变频节能技术。

5. 低碳的工地现场

本方案是以“绿色低碳、提高现场装配化率”为前提进行的保障性住宅设计，采用的是参赛方自己的钢结构绿色节能住宅建筑体系。目的是在建造保障房的同时，利用现有成熟技术建造绿色住宅，降低建造成本；减少施工现场“农民工”数量，使“农民工”转变为建材工厂里的“产业工人”。在模数化、标准化的基础上，构建住房的建筑、结构、设备和部品的成套技术，形成完整实用的建筑体系。

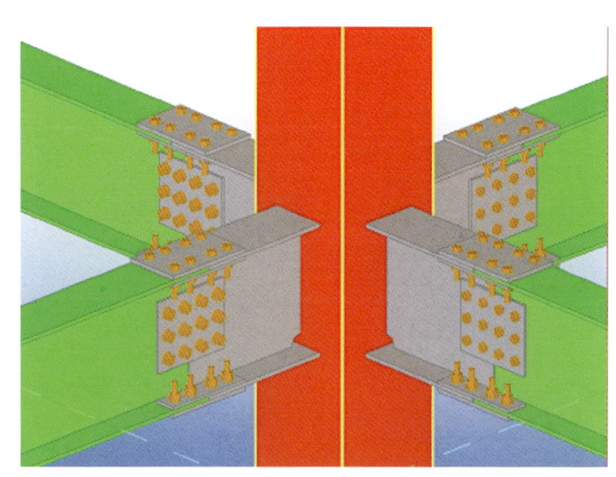

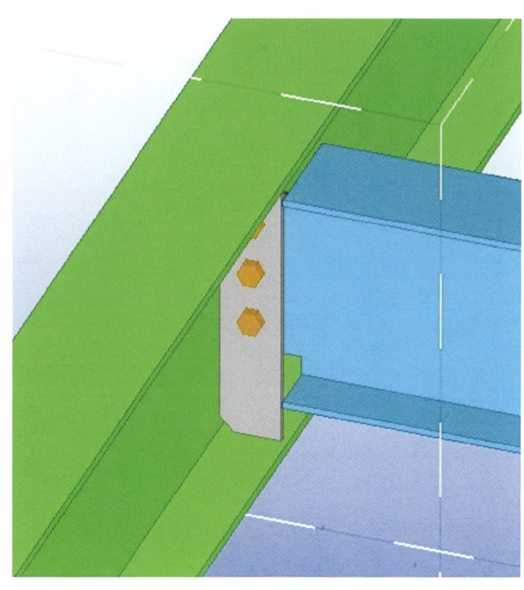

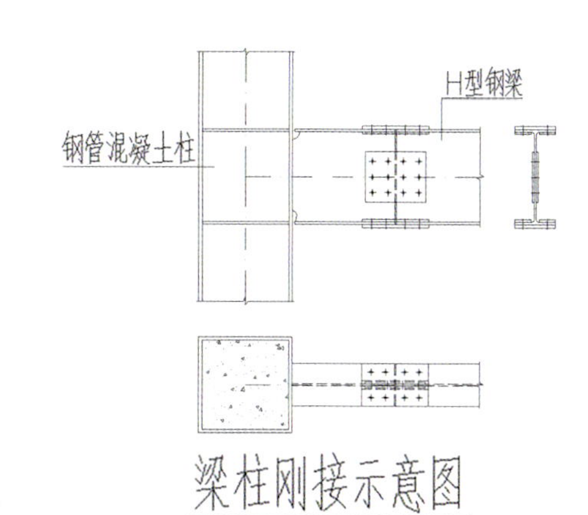

梁柱刚接示意图

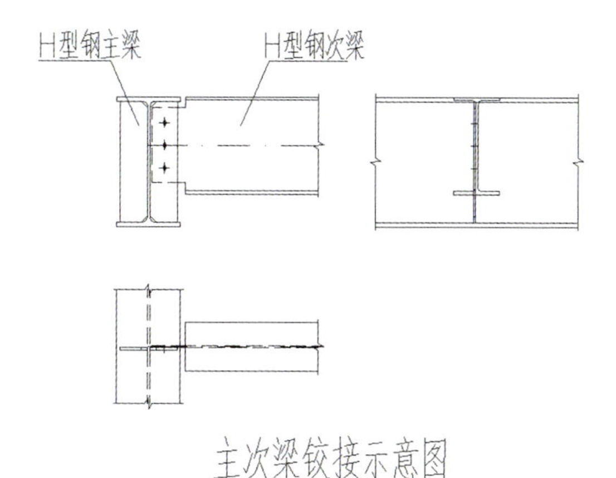

主次梁铰接示意图

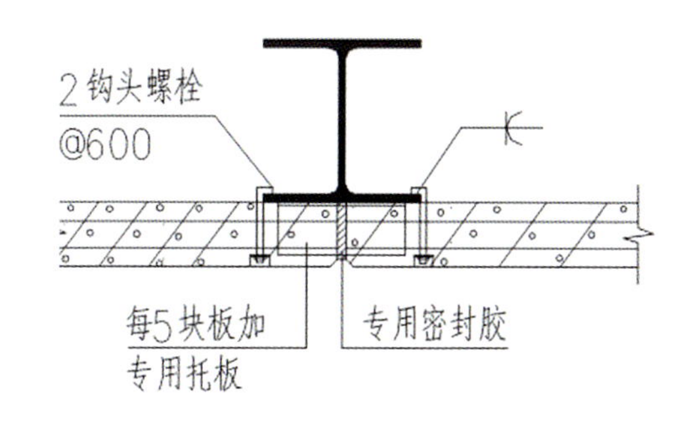

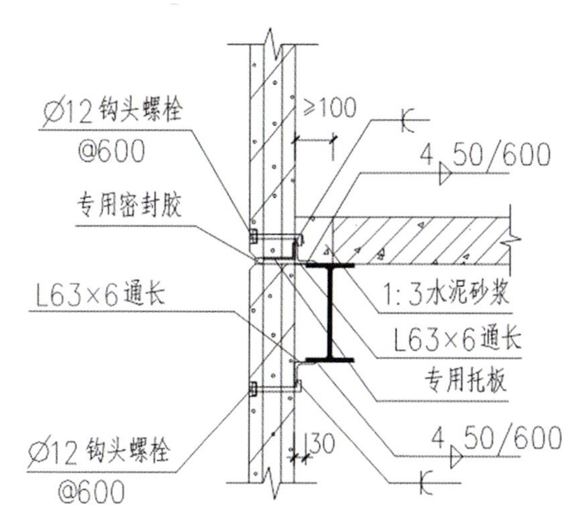

报送单位：山东大卫国际建筑设计有限公司

山东

可持续性发展住宅

设计目标

灵活可变、可持续发展的我国北方一梯三户中高层限价商品房。

设计说明

设计理念

响应国家政策，顺应市场需求，提倡节能节地，注重住宅产业化。针对我国家庭构成、经济水平、生活方式的不同，以及不同场地模式，积极探索能满足居住者多样化的居住需求，具有灵活性、适应性、可实施性、实用性的可持续的住宅模式，既能满足当前保障性住房对两室、一室等小套型的需求，又能为今后因居住水平提高而形成的对三室套型的需求提供改造可能，适应将来的发展趋势，推进住宅产业化发展。

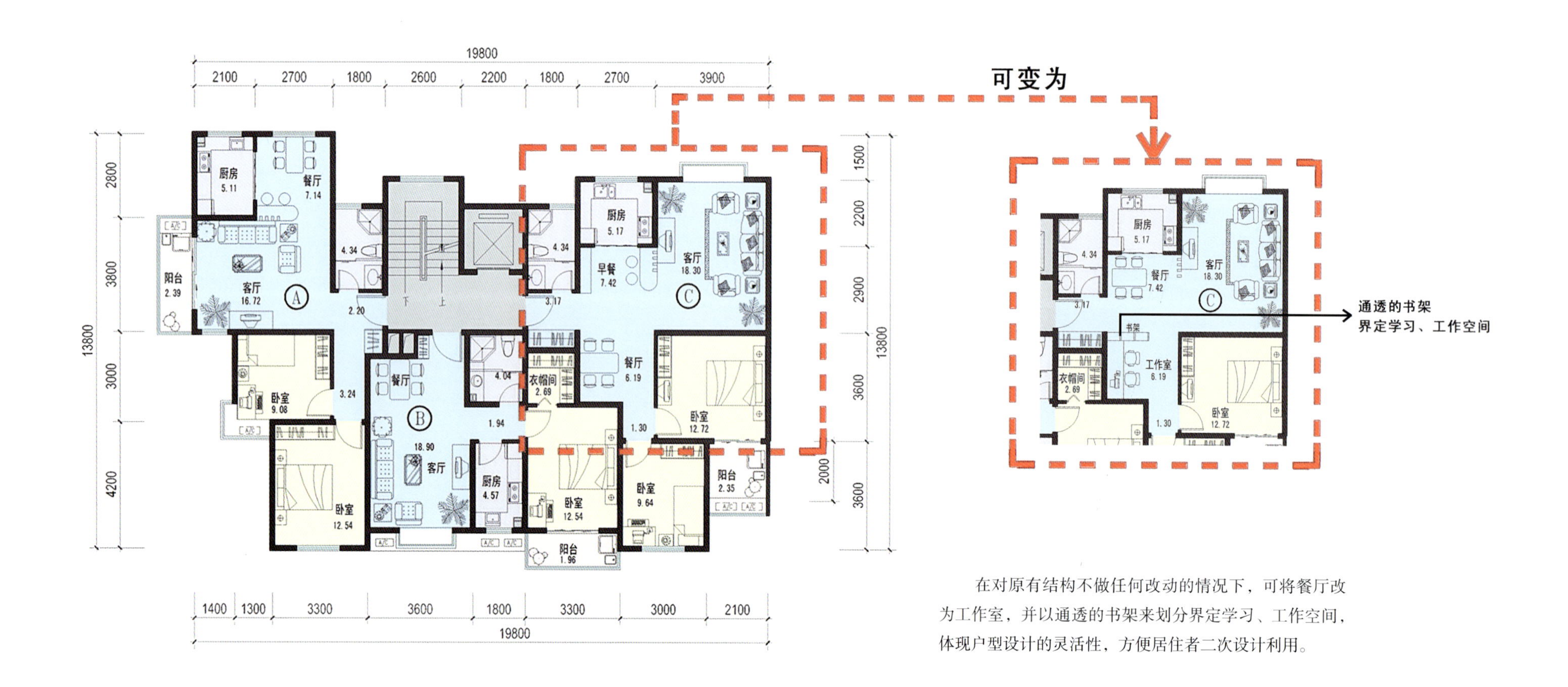

在对原有结构不做任何改动的情况下，可将餐厅改为工作室，并以通透的书架来划分界定学习、工作空间，体现户型设计的灵活性，方便居住者二次设计利用。

设计亮点

坚持以人为本的设计原则，在灵活适用的基础上进行细部设计。每种套型均有良好的南北向通风设计，尽量做到明厨明卫，客厅开间在3.6m以上；小套型适当考虑储藏空间，电梯设于北向仅和卫生间相邻，避免对主要居住空间的干扰，做到舒适性和实用性相结合，提升小套型的品质。

外观造型简练，纯净。空调板与凸窗、阳台巧妙结合，变成为立面造型不可缺少的元素；立面色彩丰富大胆，运用灰、白、红三色营造出都市生活中时尚、温暖而沉静的宜居家园。

两单元组合

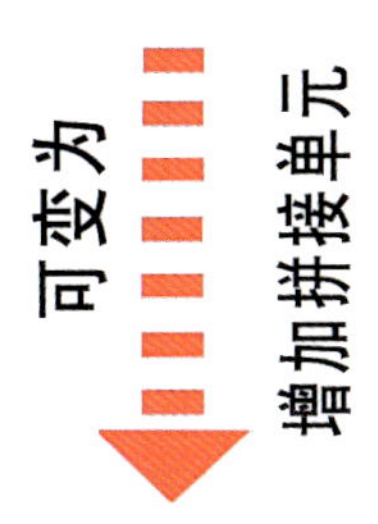

三单元组合

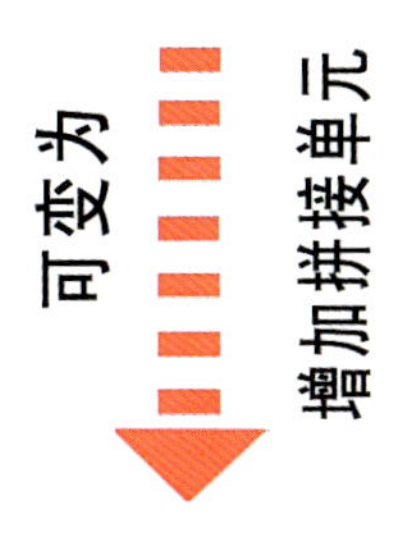

四单元组合

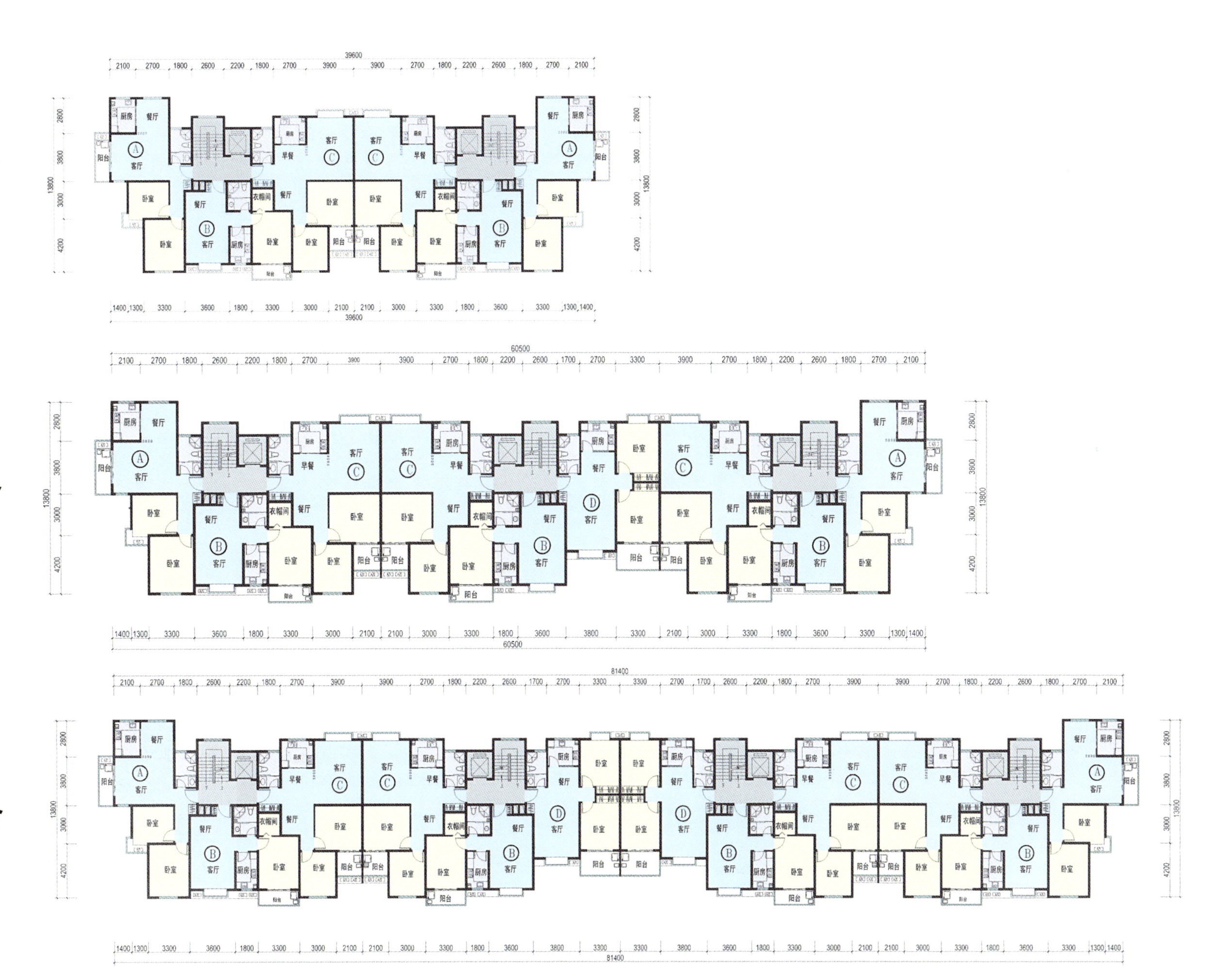

专家点评

该方案的特点是套型可改造，满足当前需求的两室和一室套型，日后可改造为三室套型，以适应居住水平提高的需要，避免成为劣质资产。这种思路是有意义的。套型设计舒适度较高，实现了明厨、明卫；套内通风效果较好。

方案的问题在于：套型与一般商品房较为接近，部分套型建筑面积超出保障房的范围；楼栋套型结构混乱、外轮廓复杂；管井位置和大小缺乏考虑；套型细部设计不够成熟；与实际结合较差，没有限定地域范围，也没有具体的规划建设地段等。

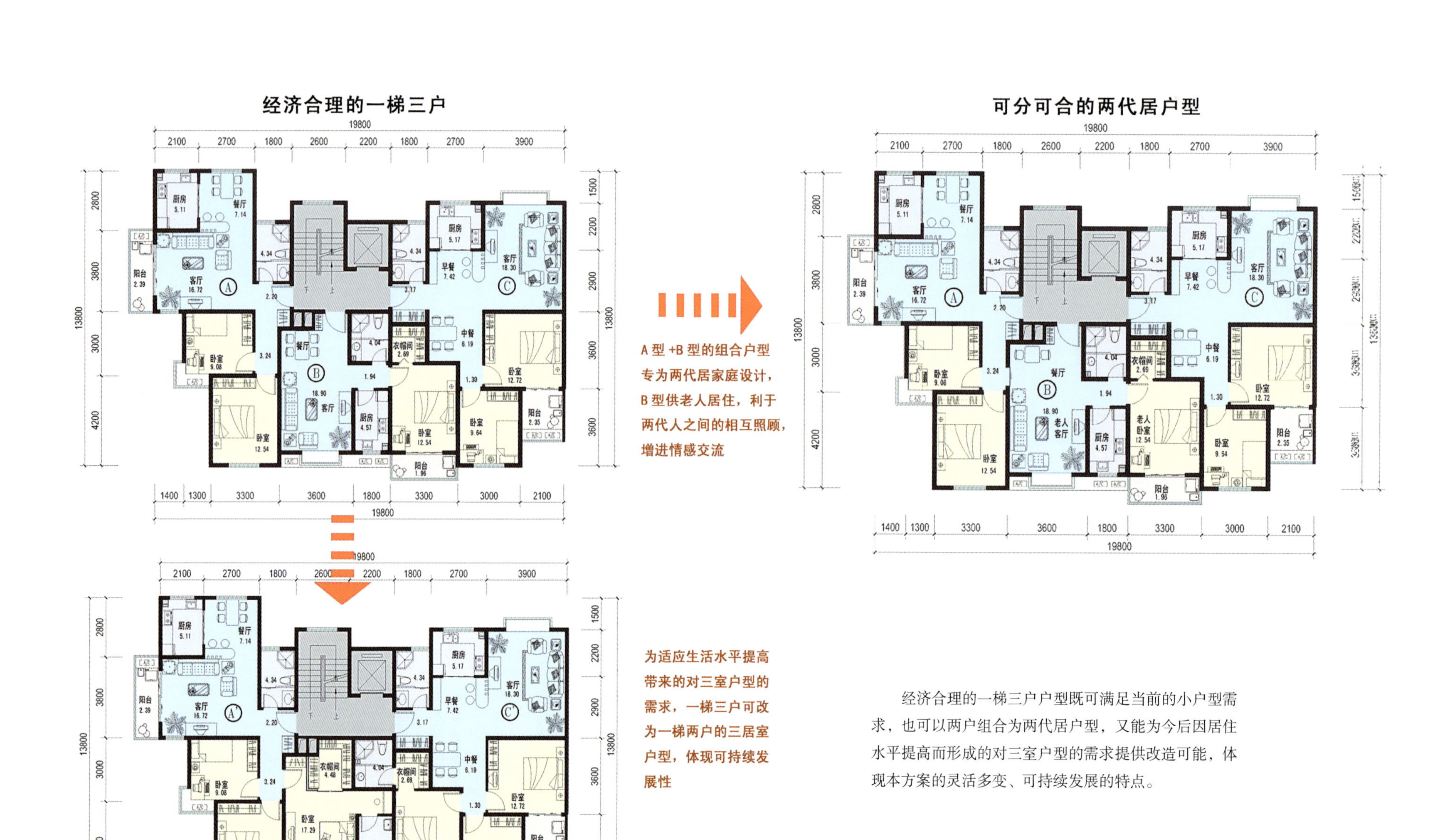

经济合理的一梯三户户型既可满足当前的小户型需求，也可以两户组合为两代居户型，又能为今后因居住水平提高而形成的对三室户型的需求提供改造可能，体现本方案的灵活多变、可持续发展的特点。

产业化说明

1. 节能节地

采用一梯三户的布局，减少公摊面积，标准层使用面积系数达到78%；平面布置紧凑，有效解决中户通风问题；注重“端户”设计，做到节能节地。填充墙体采用加气混凝土砌块，外墙贴满保温板；外窗采用断桥铝合金型材、中空玻璃外窗，较少采用对节能不利的凸窗，仅在景观良好的房间少量应用；利用可再生能源，设计分体式太阳能热水器供应生活热水。

2. 可分可合的两代居

本方案两室两厅（$80m^2$）和一室两厅房型（$60m^2$），专为两代居的家庭设计。两个房型可分可合，相对独立；两户均设有各自独立而完整的入户空间、客厅、餐厅及卧室，可满足年轻人和老人各自不同的生活方式和生活需求，并避免相互干扰，利于两代人之间的相互照顾，增进感情交流，符合中国目前的家庭构成及传统的生活模式。

3. 一梯三户改一梯两户的延续性设计

立足现状，长远考虑，三个户型之间可以重新组合，以两室户型为基础，在不改变原有结构的前提下，拆分一室户型，加以改造可变成两个舒适型的三室户型，以满足将来因居住水平提高而形成的对三室户型的需求，体现住宅的可持续性发展。

4. 灵活可变的户型及可实施性

在统一的外观下设计不同布局的房型；强调户型的多样化、灵活性设计，为居住者提供多种选择。户内可变部分采用轻质墙板或固定家具进行空间划分，为居住者进行个性化的二次设计及改造提供可能，利于住宅产业工业化。

5. 多种组合的适应性设计

住宅单体以两单元的短板式组合为基本组合方式，同时提供可拼接单元和具有同样灵活性及延续性的多层户型系列，为不同层数、不同单元的组合创造可能，适用不同场地的需求，利于住宅的标准化和工业化生产。

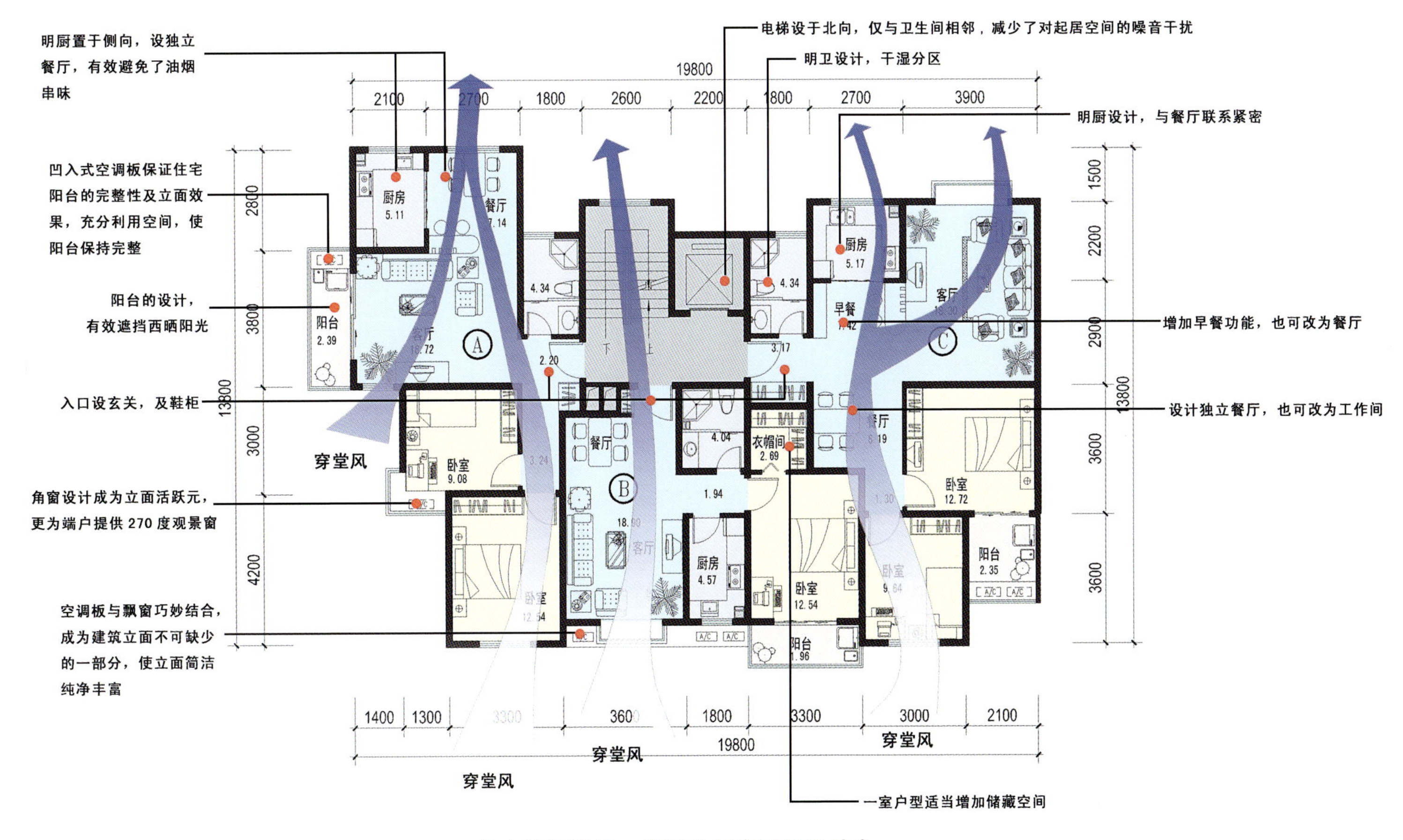

住宅细部设计：舒适性与实用性的结合

报送单位：上海中森建筑与工程设计顾问有限公司

上海

上海市保障性安居工程马桥旗忠基地22A-02A地块设计

项目概况

本项目位于上海市闵行区马桥旗忠大型居住规划社区西部，建设用地面积约为55516m^2，规划容积率控制2.20。

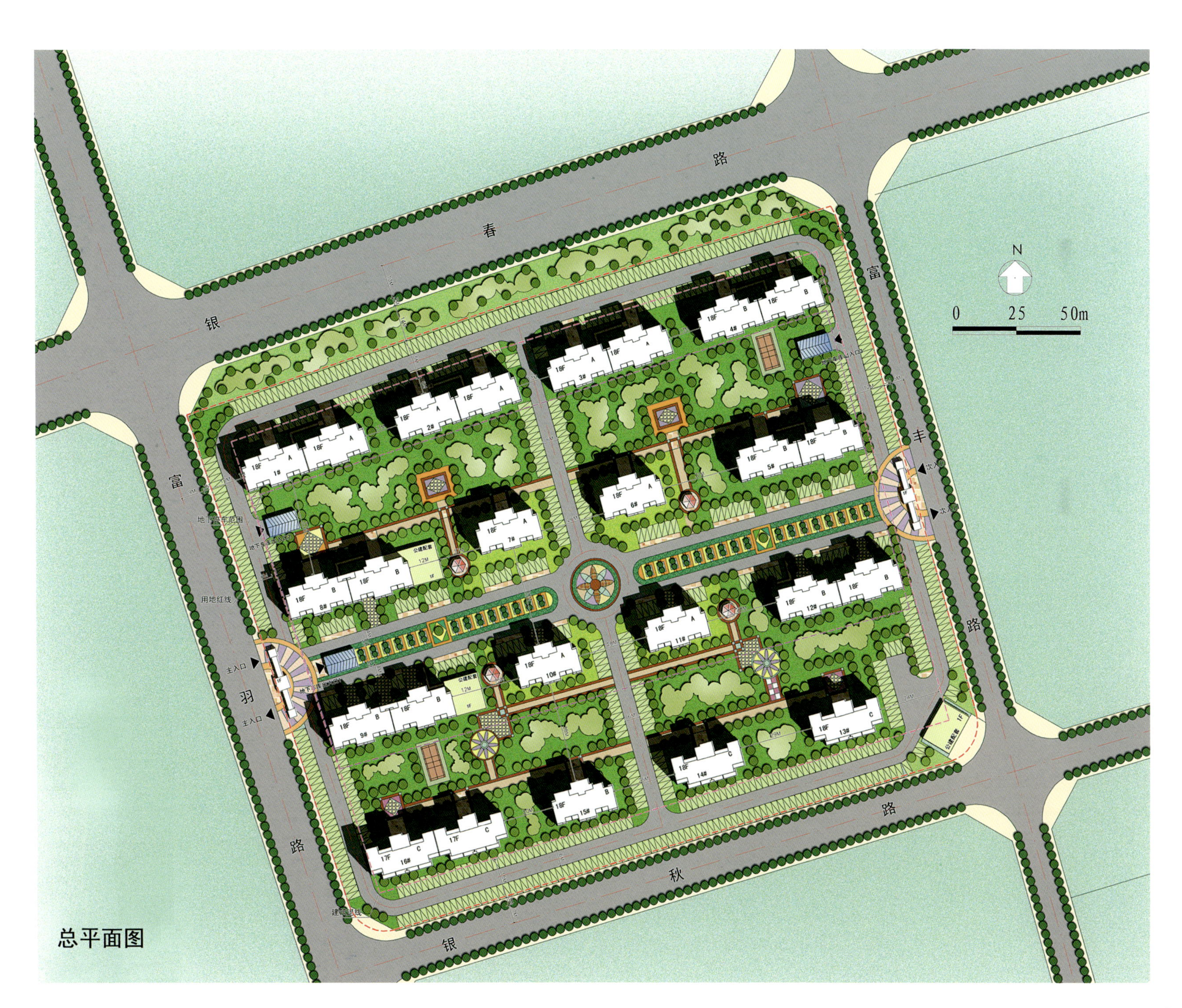

总平面图

设计说明

住宅主要以17～18层为主，点式与单元式相替布置。设计主题以九宫格为基调，为新式花园里弄民居文化的展示，孕育出独特的都市、简约的人文景观气息。规划设计中充分演绎里弄文化，提取典型的里弄机理，使其既符合本案设计要求，又很好地反映了上海的地域特色。

建筑风格为现代简化Art-deco风格；结合上海的石库门建筑风格，简化提炼典型的符号，反映上海当地的建筑特色，传承了地域的建筑文化。立面设计考虑到经济性和实用性，控制综合成本；建筑主要以墙面与玻璃两种介质为主，虚实结合，突出了流畅的线条，造型简洁明快，在传承中突出时代气息。建筑以白色与浅色（米黄、浅咖啡等）为主。底部深色面砖，以上为白色与浅米黄色涂料为主；色彩搭配明快大气，体现浓郁的生活氛围。

套型设计中采用经典手法，格局方整，各居住使用空间功能流线布局合理，使用效率较高，既满足了经济适用房对套型面积的限制要求，又能充分满足住户的各种日常使用需求。

A户型平面图

套型	房型	套内建筑面积（m^2）	公摊面积（m^2）	套型建筑面积（m^2）	1/2阳台面积（m^2）	标准层计容面积（m^2）	标准层建筑面积（m^2）	得房率
A1	三室户	63.28	12.87	76.15	2.00	264.05	272.05	83.10%
A2	二室户	54.10	11.00	65.10	2.00			
A3	二室户	54.10	11.00	65.10	2.00			
A4	二室户	54.60	11.10	65.70	2.00			

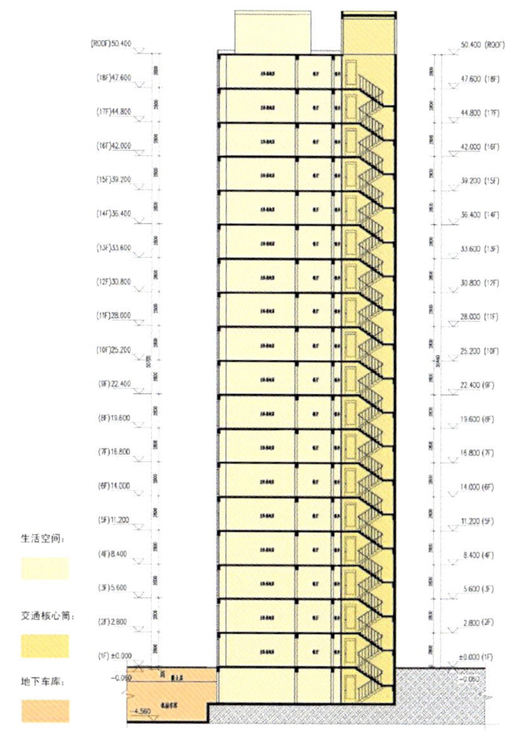

A户型剖面

B户型平面图

套型	房型	套内建筑面积（m^2）	公摊面积（m^2）	套型建筑面积（m^2）	1/2阳台面积（m^2）	标准层计容面积（m^2）	标准层建筑面积（m^2）	得房率
B1	三室户	64.10	12.67	76.77	2.25	236.50	245.40	83.50%
B2	一室户	38.50	7.61	46.11	2.20			
B3	一室户	38.50	7.61	46.11	2.20			
B4	三室户	63.80	12.61	76.41	2.25			

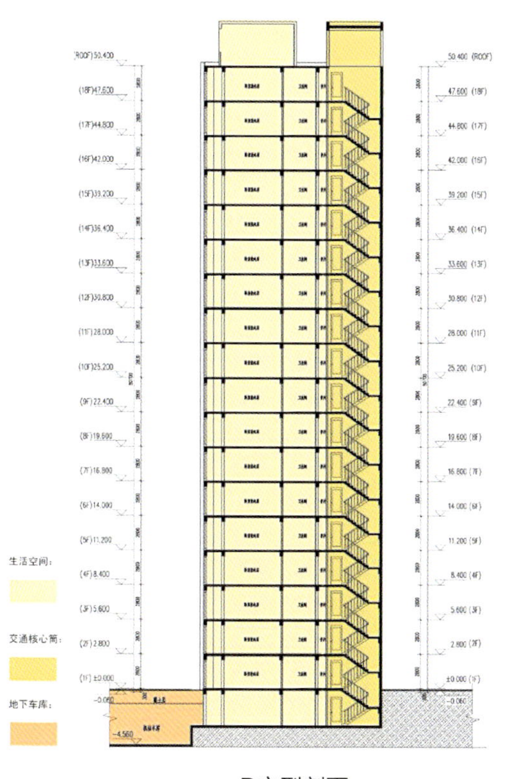

B户型剖面

专家点评

该地块位于某大型居住规划社区西部，该社区将发展成上海保障性住房基地之一，成为为周边产业区提供居住配套和商务服务的区域，区域和交通条件良好，周边配套设施齐全。方案以“九宫格”为基调，以“里弄”为出发点，传承地域建筑文化，在规划空间及建筑造型上均有所呼应，所完成的方案比较中规中矩。

规划布局力求实现套型的均好性。道路关系简洁明了，四个居住组团将用地的动静属性划分得比较明确。组团内可以形成较好的邻里活动空间，相邻的组团绿地之间能有通达的视线联系，并有利于组团内通风。方案同时实现了明确的人车分流，车库出入口位置合理，对非机动车停放位置也有一定的考虑。

方案采用3种基本套型，整体式组合，以减少建造成本。各类型楼栋套型轮廓线规整，开间、进深较为得当，采用小面积交通核，减少公摊面积，得房率较高。结构采用大空间方案，套内隔墙位置可变动，为日后改造留有余地。套型设计比较细致周到，各居住空间功能布局合理，流线组织明确，对管井的位置及大小也进行了考虑。

该方案需要改进的有：①规划上过于均质化，住宅区内整体空间感略显沉闷，景观设计也缺乏重点和趣味性；②配套设施的位置考虑欠妥，例如将卫生站置于道路拐角处，可能会对停车及交通带来不便；③一些技术上的想法，例如：中水冲厕、屋顶和垂直绿化、架空楼板、现浇钢筋混凝土剪力墙外挂预制混凝土墙板等构件，以及室内吊顶等经济上是否可行，中水水质能否达到要求，以及能否在建设中真正落实还需深入探讨；④C套型楼栋起居室兼主卧室紧邻电梯间，易受噪声干扰；⑤C2、C3套型的餐厅空间过于局促；⑥B3套型的厨房操作台总长度过小，无处放置案板；⑦无可容纳担架的电梯。

良好的通风利于节能

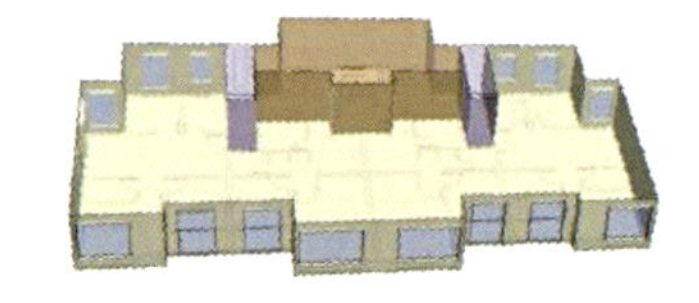

合理的窗墙比

合理的体型系数

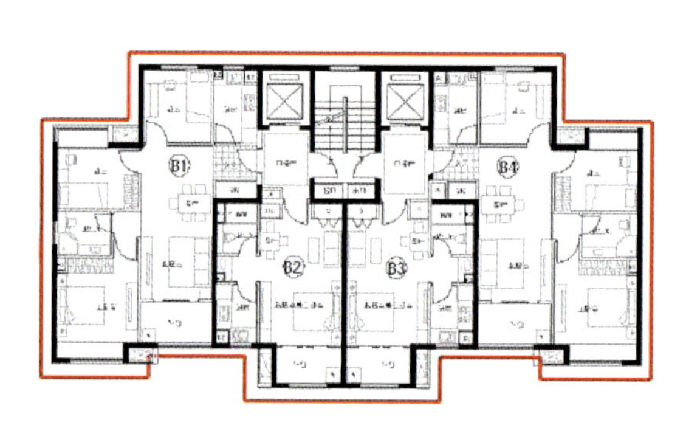

规整的外轮廓

产业化说明

1. PC住宅施工技术

① 外墙PC板：外墙面砖牢固；外面砖效果精准（工厂内统一铺贴成型）；减少渗漏几率；建造速度明显加快；减少人力投入；施工质量可控；减少模板使用量；

② PC的连接防水：改传统的材料粘结性防水变为构造输导性防水，漏水几率大大降低，同时不会积水返潮；

③ PC的门、窗预埋：窗整体性、气密性好；门窗牢固程度大大增加；几乎杜绝门窗变形（窗框在工厂生产过程中已预埋至预制构件，精准而变形微小）；

④ PC凸窗构件：结构整体性好；外观精致（将复杂的凸窗在工厂由钢模精确加工，施工质量提升）；

⑤ PC阳台、PC空调板构件：阳台、空调板的预制构件尺寸精确，方便摆放电器；排水系统无二次污染，不易堵塞（在预制阳台或空调板构件中，同时考虑并预留了设备专业的孔、洞、预埋件等，实现一步到位或方便安装的施工装修现场）；

⑥ PC楼梯构件：楼梯平整并且踏步高度、宽度精确、统一，在逃生时绊倒几率大大降低，在危急时刻体现价值；减少模板重复用量，节材节时，质量高。

2. SI工法

由于外部采用了PC构件的“外保护层”，住宅1~7号高层住宅采用了EPS+石膏板复合体系外墙内保温体系，节能环保，外立面效果出色。加之本工程采用了前沿的SI工法进行室内精装修，结合内保温施工，缩短了工期，提升了质量。

产品展示

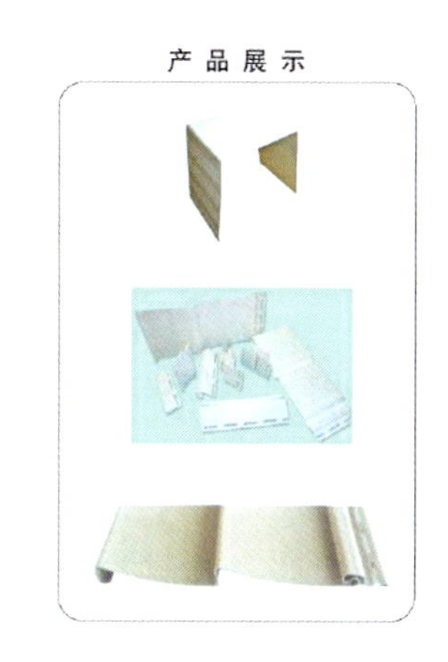

安装效果图

安装效果图

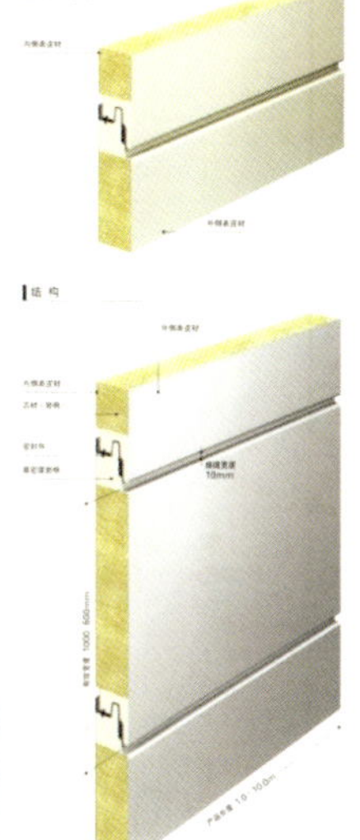

PC墙板

PC墙板

PC凸窗板

PC墙板

PC墙板

PC空调板

PC住宅施工技术

报送单位：上海天华建筑设计有限公司

上海

上海市普陀区馨越公寓

项目概况

由上海地产集团负责建设的馨越公寓，作为上海市首个按公共租赁房设计的保障性住房，如何做到在有限面积内实现基本功能和较高的舒适度，实现实用性、环境性、经济性、安全性和耐久性的有效结合，是本项目设计上的要点。

总平面图

设计说明

设计上采用了小面宽户型组成的单元式住宅，总体上行列式布置，以求充分利用有限的土地资源。同时，本项目规划限高40m，为了充分利用有限的高度空间，建筑层高定在2.7m，从而实现建筑层数的最大化。

设计上首先从房型入手，通过“厅室合一、餐厨合一”等手段进行户内空间整合，设计了若干“面积小、功能全、适应性强”的标准户型。然后再以这些标准户型组合成若干标准单元。这种设计思路的目的，是希望通过“标准化、模块化”来实现公共租赁房的产业化，从多方面降低造价，提高建设效率。

本项目的节能率达到65%，并在设计上采用了诸多相对成熟的节能产品，诸如垂直外遮阳卷帘、太阳能集中热水以及光导照明，以体现可持续发展的理念，同时在一定程度降低未来的运营成本。

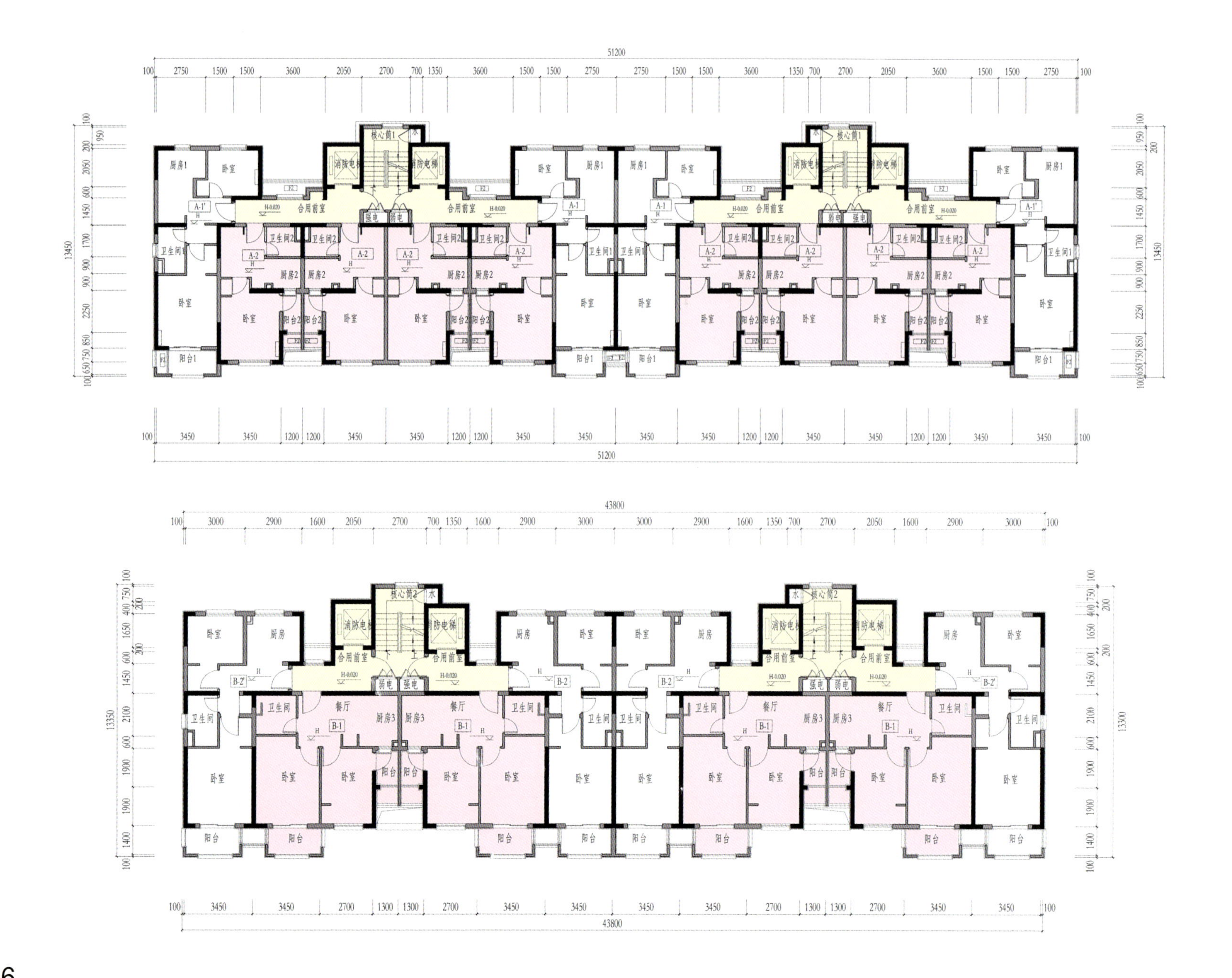

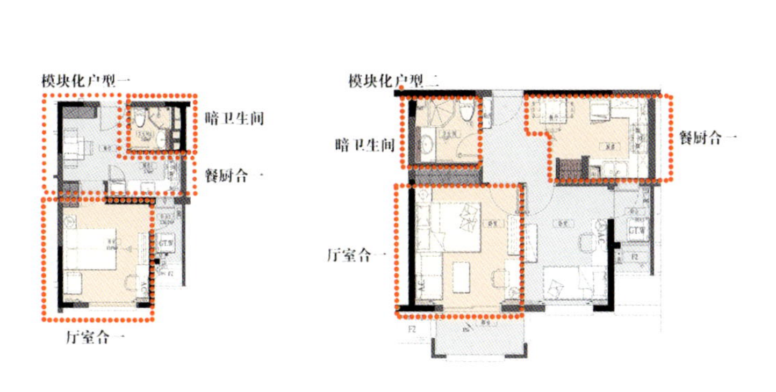

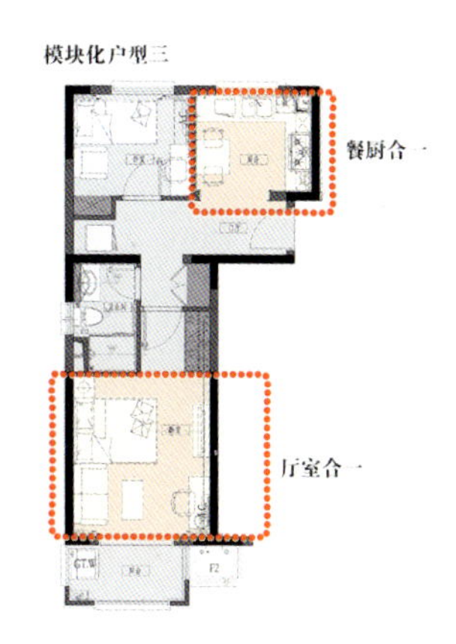

面积小、功能全的户型

空间整合——公共租赁房户均套型面积要求不大于50m²，最大不超过60m²。为了在小面积的前提下满足基本生活需求，就需要在常规户型的基础上进行空间整合，通过厅室合一、餐厨合一，形成复合空间，使户型做到面积小、功能全，适应性强。

同时，还与燃气、消防等相关部门就餐厨合一的问题进行了充分的沟通，通过采取安全措施升级等手段来保证创新设计的安全性。

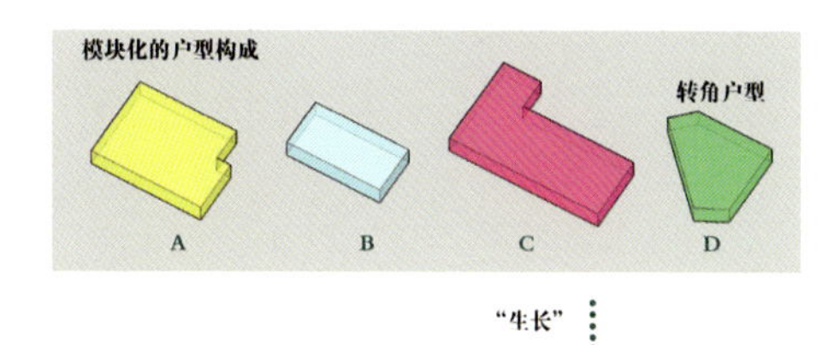

模块化、标准化

可生长的有机单元——以标准户型与标准核心筒形成模块，通过不同的组合可以得到的不同的单元类型，以适应不同的场地、不同的要求的项目需要。同时，标准化模块的运用，有利于形成公共租赁房的产业化，以提高建设效率，降低建设成本。

通过模块化的基本单元体进行不同组合变化，发展出不同类型的平面组成形式，并且能够不断发展，形成满足不同功能需求的户型组成。

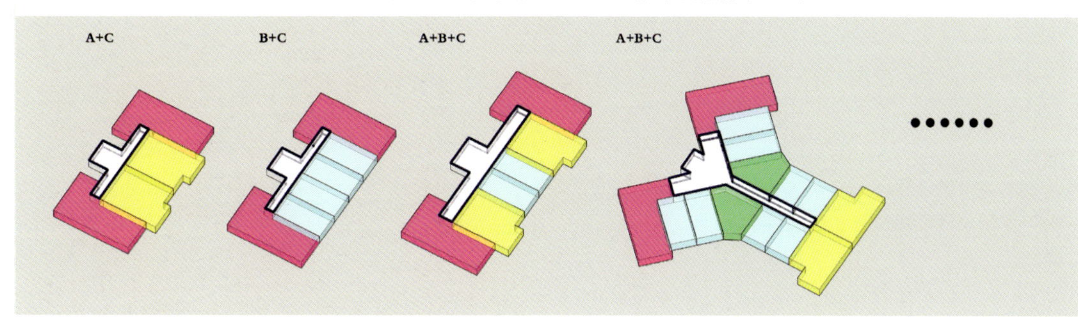

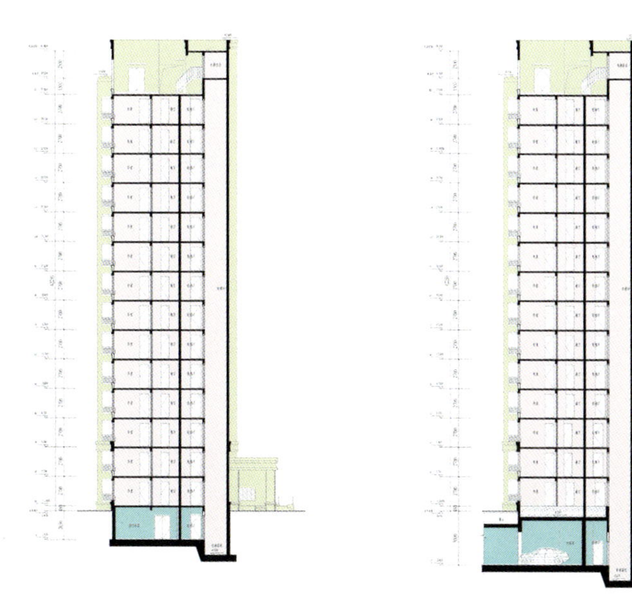

剖面图

专家点评

馨越公寓是具有一定规模的公共租赁房项目，因此该项目在规划选址、开发强度、配套服务设施等方面，具有一定的示范意义。

馨越公寓项目位于城市中心，建筑设计以独具上海特色的装饰艺术风格为基调，形成了简洁的新古典主义风格，体现了城市的文脉，较好地处理了与周边的关系。

设计方案较好地处理了土地集约利用与居住环境质量的关系。在室外环境方面，通过底层架空的巧妙方法，可以改善行列式布局集中公共绿地狭小的不足，同时也可以适应南方潮湿的气候，改善建筑密集布局下的通风条件。在室内环境方面，合理的布局既保证了每套户型均能获得良好的日照，同时还能达到适宜的容积率，解决了容积率过高造成部分户型没有日照条件，也避免了小户型住宅为了满足日照而造成容积率过低或者建筑体型过于复杂的情况。

设计方案对保障对象的需求进行了细致的分析，为户型设计提供了基础，通过厅室合一、餐厨合一的复合空间整合，实现了面积小、功能全的设计目标。

设计方案在提高使用面积系数方面，进行了有益的探索，通过交通核的精细设计和户型组合方式的研究，提高了得房率。

设计方案采用模块化的紧凑户型组合成相对规整的单元平面，体型系数较小，有利于节能设计。同时采用了相对成熟的节能产品如外遮阳卷帘、太阳能集中热水等装置，体现了绿色建筑的设计理念。

设计方案在标准化方面有一定考虑，但是还可以采用更多标准化、模数化和通用化的部品，提高工业化和产业化程度。在绿色建筑技术方面，还应制定水资源的利用方案，采用更多的节水措施。

住宅性能解析（A-1、A-1'户型平面）

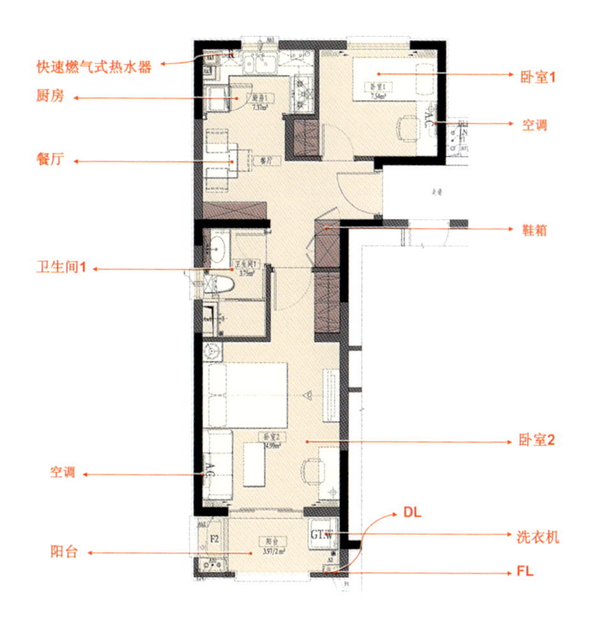

套内使用面：48㎡

套型建筑面积：59㎡

住宅性能解析（A-2户型平面）

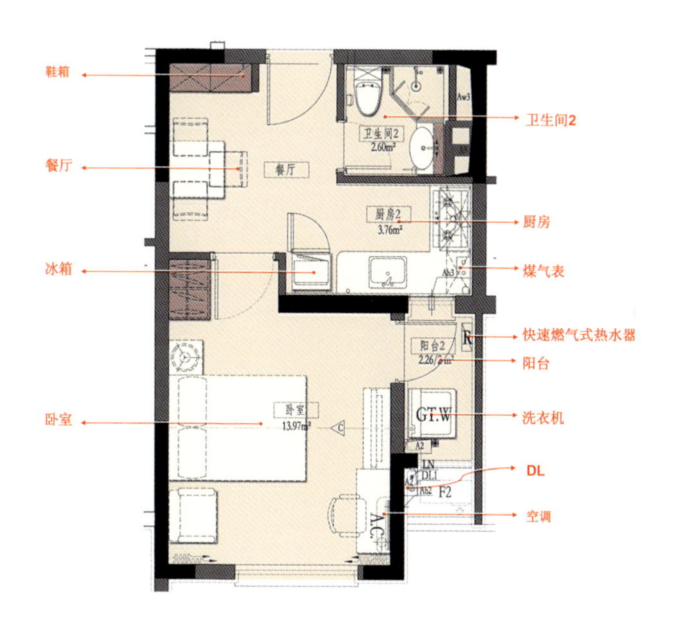

套内使用面：32㎡

套型建筑面积：39㎡

住宅性能解析（B-1户型平面）

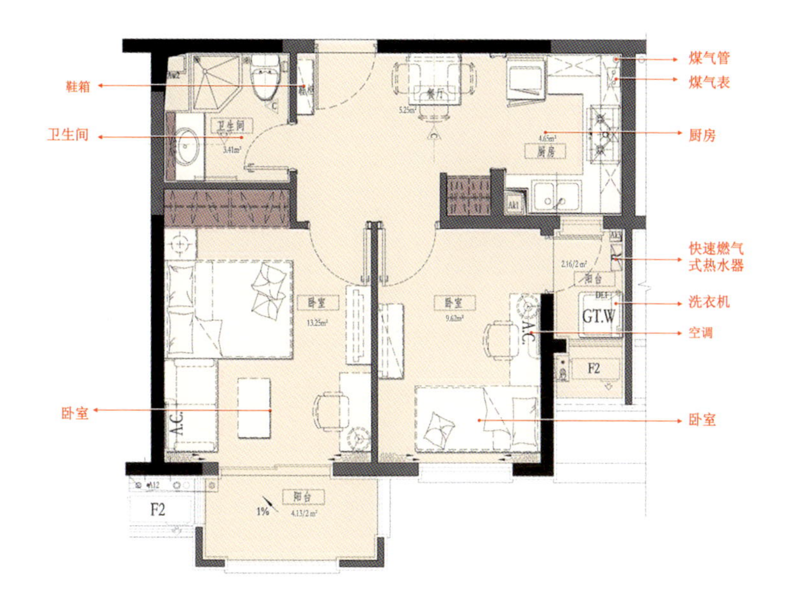

套内使用面：48㎡

套型建筑面积：59㎡

住宅性能解析（B-2、B-2'户型平面）

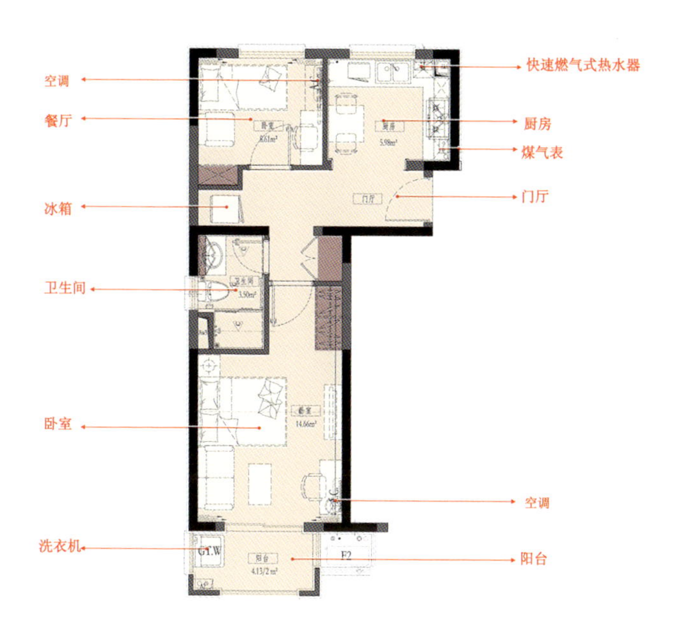

套内使用面：47㎡

套型建筑面积：58㎡

报送单位：绿城房产建设管理有限公司

浙 江[1]

绿城·理想之城

① 该项目位于山东青岛，“浙江”是报送单位所在省份，并非项目所在地。

技术经济指标：

项目		单位	数值
用地面积		公顷	2.11
总建筑面积		平方米	86294.97
其中	地上建筑面积	平方米	76013.26
	地下车库建筑面积	平方米	10281.71
容积率			3.60
建筑密度		%	17.06
绿地率		%	37.4
居住户数		户	1020
居住人口		人	3264
停车位		个	380
其中	地上停车位	个	180
	地下停车位	个	200

注：居住人数按3.2人/户计算

各组团技术经济指标：

		A组团	B组团
总建筑面积		46595.57m^2	39699.4m^2
其中	地上建筑面积	40162.11m^2	35851.15m^2
	地下车库建筑面积	6433.46m^2	3848.25m^2
居住户数		606户	414户
居住人口		1939人	1325人
停车位		193个	187个
其中	地上停车位	96个	84个
	地下停车位	97个	103个

总平面图

设计说明

套型设计

强调住宅平面的舒适性，实用性，尽最大努力做到物有所值；强调住宅平面的功能分区，将动静分开；强调住宅平面的多元性，尽量满足各种住户的需求，中间套型考虑灵动的可变性，适用不同时期家庭结构变化；强调住宅本身的绿色节能功能的体现；更加强调平面的日照、采光、通风，以及室内外空间和景观的相互融合，保证每户有最大的与自然接触空间。

人性化套型设计展现幸福优雅空间，各款套型都强调自然通风、采光的生态健康理念，大面积全景式落地玻璃门窗设计，将清风阳光直接引入室内。各功能空间尺度实用合理，整个空间遵循自然流畅的设计风格，动静、居寝等功能自然分区，展现更多紧凑实用的生活空间。

一层(左单元)平面图 1:150

立面设计

整个建筑的立面造型和空间采用了简洁干练的现代主义风格，主要突出以下几点：

建筑形体趋向单纯与完整，没有过多的凹凸与小体量的变化，建筑形象整体统一。

精心设计的虚实比例关系使板、柱、墙在一个统一的基面上产生丰富的节奏，从而产生令人愉悦的美感。

住宅外墙材料采用仿砖涂料及玻璃栏板，顶层端部局部及转角阳台辅以金属细部，整体色调暖灰，深沉而时尚，体现小区档次。

人性化地考虑空调机摆放，使其成为整个建筑的有机组成部分。

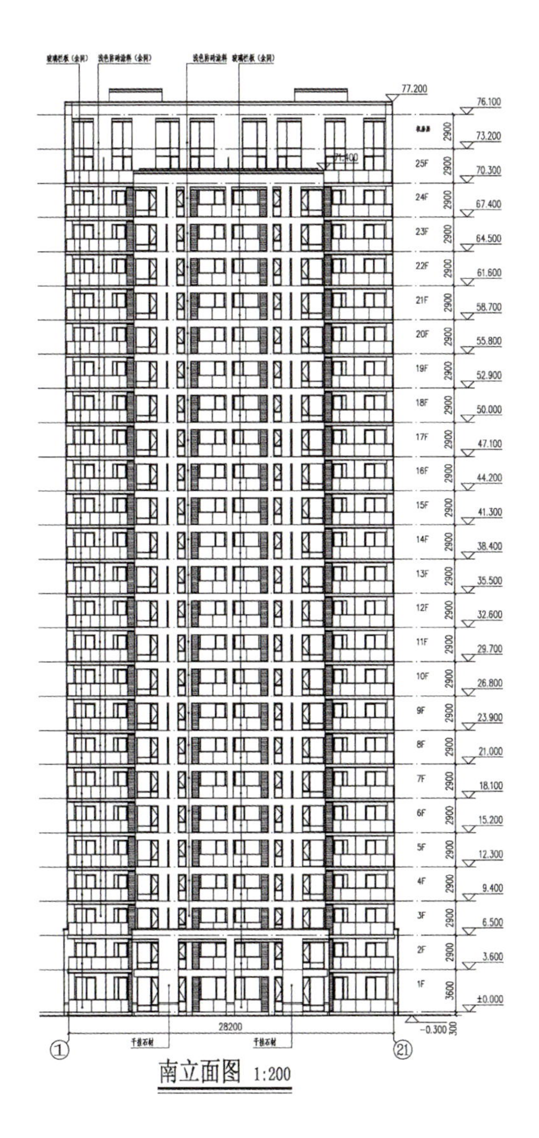

南立面图 1:200

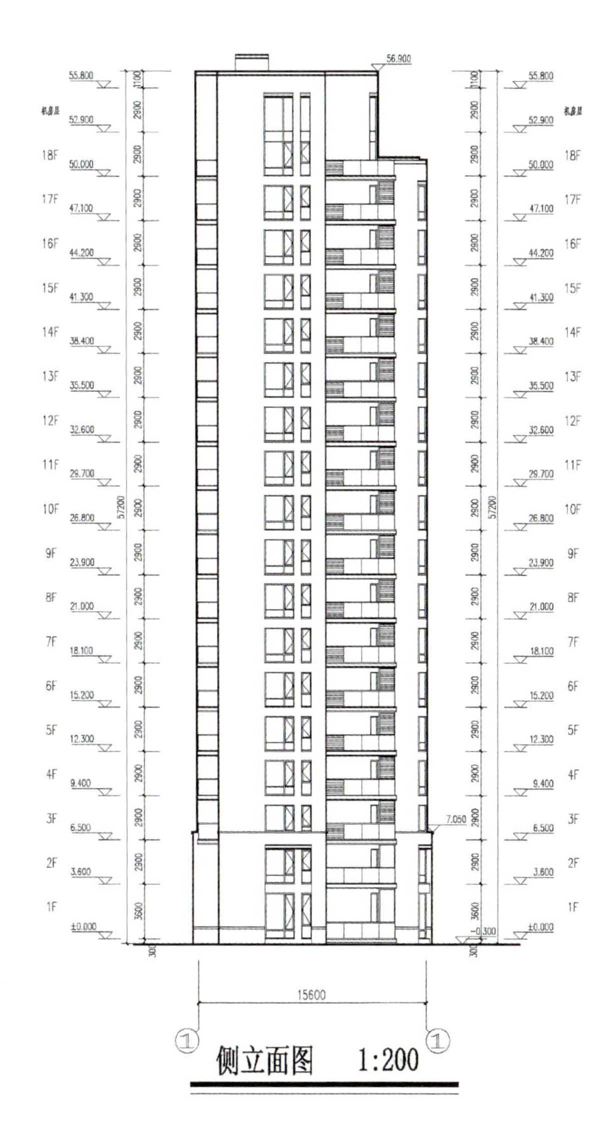

侧立面图 1:200

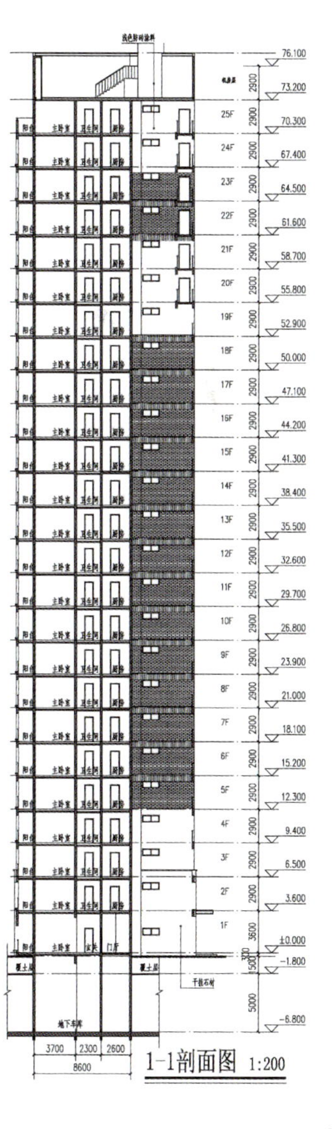

1-1剖面图 1:200

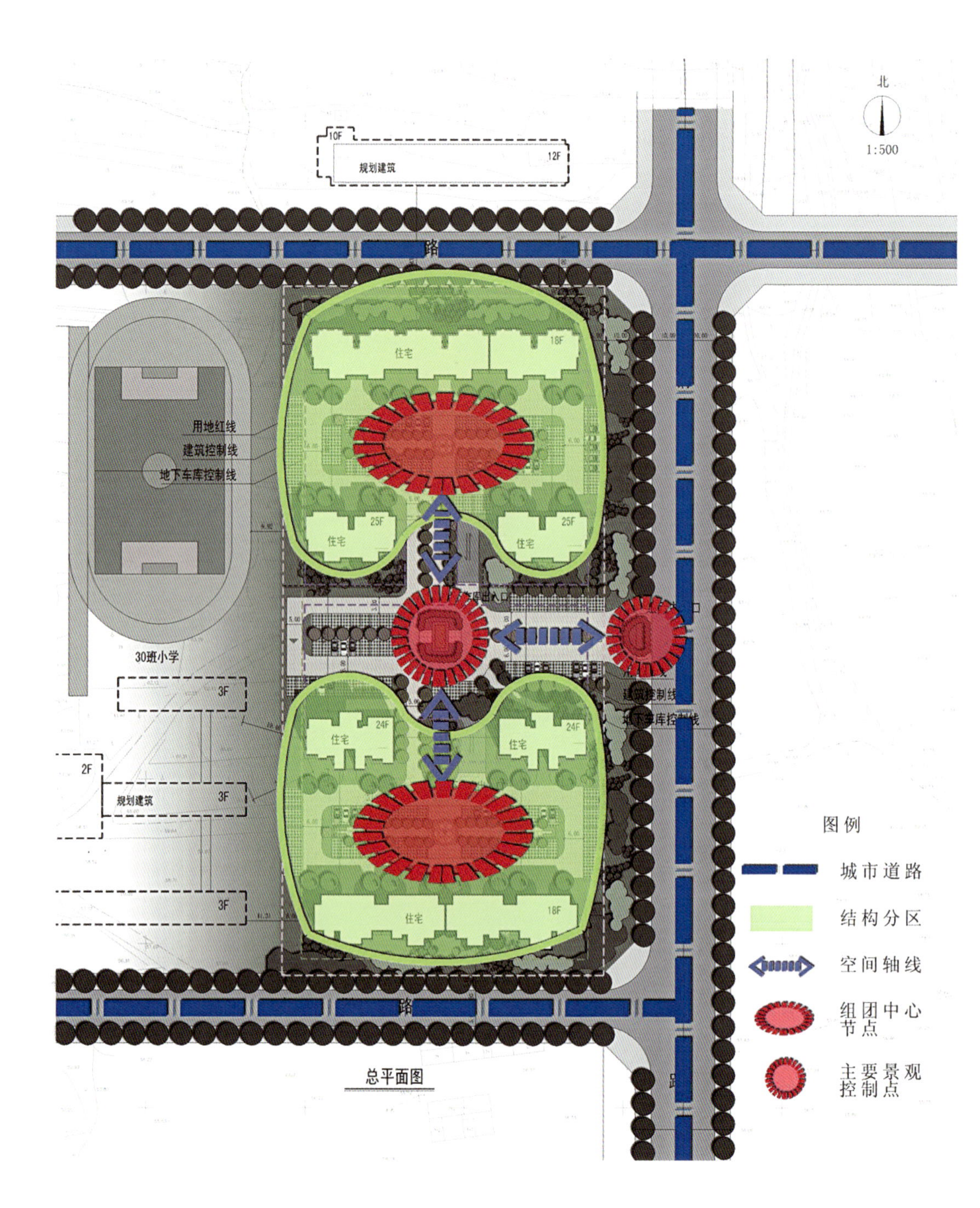

专家点评

本项目为经济适用房及安置房的实施项目，建于青岛李沧区。用地地块形状方整，与小学校相邻，交通方便。

项目以南北布置6栋板楼，使得多数套型日照、通风条件良好，符合北方地区居住条件要求。规划手法中规中矩，利用楼距形成二个组团、中部以入口轴线由南北的轴相贯通。

建筑外部形态端庄、大气，延续项目品牌风格。细部处理精致。

对存在问题的讨论：

1. 在套型为60~70m^{2}的高层小户型前提下，选用一梯三户的内廊单元，势必造成套均公摊面积大（约在10~20m^2）使本已不大的套内面积更小，建筑面积的有效使用率下降。

2. 单位面宽不大又需保持一定进深，又造成户面宽受限。如一梯三户，边户每套面宽仅3m多，由此会造成套内联系走道加长，占面积过大（如C型走道长为3m多）。此外，在B型中餐厅采光很差。而这在一般中套型平面中是可以避免的。所以一些问题的出现与单元造型不当有关。

3. 此项目反映住宅产业化技术的应用不多，例如太阳能热水系统等。

▲ AB组团结构分析图

A、B组团共由两个板式高层和四个点式高层围合而成，形成中心公共活动空间，同时，在每栋楼的前后也形成半围合的活动空间。

设计中充分考虑居住品质的均好性，与保留建筑相邻处设计小的绿化空间，使原有建筑与新建建筑之间有缓冲的节点，丰富了小区的空间布局。

了满足国家节能技术要求外，更大地提高了建筑物的节能性能。

2. 门窗：由于建筑地处北方，属寒冷地区，南向大窗户的设计手法使人独领四季美景，北向则根据规范要求满足使用功能即可，从而减少来自北向的冷空气影响，有利于户型节能。为减少紫外线对人们的影响，户型外窗采用隔热铝合金中空玻璃，自遮阳系数达0.77，满足居住建筑节能设计标准的要求。

3. 屋面：建筑物屋面为提升顶层住宅的舒适度，保证节能防水要求，屋面采用加厚的保温材料，并且考虑平屋面人员检修及人员临时停留的需求，保温材料的抗压也做了很大的提高；平屋面防水系统采用刚柔相结合的方式（刚性防水，柔性防水）。

4. 采暖：建筑物冬季采暖考虑供暖的经济性，采用城市集中供暖，户内散热片的方式。通过每个房间的散热片数量来调节温度变化，计量方式采用“一户一表”式，尽可能做到按需供暖，避免铺张浪费；户型设计充分考虑南北通透尽可能地保证自然通风条件。

5. 通风：寒冷季节通过卫生间的变压式风道位于屋面的风动力风扇做到室内空气的外排，做到住宅卫生间负压效能，保证户内空气清洁。

产业化说明

项目住宅产业化实施根据保障性住宅的实际情况，尽可能地做到标准化、配套化的住宅产品。向住户提供资源节约、环境友好型住宅。

1. 外墙：根据立面的风格设计有序的空间组合使户型尽量规整减少外墙面积从而减少户型墙面接触室外空气的面积增强节能效果。材料采用复合挤塑聚苯板保温材料，除

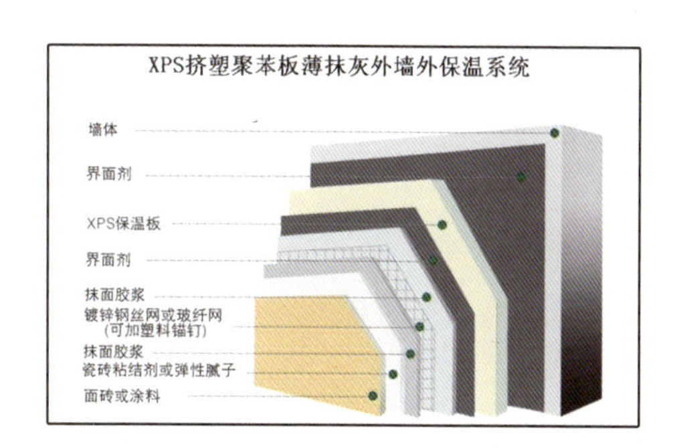

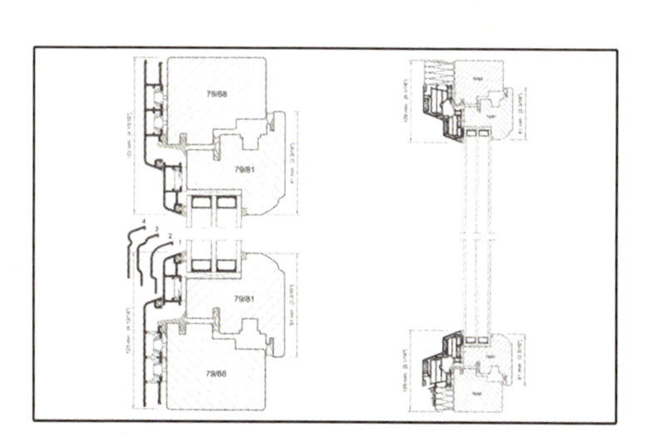

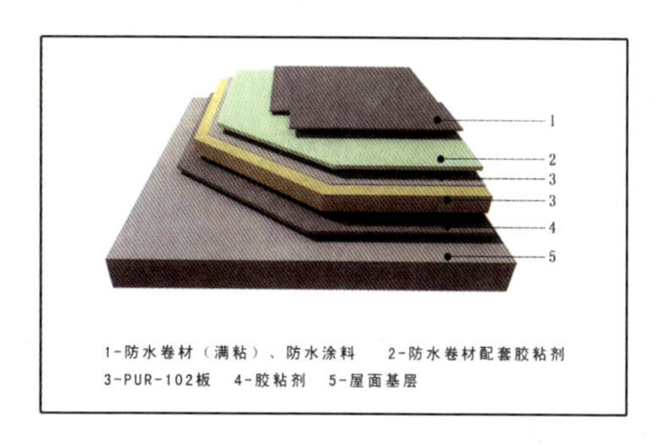

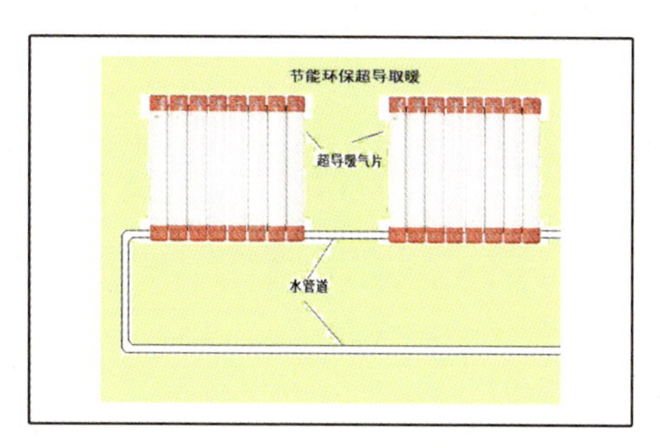

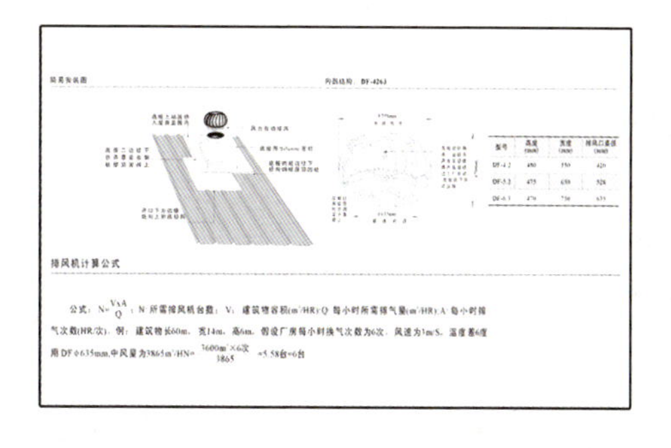

报送单位：新疆建筑设计研究院

新疆

集合·易居

设计说明

设计理念

“集合”的概念：指从廉租房使用人群的角度出发，以便捷、集中控制为目的，采用了标准模式化的设计，从而便于建立统一的居住体系以及造价核算，满足廉租房经济、适用和低成本的建设要求，以较低的代价争取较高的使用系数；同时，“集合”又代表着廉租房使用人群的聚居形态——高密度、高效率、低能耗。“易居”的概念：简单、简约、改变、变更、适宜、可以居住。

设计亮点

在“简单、简约”的设计上，将居住套型以5.4m×7.2m的矩形形态呈现，作为最基本的结构单元，在二维（平面）、三维（空间）、四维（时间）上实现住宅的高效使用率，以简单的设计手法来满足不同人口结构的居住需求；在“改变、变更”的设计上，分为户型内部的可变性和套型之间的可变性。对于套型内部，框架的结构形式使户内空间分隔灵活可变，力图通过隔墙的变化来适应不同人口结构的居住需求，同时利用软隔断分隔套型，白天与夜晚的空间能够互相借用；根据节约型社会的需要，现有小户型可在将来两两合并成为大户型继续投入使用，使建筑焕发出第二次生命力,遵循了可持续发展的理念。在“适宜居住”方面，住宅始终保持着动静分区、干湿分区、功能合理、自然通风、日照充足的优势，节地节能。此外，太阳能热水系统、较低的体型系数、外墙保温及节能门窗等技术成熟的运用，使廉租房具有了绿色建筑的特性。

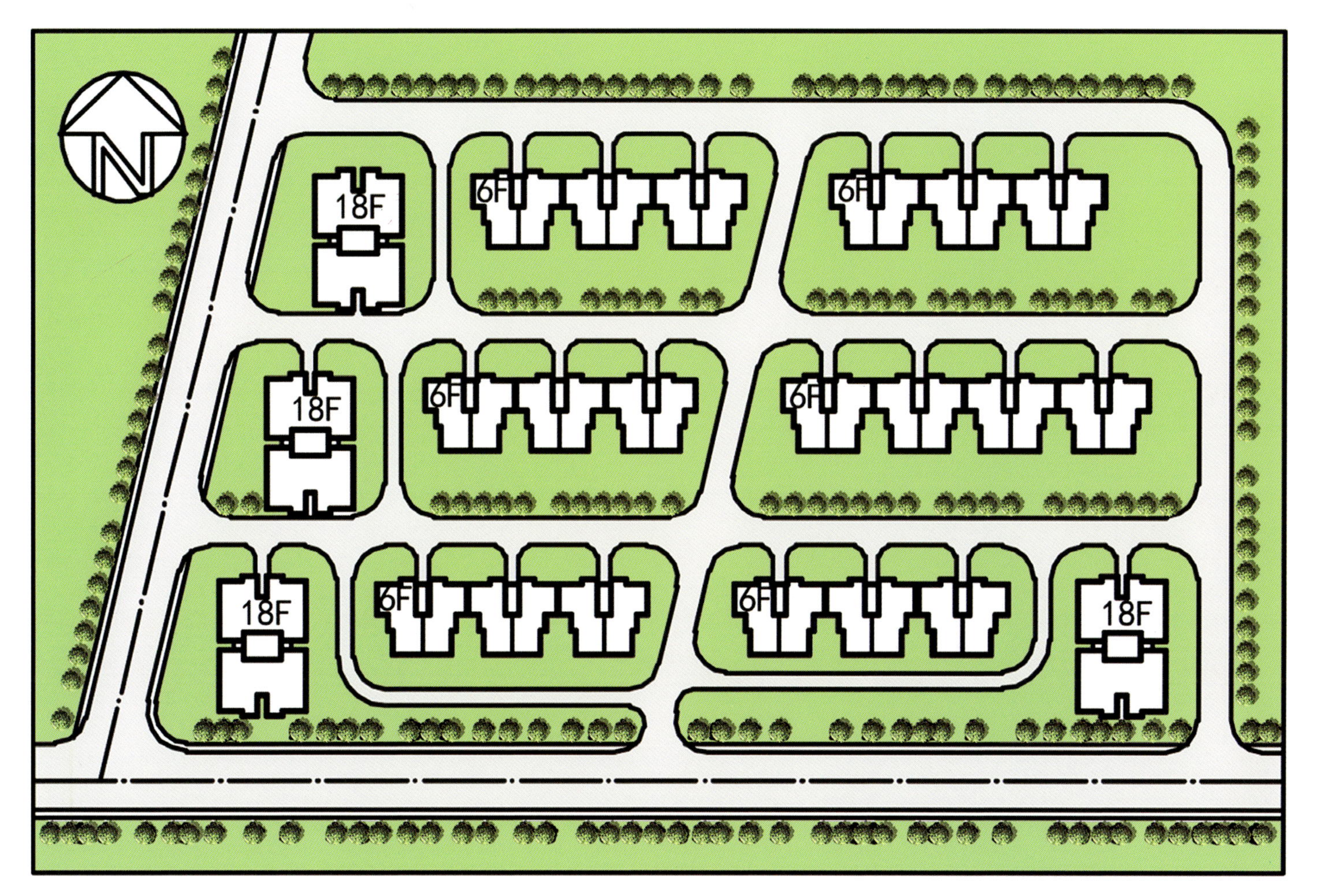

总平面图

A户型单元放大图 （形式一）

户型建筑面积：48.37m²

户型使用系数：84.0%

套内使用面积：40.2m²

阳台面积：1.01m²

■ 动静分区

■ 干湿分区

■ 储物空间

■ 太阳能及采光通风

多成员家庭型

户型特点

框架的结构形式使户内空间分隔灵活可变。

户型紧凑合理，动静分区明显；

厨卫布置集中，干湿分区明显。

厨房侧面采光，将好朝向留给起居空间。

交通空间和家务空间在三维上的复合利用，可获得附加使用面积$2m^2$。

储物空间丰富，吊柜与交通空间复合，增大了空间利用率。

部分户型利用软隔断分割空间，白天与夜晚的空间能够互相借用。

太阳能热水系统、较低的体形系数、外墙保温及节能门窗等成熟技术的运用，使廉租房具有了绿色建筑的特性。

飘窗的应用改善了采光和通风，同时在视觉上也营造出室内较宽敞的效果。

专家点评

亮点：

1．户型设计功能齐全，平面布局紧凑，空间利用充分。

2．运用模块化设计技术，以单一的A户型模块拼接成一梯四户多层住宅单元，再将几个住宅单元组合成板式住宅；以A、B两种户型模块拼接成18层以下的东西向一梯八户塔式住宅。构思巧妙，概念清晰，手法简洁。

3．户内空间灵活可变，可通过不同的隔墙布置方案满足不同人口结构家庭的需要。同时面向未来进行了潜伏设计，需要时可将所有小户型两两合并成大户型住宅。

4．建筑立面形式简约而不单调，在注重简洁、统一的同时，赋予了韵律和色彩变化，并能够体现严寒和寒冷地区的建筑特点。

不足：

1．厨房操作台长度不足，容不下切菜板位置。

2．为使每套住宅都能够获得冬季日照，高层住宅只能采取东西向布置，导致其多数户型朝向较差。

3．作为钢筋混凝土框架结构，多层住宅的柱网布置不够理想，高层住宅应标明抗侧力构件的布置。

优化建议：

1．取消A户型的冷阳台，将其面积并入厨房。

2．进一步完善结构方案。

各种组合形式的可能性源于简单的基本单元：

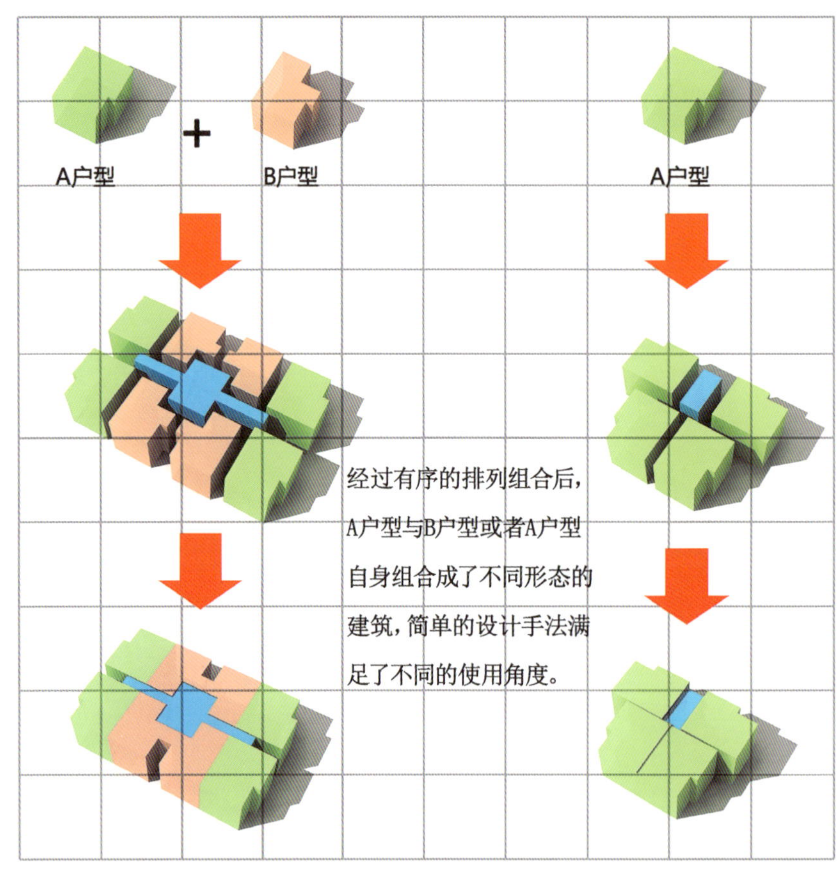

单元式住宅南立面　单元式住宅北立面　单元式住宅东（西）立面　小高层塔楼东（西）立面

产业化说明

住宅产业化在以下七个方面取得明显进步:

（1）住宅科研应转向系统的创新研究和开发。

（2）住宅技术应转向成套技术的优化、集成、推广和应用。

（3）住宅部品应转向标准化设计、系列化开发、集约化生产、商品化成套供应。

（4）住宅建造应转向工业化生产，装配化施工。

（5）住宅综合质量（设计、施工、管理等）应转向规范化的系统控制管理。

（6）住宅性能应转向指标化的科学认定。

（7）住宅物业管理应转向智能化的信息管理系统。

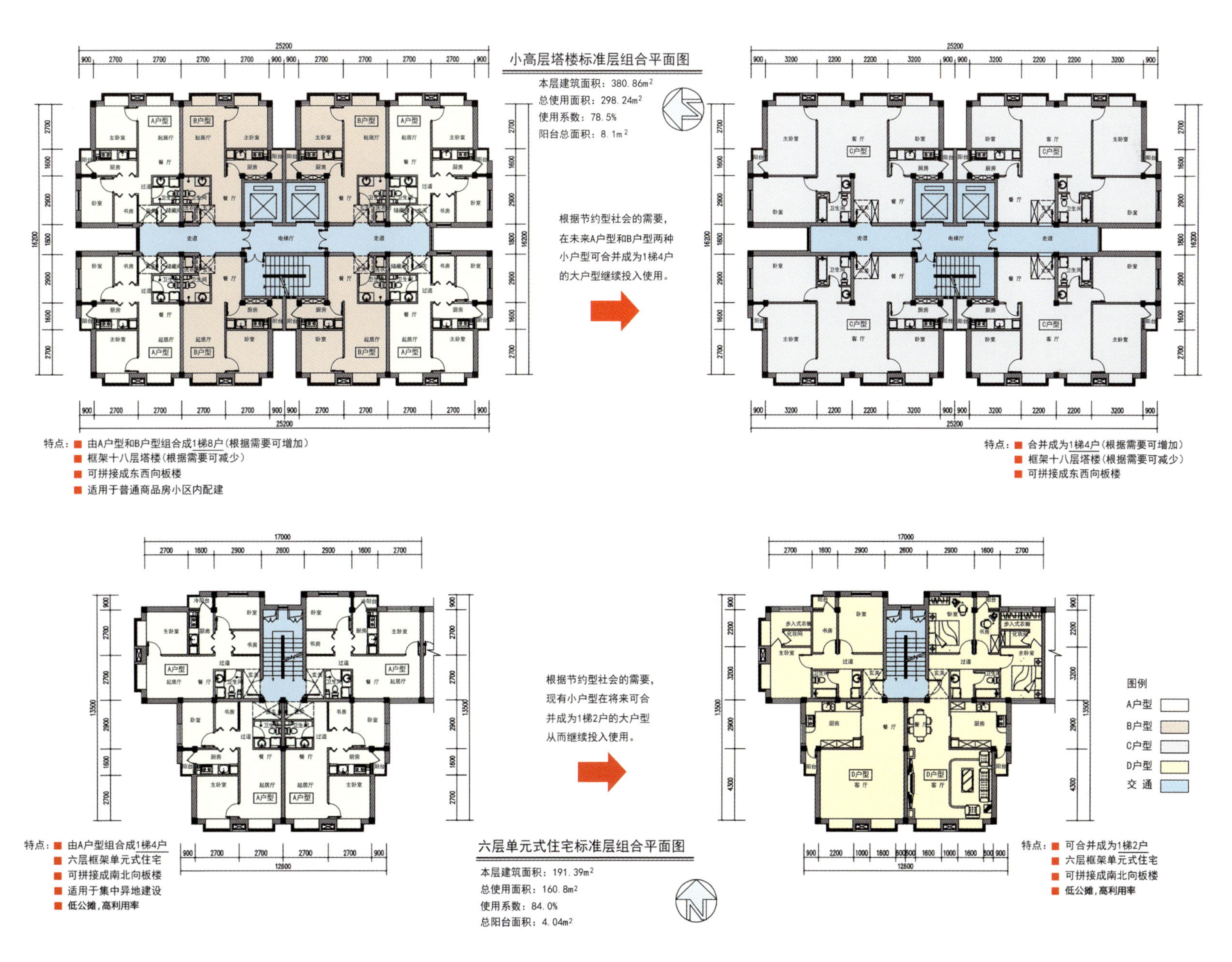

中国首届保障性住房设计竞赛
中国首届保障性住房设计竞赛

2011

中国首届保障性住房设计竞赛

三等奖

安徽	“灵活的”宜居空间
北京	依山佳园——北方某高教园区公共租赁住房小区
北京	石景山区石槽居住项目（远洋山水E04地块）
北京	常营公租房项目
北京	人·居
北京	上庄镇C14地块限价商品住房设计的“因地制宜”
福建	高林居住区
甘肃	模块化住宅设计
广东	持“质”保“量”
广西	绿色岭南居——基于生态可持续理念的公共租赁房设计
贵州	生长的“元”
海南	人和之家
河北	情系民生　心中有数
河北	“风”“光”无限的空间模块——HOME
黑龙江	（营口市经济技术开发区）芦屯镇保障性住房建设项目
湖南	百变模块
吉林	精致在这里绽放
内蒙古	潜伏
重庆	和谐人居
重庆	重庆市公共租赁房——民心佳园
山东	安康花园保障性住房设计方案
山东	百变小家·体面生活
上海	绿地·新江桥城项目设计
上海	多数中的少数派
上海	装配式建筑——向数字化工业建造迈进
浙江	40、60通透全明
浙江	成都龙泉驿某保障性住房建筑设计
天津	天津市秋怡家园
天津	限价房规划概念设计暨宜居嘉苑经济适用房概念设计
天津	灵动空间、幸福生活

报送单位：安徽省建筑设计研究院

安徽

“灵活的”宜居空间

项目概况

主要经济指标

套　　型：A		套　　型：B		套　　型：C	
套型建筑面积：	49.98	套型建筑面积：	49.87	套型建筑面积：	49.75
套内使用面积：	36.66	套内使用面积：	36.17	套内使用面积：	36.09
房间使用面积：		房间使用面积：		房间使用面积：	
客　厅：	12.76	客　厅：	18.53	客　厅：	16.47
餐　厅：		餐　厅：		餐　厅：	
卧　室：	16.87	卧　室：	10.54	卧　室：	12.58
厨　房：	4.18	厨　房：	4.25	厨　房：	4.24
卫生间：	2.85	卫生间：	2.85	卫生间：	2.80
阳　台：	2.36	阳　台：	2.36	阳　台：	2.36
平面使用系数：	73%	平面使用系数：	73%	平面使用系数：	73%

设计说明

1. 经济适用

套型建筑面积按国家及地方标准严格控制在50㎡以内，面积适当，功能齐全，舒适实用。

2. 适应性强

A、B户型可灵活隔断，由一室调整为两室；

套型尺寸适当，家具具有多种不同的摆放方式；

利用过道、入口等净空要求不高的上空设置储藏空间；

套型结合立面设计南向低窗台飘窗，可以倚坐，也可以放置物品，扩大了居室空间。

3. 布局合理

户型朝向良好，自然通风采光，生态环保；

平面功能分区明确，每户均能做到明厅、明卧、明厨、明卫，均好性佳；

餐厅与起居室复合设计，满足家庭成员日常起居、餐饮、待客需求。

4. 节能省地节材

套型采用一梯四户，公摊面积低，有效提高平面利用系数；

户型平面具有组合的灵活性，均能通过B户型进行组合，在不影响居住品质的前提下，有效节约土地；

平面规整，结构布局合理，管井集中；

采用新能源，结合屋顶安装太阳能，供应住户热水使用，光能集中采集、介质传送、满足公共空间的电能需求。

5. 造型美观

单体造型通过自身的体块变化，并结合凸窗、空调机位、阳台、屋顶太阳能等细部处理，形成现代、明快、新颖的建筑形象。立面设计简洁、经济，又能体现一定的建筑特色。

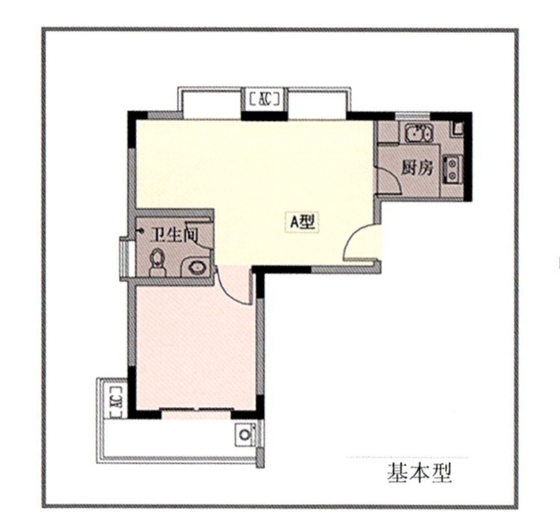

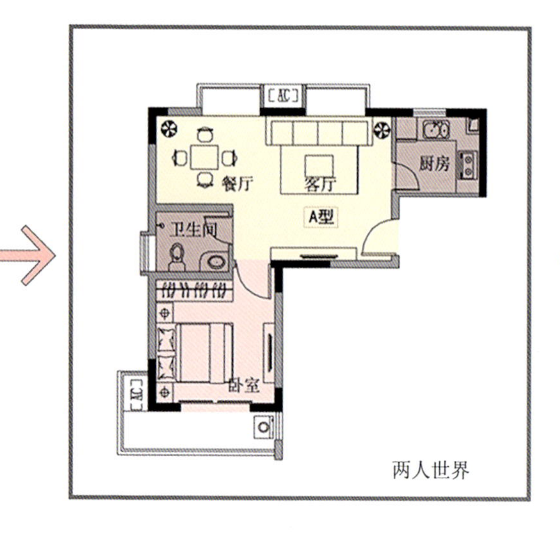

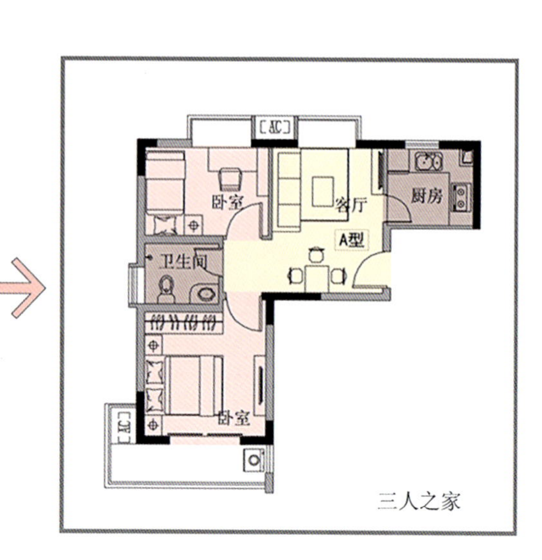

主体结构不变，通过内部的灵活隔断，组合成不同的户型，满足不同家庭的使用需求。

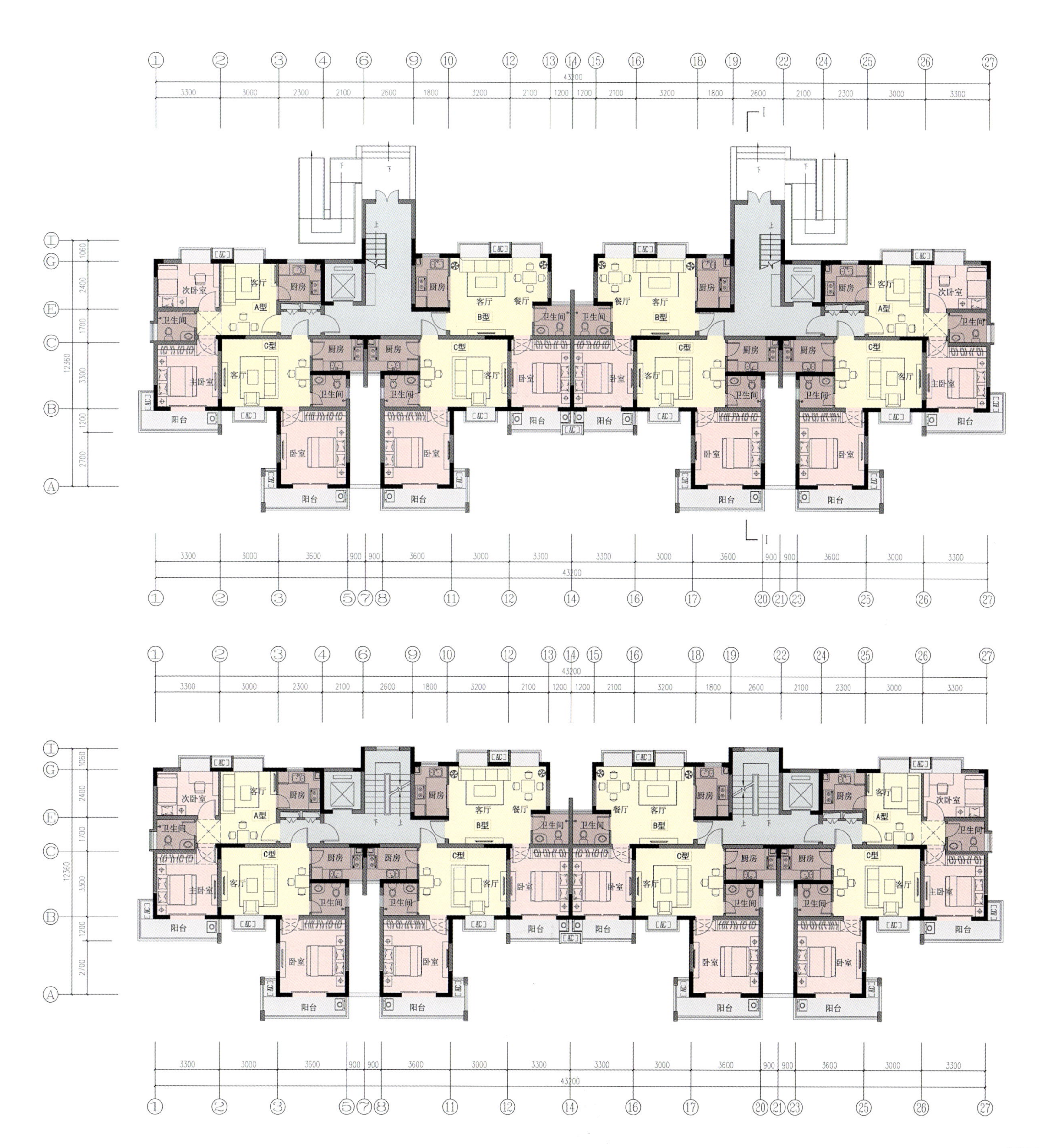

次卧室
客厅
厨房
卫生间
A型
B型
C型
餐厅
主卧室
卧室
阳台

报送单位：北京市建筑设计研究院、北京房地集团有限公司

北京

依山佳园——北方某高教园区公共租赁住房小区

项目概况

本项目位于房山区良乡大学城范围内中央设施区西区南。项目紧邻城铁房山线大学城，交通便利。东起学园北街（良乡高教园16号路），西至阳光南大街，南起知兴西路（良乡高教园七号路），北临高教园规划商业金融用地，总用地72246m^2。主要为符合国家保障房政策要求的房山高教园区的教职工解决租赁住房，是定向配租给房山大学城的公租房项目。

经济技术指标

总建筑面积	m^2	180276
（一）地上建筑面积	m^2	138650
其中：（1）住宅建筑面积	m^2	132748
（2）社区服务中心建筑面积	m^2	3164
（3）幼儿园建筑面积	m^2	2738
（二）地下建筑面积	m^2	41626
1. 住宅地下建筑面积	m^2	14759
2. 公建地下建筑面积	m^2	2222
3. 地下车库建筑面积	m^2	24645
居住户数	户	2430
居住人数	人	6804
容积率		2.5
绿地率	%	30.0%
建筑密度	%	25%
停车位	辆	1234
其中：地上停车	辆	447
地下停车	辆	768
公建停车	辆	19

本方案中集中式太阳能热水系统的应用

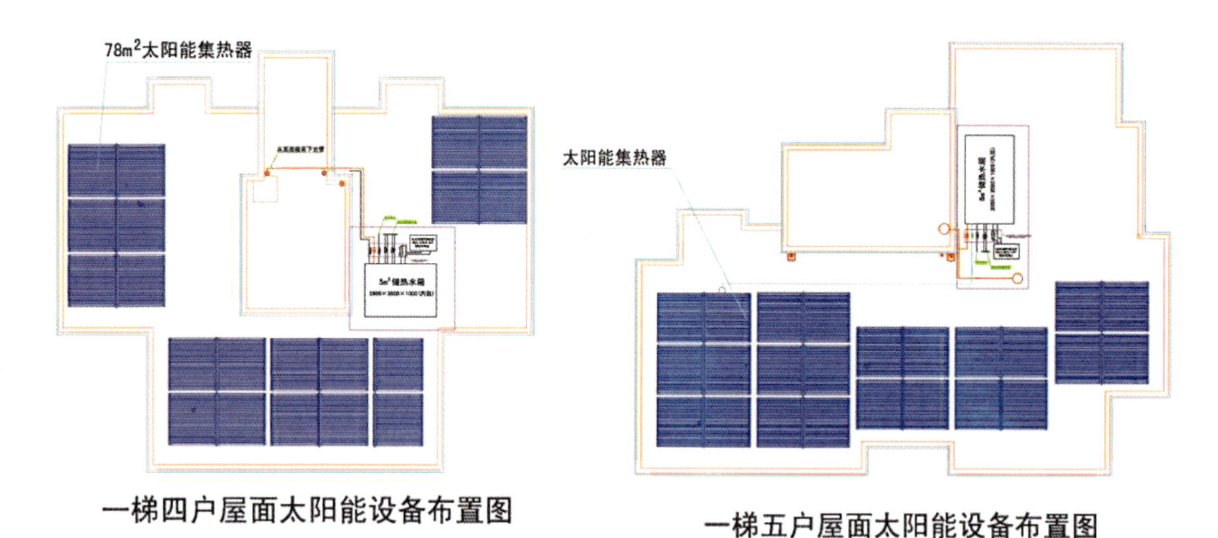

一梯四户屋面太阳能设备布置图　　一梯五户屋面太阳能设备布置图

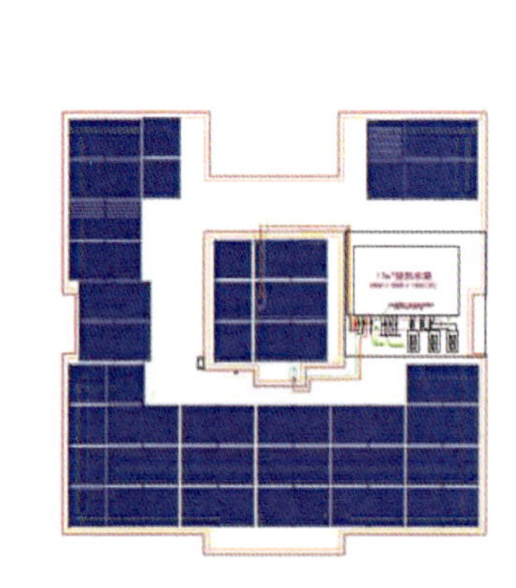

一梯十户屋面太阳能设备布置图

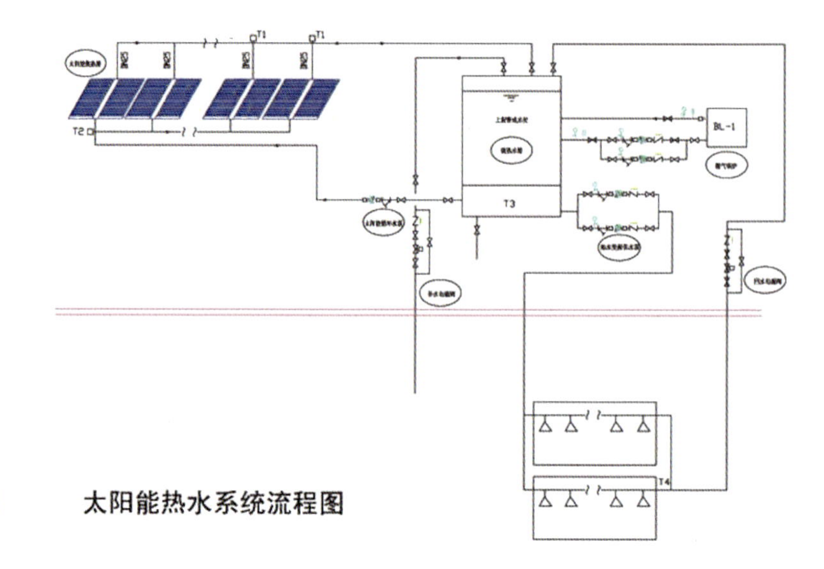

太阳能热水系统流程图

设计说明

设计理念

以建设宜居性、健康型的居住环境为目标，以提高教师住户的生活质量、营造舒适人居环境为出发点；合理运用先进的规划设计理念和设计手法，构建平面布局合理，配套设施完备，生活环境优美的居住生活社区。

设计亮点

建筑使用面积系数高；套内布局合理紧凑；居住空间的使用功能完善；建筑外轮廓齐整，体型系数合理，便于节能保温。建筑平面有利于形成挺拔纤细的建筑外部形象，对于街道景观和小区整体形象有益。

总平面布置：由南北向的城市市政路分割成东区、西区两部分，东西两区中心绿地下设地下车库，均在小区入口附近设有地下车库出入口，便于进入小区机动车直接进入地下，减少对小区内部干扰。

绿化景观设计：在东西中心区设计大面积主题绿化区，各楼间形成集中的绿化组团，沿主要道路植行道树。不同风格的主题景观，构成多元化的社区形象。形成点、线、面充分组合且相互渗透的绿化系统。结合景观布置文体活动场地，满足了居民休息、散步、健身活动的需要。

产业化说明

住宅产业化方面的特色：

1. 局部采用预制楼梯和空调叠合板。
2. 采用轻质内隔墙板（轻集料室内隔墙条板）。
3. 其他预制构件、配件（建筑护栏和铁艺成品、阳台分隔板）。
4. 太阳能热水系统及建筑一体化设计。
5. 住宅室内菜单化全装修，厨房、卫生间采用集成化产品（橱柜、洁具）。

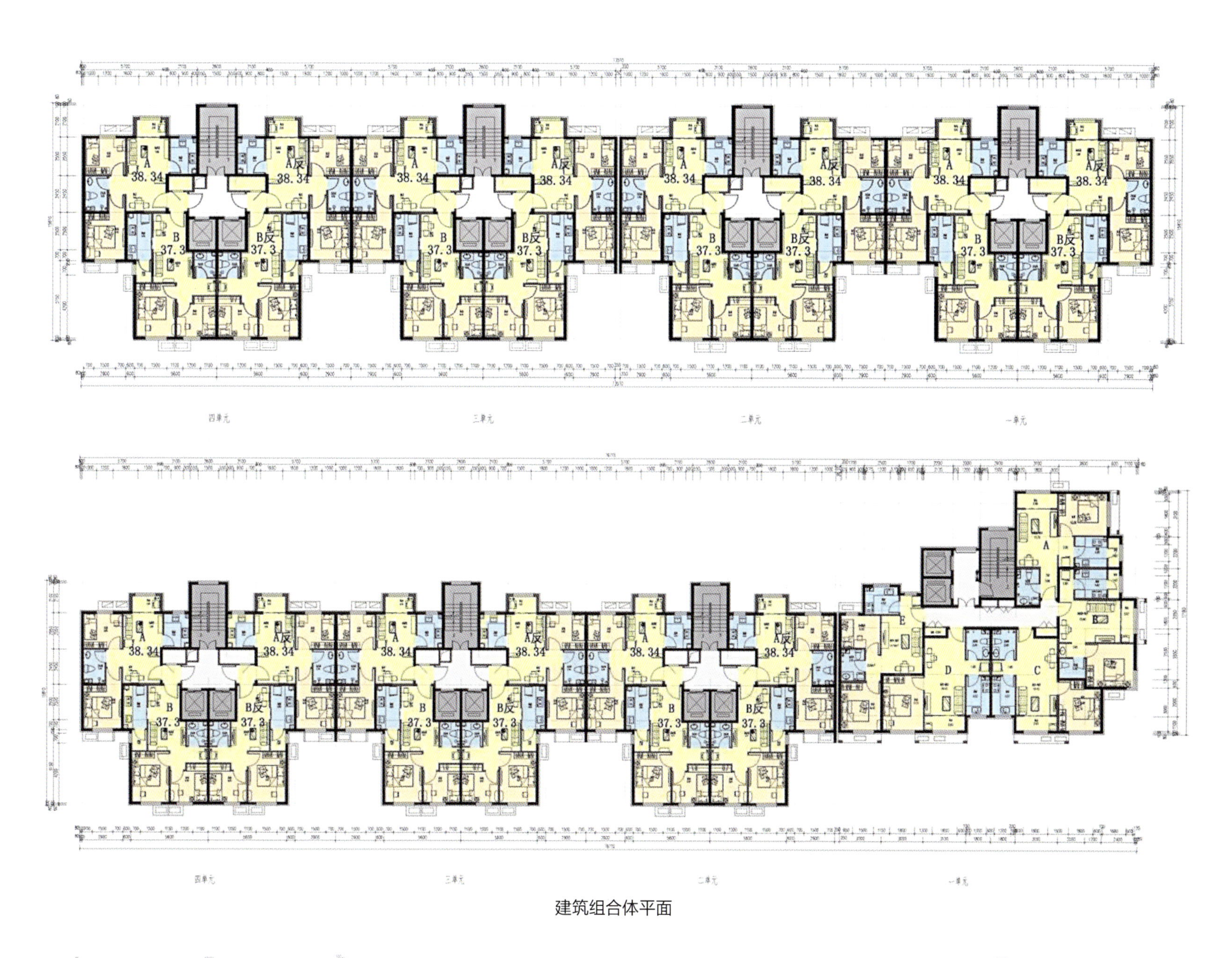

建筑组合体平面

住宅平面——一单元十户

住宅平面——一单元四户

住宅平面——一单元五户

报送单位：中国建筑设计研究院

北京

石景山区石槽居住项目（远洋山水E04地块）

项目概况

本项目位于北京市石景山区鲁谷地区，西长安街沿线，东侧与现状小区相邻，南至现状城市快速路莲石路，北至城市规划路山水南街，西至城市规划路石槽西路。用地面积40959m^2，地上总建筑面积140630m^2，其中包括30000m^{2}保障性租赁用房。

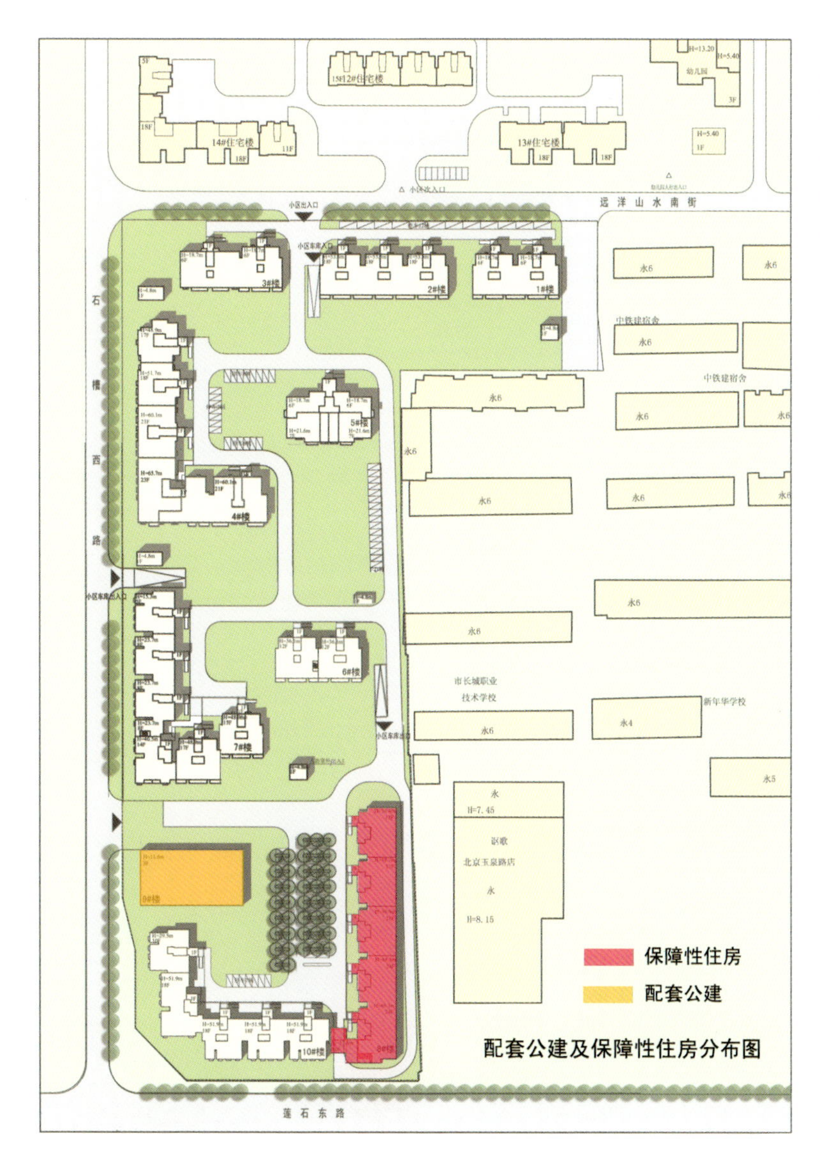

▲ 分区示意图

保障性租赁用房设在用地的东南角，与商品房混合设置，做到同区不同楼，既有利于日后的单独管理，又避免完全分离造成的不公正待遇。

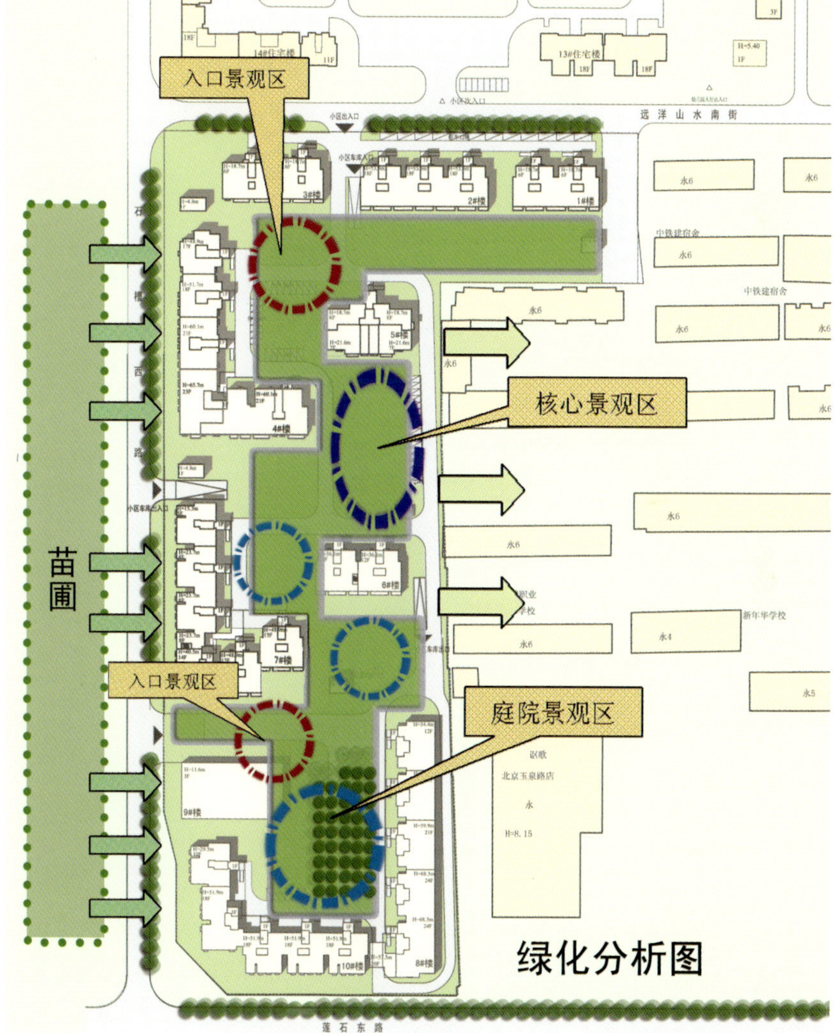

▲ 绿化景观

整个社区被建筑分隔成三个大院落，每个院落可以设置不同的主题，从而形成丰富多变的景观环境。

设计说明

功能布局：保障性租赁用房设在用地的东南角，与商品房混合设置，本着平等、和谐的原则，使不同类型的产品有机融合在一起，同时做到同区不同楼，共同营造高品质的宜居社区。

交通系统：在石槽西路和山水南街上各设一个出入口，正对内部的景观轴，人车在进入小区大门后实行分流。在石槽西路上，设一独立的车库出入口，减少车辆对环境的影响。地面停车尽量集中设置，减少对住户的干扰。

绿化景观：整个社区被建筑分隔成三个大院落，每个院落可以设置不同的主题，从而形成丰富多变的景观环境。

套型设计：注重套型的采光、通风设计，空间分配合理，功能充分强调舒适性、均好性和实用性，划分细致完善，力求在较小的面积内，满足租房者的基本生活需求，同时最大限度地提高居住舒适度。

住宅立面设计：通过体块和材质的错落变化，使建筑丰富的同时不失建筑的纯净感。立面色彩优雅、温馨，以暖灰色系为主，增加建筑的品质感，同时体现了小区安静祥和的气质，使建筑与环境和谐统一。

E04地块综合经济技术指标

	项目	设计指标	备注
1	总用地面积（公顷）		
	住宅用地（R01）（公顷）	3.17	所占比例77%
	公建用地（R02）（公顷）	0.13	所占比例3%
	道路用地（R03）（公顷）	0.60	所占比例15%
	公共绿地（R04）（公顷）	0.21	所占比例5%
2	居住户数（户）	1449	
3	居住人数（人）	4057	2.8人/户
4	总建筑面积（m^2）	177551.33	
	地上建筑面积（m^2）	140630.00	
	a.地上住宅面积	137832.95	其中含租赁住房30000m^2
	b.地上配套公建、室外出入口及人防面积	2797.05	
	地下建筑面积（m^2）	36921.33	
5	容积率	3.43	
6	住宅平均层数(层)	14	
7	建筑限高（m）	73.02/67.02	
8	建筑最大层数（层）	24	
9	人口毛密度（人/公顷）	990	
10	人口净密度（人/公顷）	1281	
11	住宅建筑套密度（毛）（套/公顷）	353.41	
12	住宅建筑套密度（净）（套/公顷）	457.39	
13	住宅建筑面积毛密度	3.36	
14	住宅建筑面积净密度	4.35	
15	住宅建筑净密度	0.30	
16	总建筑密度	0.27	
17	绿地率	30.00%	
18	绿地面积（m^2）	12300.00	
	实土绿化	6150.00	
	覆土绿化（≥3m）		
	覆土绿化（＜3m）	12300.00	
19	机动车停车(辆)	832	“商品房大于100m^2户型车户比1：1；小于100m^2户型车户比0.5：1；保障房车户比0.2：1；配套公建采用45辆/万m^2”
	地上	144	
	地下	688	
20	非机动车停车（辆）	2898	2辆/户
	地上	0	
	地下	2898	

户型A4 一居室

户型B9 二居室

户型B8 二居室

户型B8 二居室

户型A4 一居室

户型B9 二居室

户型技术经济指标（面积单位：m^2）

套型 / 内容	B8	A5	A4
套内建筑面积（不含阳台）	52.33	34.42	35.27
阳台建筑面积	0	0	0
套内建筑面积（含阳台）	52.33	34.42	35.27
套内使用面积	41.41	30.03	30.46
使用面积系数	61.03%		
套型建筑面积（含阳台）	70.55	46.40	47.55
户型	2室1厅1卫	1室1厅1卫	1室1厅1卫

户型技术经济指标（面积单位：m^2）

套型 / 内容	B9	A5	A4	A7	A6	B10
套内建筑面积（不含阳台）	50.34	34.42	35.27	32.58	32.43	54.12
阳台建筑面积	0	0	0	0	0	0
套内建筑面积（含阳台）	50.34	34.42	35.27	32.58	32.43	54.12
套内使用面积	43.95	30.03	30.46	27.90	27.77	46.16
使用面积系数	63.98%					
套型建筑面积（含阳台）	67.87	46.40	47.55	43.92	43.71	72.96
户型	2室1厅1卫	1室1厅1卫	1室1厅1卫	1室1厅1卫	1室1厅1卫	2室1厅1卫

报送单位： 大地建筑事务所（国际）

北京

常营公租房项目

项目概况

本项目位于北京市朝阳区常营乡，为纯公租房项目，项目规模为94453m²，公租房总栋数为6栋，公租房总套数为1080套及516间。

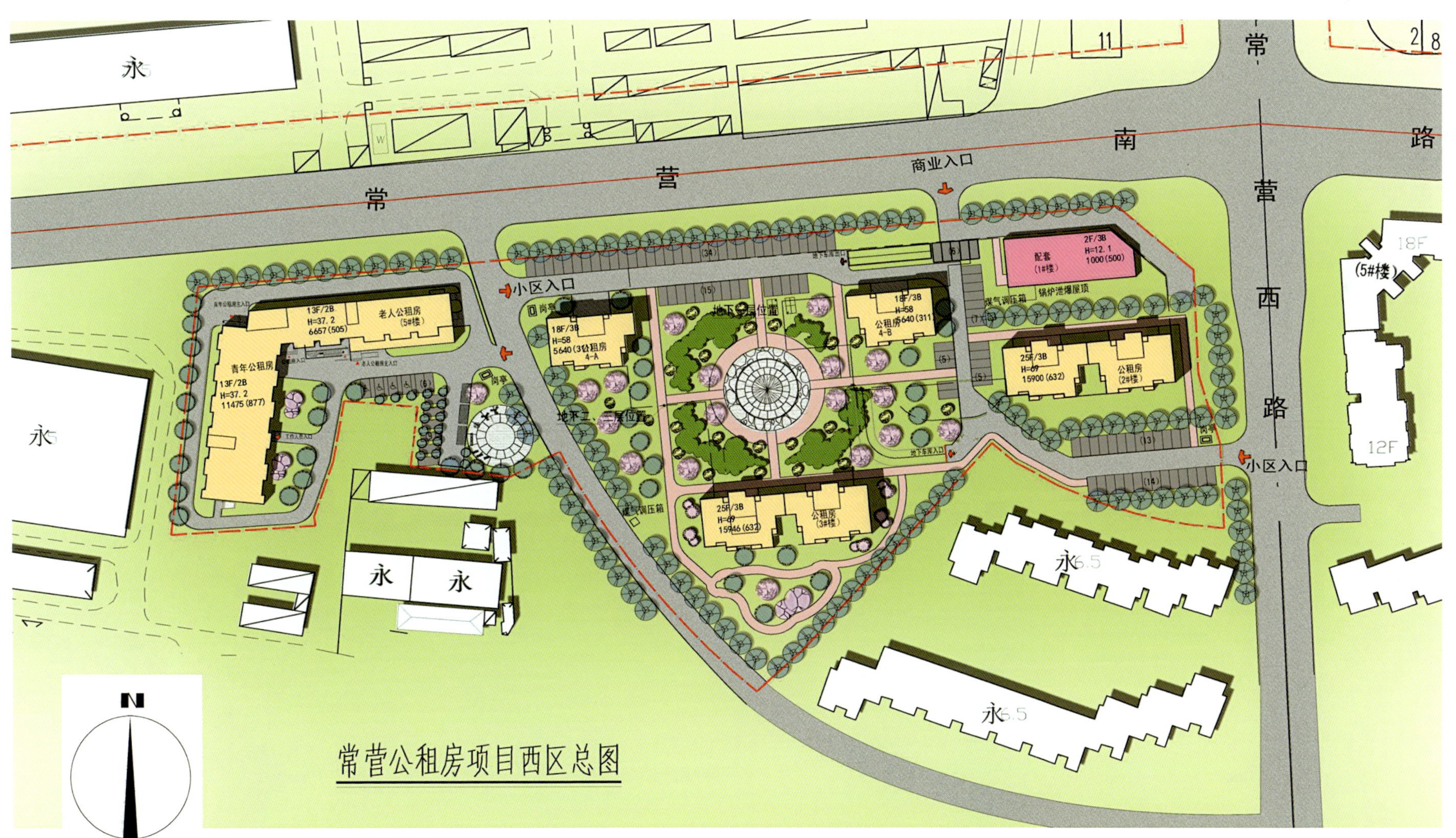

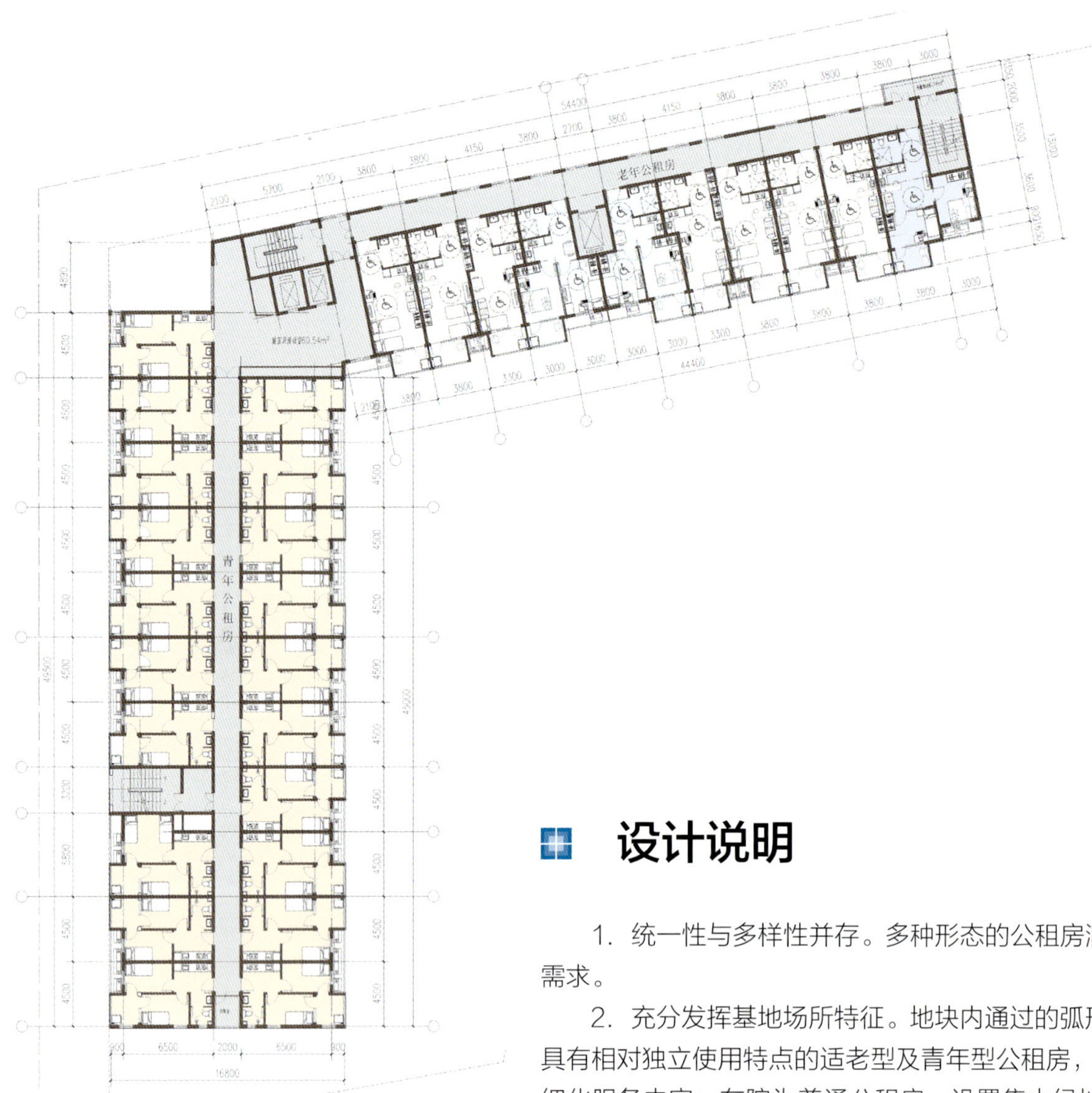

设计说明

1. 统一性与多样性并存。多种形态的公租房满足不同条件、不同年龄阶段的公租房用户需求。

2. 充分发挥基地场所特征。地块内通过的弧形小区路，形成东西两个院落。西小院设置具有相对独立使用特点的适老型及青年型公租房，提供完善的配套服务设施，强化人文关怀，细化服务内容；东院为普通公租房，设置集中绿地，满足相对密集人群的室外空间环境的要求，通过空间节点、景观步道、中心花园等景观规划要素，使内部与周边环境融为一体,同时体现和谐社区的设计。

3. 充足的地上地下停车布局，满足日益严峻的停车问题。东院设有地面及地下三层停车库，停车率达到10户配4.6个车位；西小院在地面设有无障碍停车位及在地下设有自行车库。

4. 细化套型设计，使居者有其屋。针对不同客户群，提供不同的套型类别：

① 普通公租房：采用一梯六户的紧凑型布局，端单元“南北通透”，中间单元“纯南向”，采光、通风良好，交通便捷。

② 适老型公租房：满足老年人生理、心理对居住环境的需求，采用单面走廊的“纯南向”房的设计，居住空间及设施齐全。选用1600kg的担架电梯，首层设有设施齐全的公共服务用房。

③ 青年型公租房：采用通廊式布局，2间宿舍式居住空间为一独立单元，单元内设施齐全，配有卫生间、厨房及阳台。

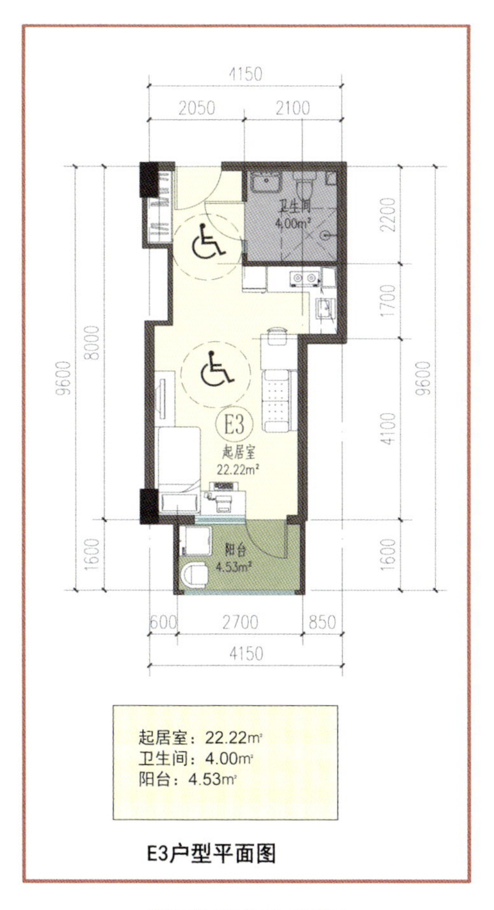

老年公租房E户型图

6800
2100 1700 3000
卫生间 4.00m²
起居室 19.71m²
卧室 10.00m²
阳台 4.53m²
2700 4100
6800

起居室：19.71m²
卧室：10.00m²
卫生间：4.00m²
阳台：4.53m²

G户型平面图

老年公租房F户型图

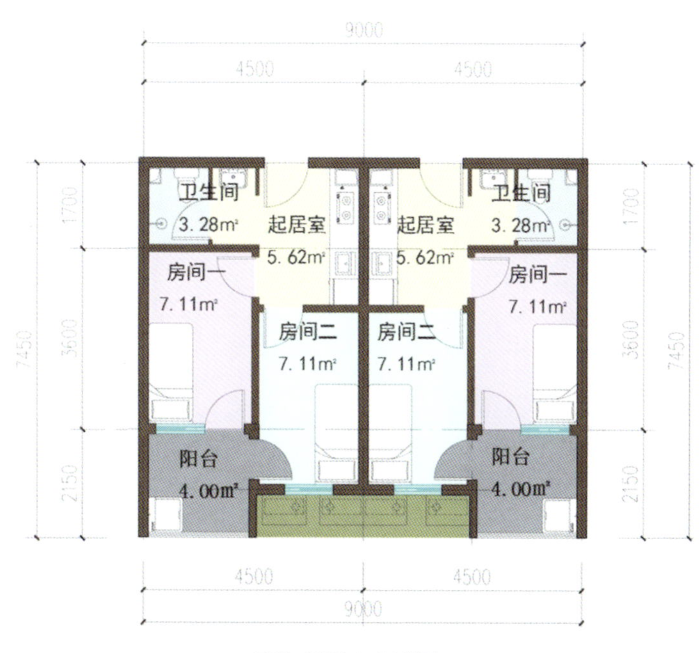

青年公租房户型图

产业化说明

住宅的产业化是采用社会化大生产的方式进行住宅生产的组织形式，主要体现在住宅体系的标准化、住宅的部品化、住宅生产的工业化等几个方面。

1. 在公租房的户型设计中，尽量采用标准统一的厨房、卫生间、楼梯间等部位，使住宅产品的标准化及部品化，便于设计、施工等各个环节。

2. 预制阳台栏板、楼梯及房间内轻质隔墙楼梯、阳台板、空调板在工厂采用整体清水混凝土浇筑、预制，达到外表肌理细密，无需再做装饰面，安装便捷，减少现场施工量、减少现场能耗及建筑垃圾，发挥工业化、标准化的优势。

3. 全装修实施方案，包括厨房装修及设备、卫生间装修及设备，以及居室内吊柜等的室内全装修；公共区域包括公共大厅、楼梯间、走廊等的全装修；避免二次装修带来的大量建筑垃圾，使业主达到拎包入住的程度，体验人性化家居生活，形成以低碳、环保为宗旨的绿色建筑。

报送单位：北京冠亚伟业民用建筑设计有限公司

北京

人·居

项目概况

本项目位于朝阳区东坝，北起东坝中街，南至焦庄路，东起东苇路，西至北小河东路，项目用地被市政路分为A、B、C、D四个地块。

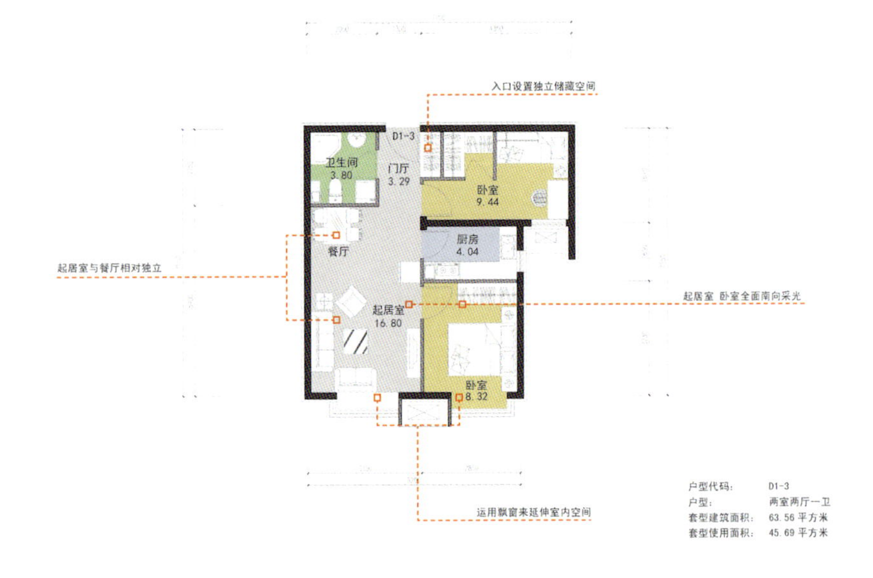

设计说明

设计原则及策略

以“人本、自然、文化、融合、科技、实用、安全”为中心原则，以整体社会效益、经济效益与环境效益三者统一为基准点，充分利用地区优质的生态环境，创造城郊生活中自然、舒适、便捷的栖息之地。

突出城市空间特点、塑造独特社区形象；体现院落居住概念、营造现代理想社区；合理应对住宅策略、量身打造中小套型，住宅设计集中突出多元性、合理性、创新性和科技性。

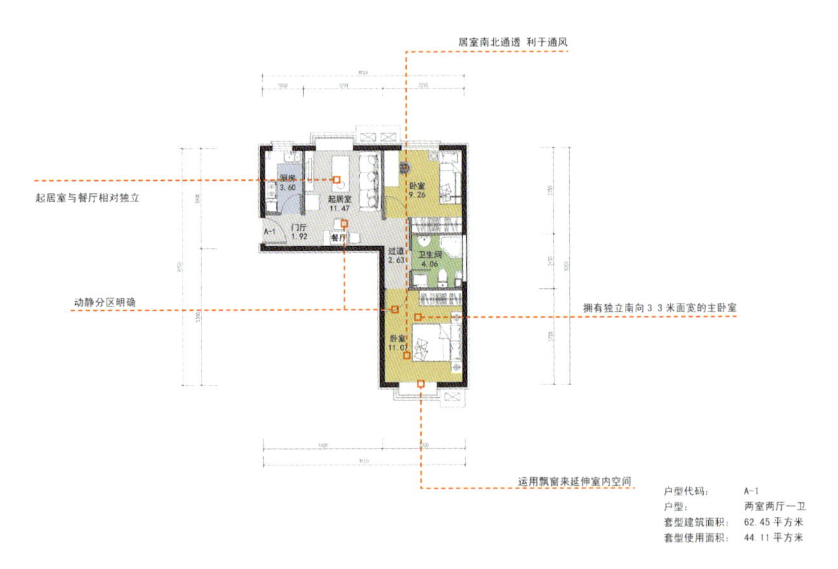

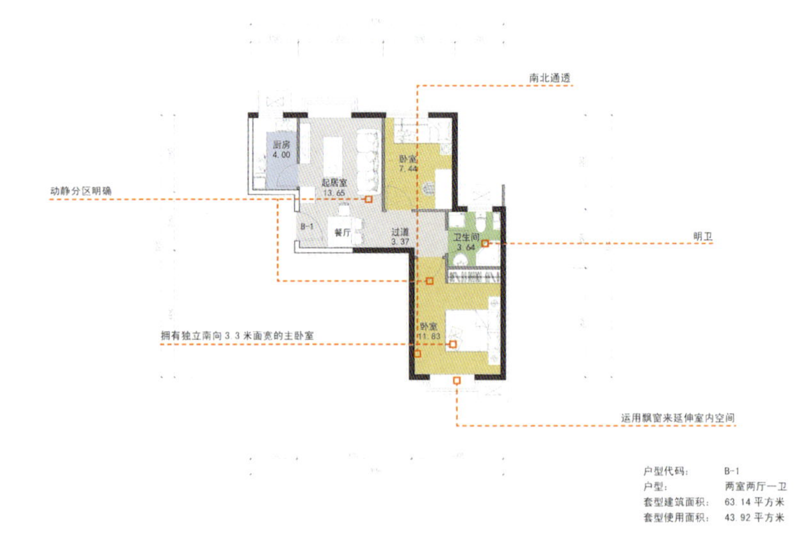

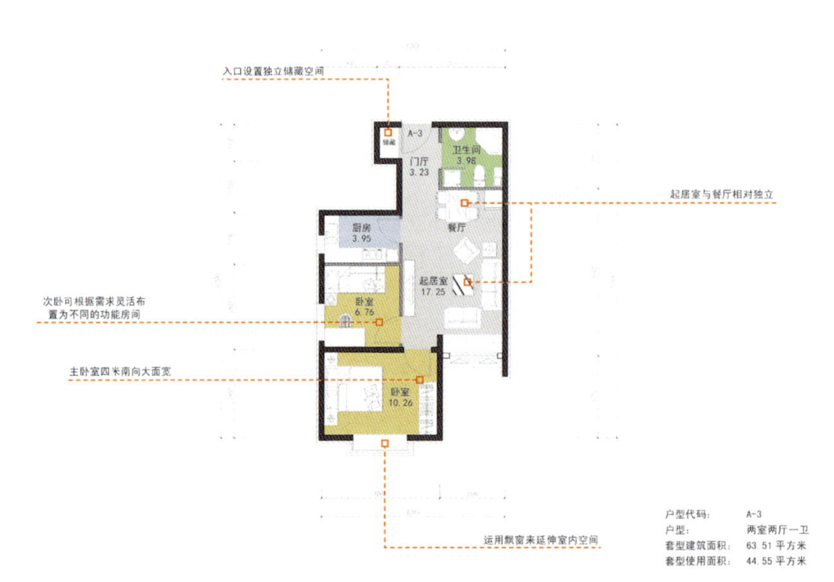

设计构思及整体布局

空间布局：以院落形式组织不同高度的住宅单体，各个地块分别围合形成内聚性的大组团，商业配套及管理用房等辅助功能设施穿插布置其中，完善的公建配套保证小区生活的方便和舒适。

道路交通系统：小区每个组团互不干扰。主题思想是保证中央步行景观的完整及其在各个组团中延伸的连续性，在住区内做到人车分流。消防车道结合步行体系统一设计，主要体系与小区内的机动车系统相连，满足紧急时刻消防车使用的相关要求。

景观设计：以“开窗有景”为规划概念，住宅建筑按照南北向布置，在争取最佳日照的同时，也使景观最大化。建筑沿用地周边布置，在小区中间形成大片的集中绿地，大小绿化的设计，提升小区整体环境品质。

套型设计：明确的分区、厨卫的合理布局、储藏空间的设置等都为家庭生活提供了方便实用的居住体验。

A户型标准平面图

B户型标准平面图

C户型标准平面图

报送单位：九源（北京）国际建筑顾问有限公司

上庄镇C14地块限价商品住房设计的“因地制宜”

项目概况

本项目容积率2.5，限高45m。采用大致平行南一街即南偏东的朝向为主要朝向，该朝向与上庄路基本垂直，具有较好的城市关系。日照间距系数为1.4。利用西侧城市绿化带的有利资源，通过转角套型，让建筑与道路保持良好的城市关系。体现“因地制宜”的设计原则，创造多样化并具有吸引力的居住环境。

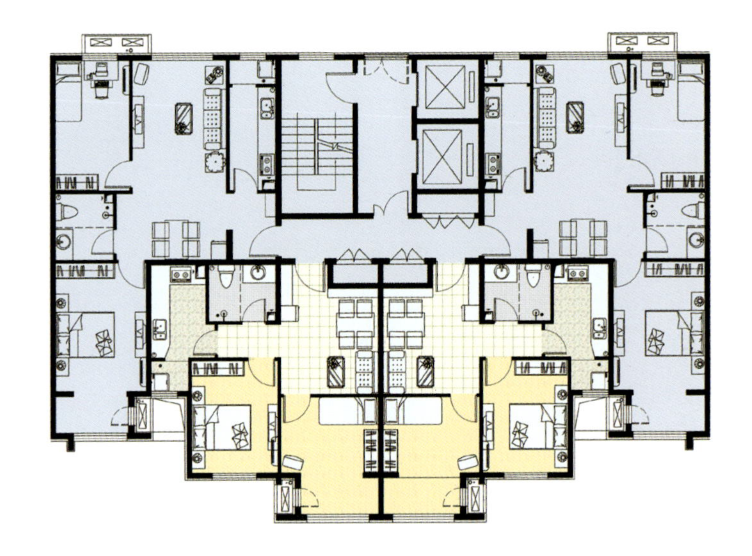

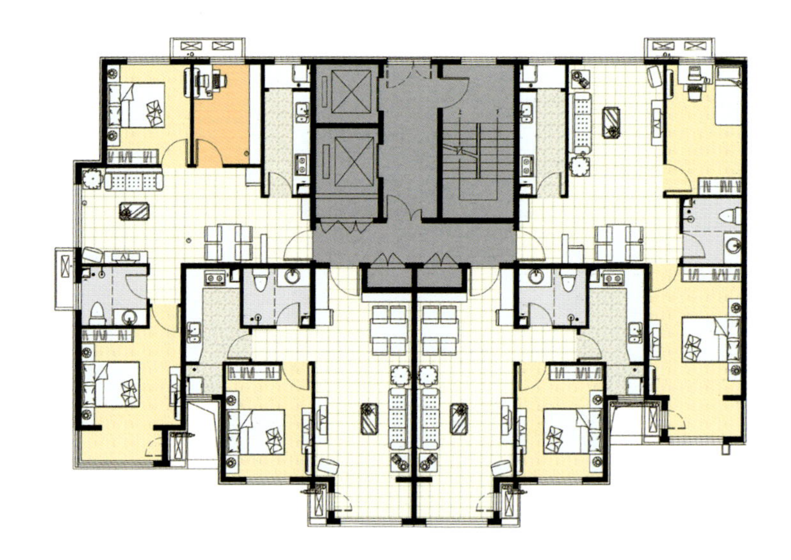

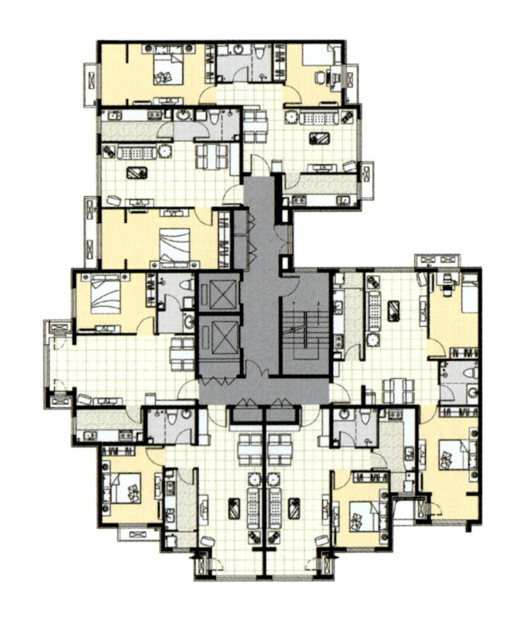

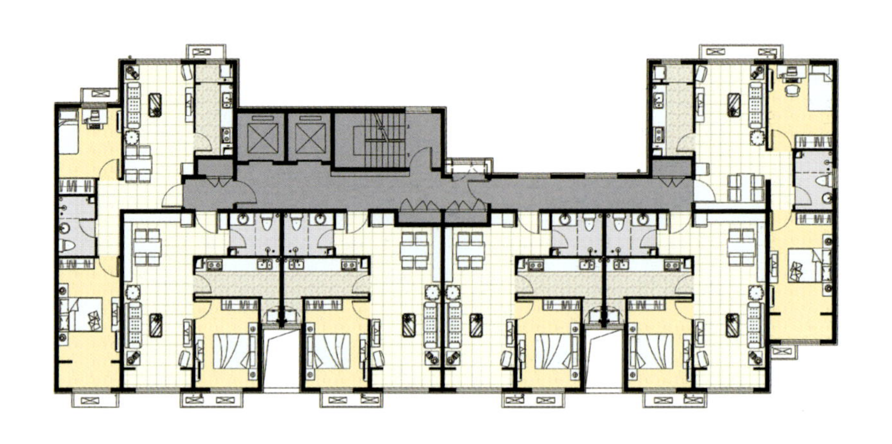

设计说明

本项目以16层板式住宅和15层底商住宅为主，以单元为单位局部降低层数以满足日照要求，从而错落有致。建筑层高2.75m。

在东侧和北侧设置一层底商，既可服务内部，又不影响日常秩序。东侧设置主要出入口，在北侧设置次要出入口，西侧的人行口让小区环境与城市绿化带相融。

小区内部道路系统分级设置。一级环形车道是小区主干道，解决了消防环路、外线路由和停车场流线等问题；二级道路为宅前围绕停车场的消防通路，也是单元入口必经之路；三级道路为步行路，分布于小区的各个角落。

独立地下车库设置于小区中部偏南向，在北侧设置的树阵停车，保证了小区停车分布的均衡性，结合沿路周边的地面停车，多种方式构成了小区的停车系统。

根据西山山脉“高低起伏”的特点，建筑单元采用不同的层数，立面通过不同的颜色分隔，使得立面错落有致，生动活泼。

产业化说明

一、单元的可重复利用

标准户型的重复利用，是住宅产业化的重要体现。项目设计一梯4户的标准户型。由于项目一居室比例达到了60%，因此将一居室放在位置最好的南向，两边设置南北通透的两居室。在用地面宽较大、日照和景观条件较好的端头，将两居室改为三居室，简单的调整让户型更加统一、标准。

二、户型的可持续发展与可变

和保障性住房的最终使用客户沟通表明，他们最关心的就是户型。关心户型面积、公摊面积、是否有设备夹层、一居室是否能改造成两居室……一位客户说得对："从申请保障房到选房已经等了3年，再到入住还要2年，等我入住的时候肯定有女朋友，准备结婚生子，一居室很快就不够用，如果能改造成两居室。至少还能多用好多年。"因此，项目设计的一居室可以灵活分隔，改造为两居室。

同时，考虑到建筑的全寿命使用和时代的发展，项目利用结构墙体的留洞，使得两个两居室能改造为三居室，或者说四居室。希望我们的住宅可以是百年住宅。

三、厨卫模式化

标准户型的采用必然带来厨卫标准化，统一的布局，统一的尺寸，减小施工难度的同时，提高住宅生产的劳动生产率，提高住宅的整体质量，降低成本，降低物耗、能耗。

报送单位：厦门合道工程设计集团有限公司

高林居住区

项目概况

本项目总用地31.08万m^2，总建筑面积64.1万m^2（不含中小学面积5万m^2），其中住宅建筑面积54.3万m^2，住宅约9084套。

3-19#楼一层平面图

建筑与环境

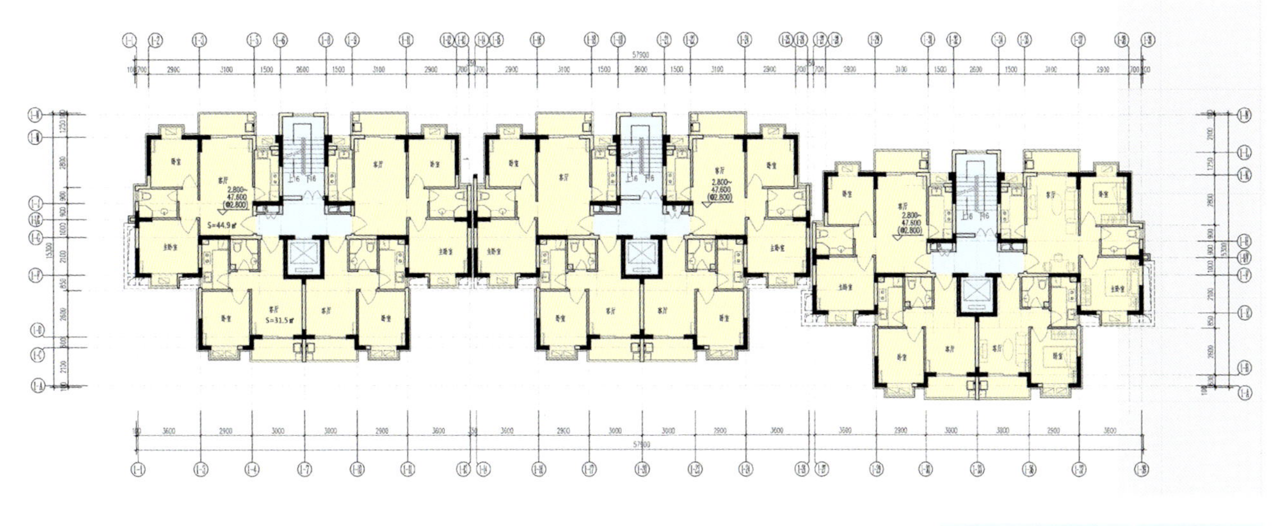

3-19#楼二～十八层平面图

总套内使用面积	174.9m^2
总套型建筑面积	198.4m^2
使用面积系数	88%

社区广场与幼儿园

设计说明

住宅建筑设计：遵循“造价不高水平高、标准不高质量高、面积不大功能全、占地不多环境美”的原则设计，做到居者有其屋，保障中低收入居民的居住问题，同时将社会保障性住房的居住标准和商品房标准区别开。套型面积为三房型建筑面积70m^2，两房型建筑面积60m^2，一房型建筑面积45m^2，住宅使用率达74%以上。

环境景观规划：立足于“自然、人、社会”相和谐的理念，充分尊重和利用基地的自然环境条件，强调充满浪漫情趣的园林式居住社区，探索更加人性化的居住模式，创造宜人的居住空间，树立具有归属感的场所环境品质，树立“健康运动”的生活新概念，充分利用社区环境和周边条件，结合建筑底层架空和社区室内外运动场所，建立一个相对完善的运动休闲系统，营造一个健康的、运动的新型居住社区。

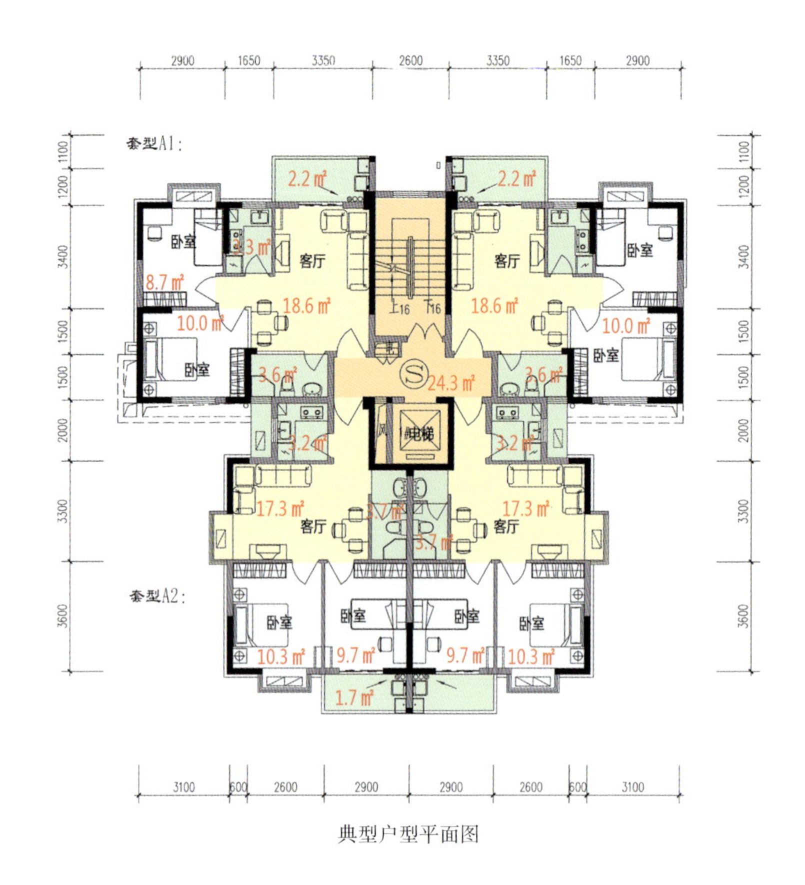

典型户型平面图

套型A1	
套内使用面积	46.4m^2
套型建筑面积	58.6m^2
套型A2	
套内使用面积	45.9m^2
套型建筑面积	60.1m^2

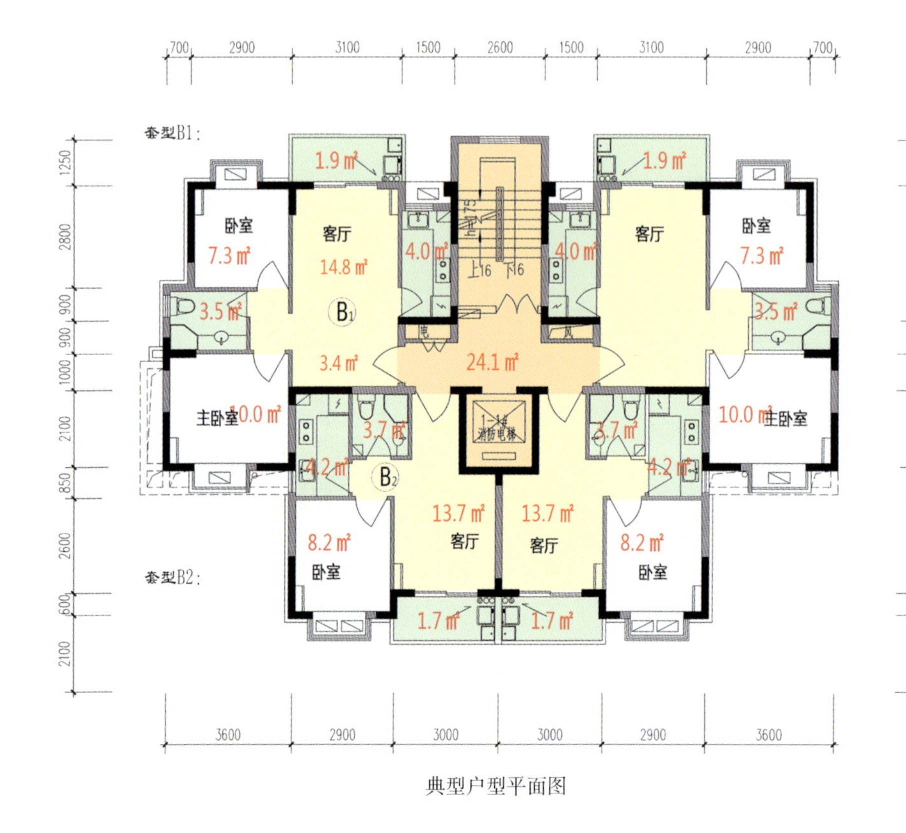

典型户型平面图

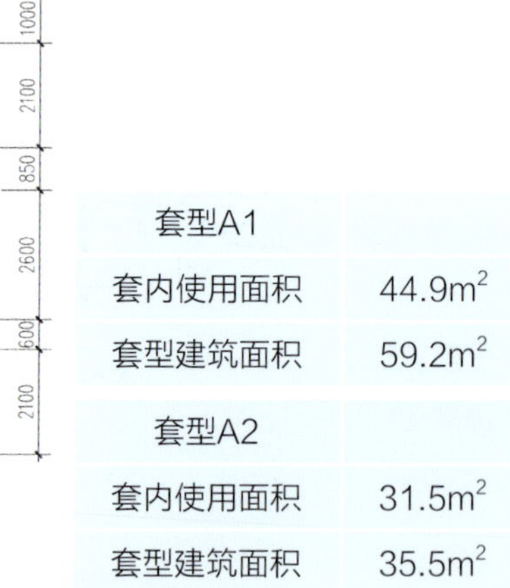

套型A1	
套内使用面积	44.9m^2
套型建筑面积	59.2m^2
套型A2	
套内使用面积	31.5m^2
套型建筑面积	35.5m^2

产业化说明

1. 功能齐全，配套完善。配套建设有一所48班中学，一所36班小学，两所12班幼儿园，两所社区中心、一处生鲜超市商场、一处集中商业中心和两处商业店面，以及若干室外运动场地等，是一个功能齐全、配套设施完善、居住环境宜人的高品质社会保障性居住社区。

2. 充分尊重和利用基地的自然环境条件，强调充满浪漫情趣的园林式居住社区，营造出宜居的居住空间。

3. 底层架空的形式，为小区提供了良好的景观环境，让小区的公共空间显得生动、有活力。底层架空的设计更让各个庭院间变得不再孤立，互相连通渗透使小区处处绿意盎然。

4. 在户型布局上，每户均由起居室、卧室、厨房、卫生间和阳台组成；户型空间布局紧凑，功能动静分区明确，交通组织简洁流畅，每户均有南向功能房间，卫生间为明卫，室内采光通风较好。

5. 立面处理丰富，借鉴了中国传统建筑的神韵，部分采用坡屋顶，在造型构思中对传统的坡屋顶形式进行提炼，提取传统形式的精华，赋予现代的建筑技术和建筑色彩，让屋顶和颜色在互相穿插中互相衬托，构筑了具有中国色彩而又动感十足的运动型社区。

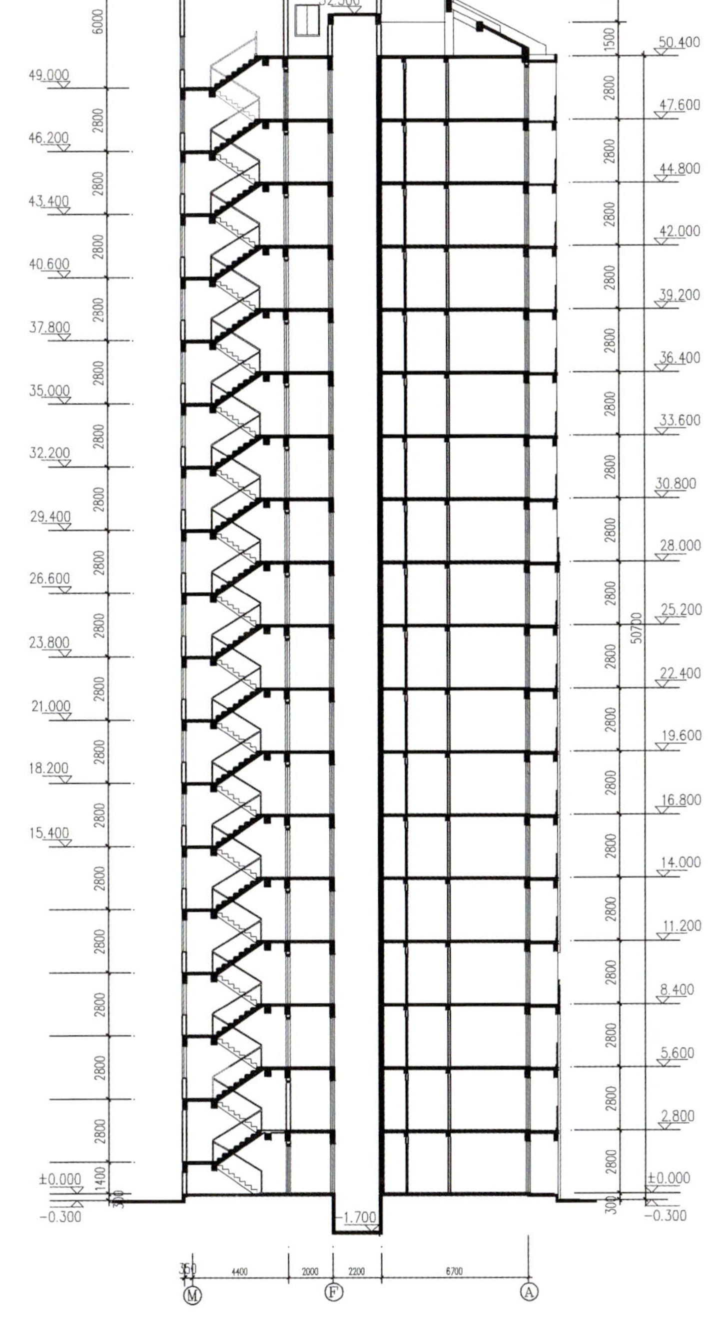

3-19#楼1-1剖面图

建筑空间

报送单位：天水市建筑勘察设计院

甘肃

模块化住宅设计

项目概况

本项目为北方抗震设防地区高层廉租房建筑设计，套型设计以低收入者的生活特点和居住需求为基础。充分考虑交通核、公共管道井、风道带来的平面布置及面积影响，严格控制套型建筑面积，套型包括二室二厅和三室二厅，以及通过局部改变衍生的多种套型。

附加模块
C套型

12-18层组合平面
及18层以上的一类
高层住宅组合平面

9600
5400
A套型
6700
B套型
8700
5400

基本套型模块

12-18层组合平面

两种套型模块演变 一种套型模块演变

基本平面单元模块

设计说明

套型组合模块化设计：本方案由A、B两种基本套型模块通过不同的组合形式演变而成，A套型模块以51.8m^2（5400×9000）的长方形为主体，B套型模块以52.8m^2（6700×8700）的“L”形为主体，可自由组合，适用于不同地块要求。

技术集成性：给排水管井整合集中布置，电井集中布置及户内预留电槽，为一次性装修到位及空间的灵活分割提供条件；卫生间采用同层排水管路系统，不占用下层空间的同时可创造户内中水利用，达到有效的节水目标；户内采用低温地板辐射采暖系统，既达到了节能的效果又保障了楼板的隔音，满足了采暖均匀舒适性；户内水、电采用IC卡计量或远程抄表及安防系统，热计量采用超声波热计量表，满足分户计量、灵活使用、安全管理的要求。

适应性：套型设计满足不同住户家庭结构变化的需求，改造后的套型仍然能够保证每个居室均有直接的采光通风。

精细化的设计：从低收入者家庭切实的居住需求出发，房间布局紧凑合理，方正实用。严格控制走道的占地面积，将其纳入到功能空间中。卧室空间设计得小而适用；卫生间干湿分离；储藏空间实现多元化。各个空间均能获得良好的通风、采光、日照等。

抗震节能：结构平面规整，进深适宜，刚度均匀，受力合理，同时经济合理、有利于抗震设计、有利于控制体型系数。

Ⅰ型标准层平面图

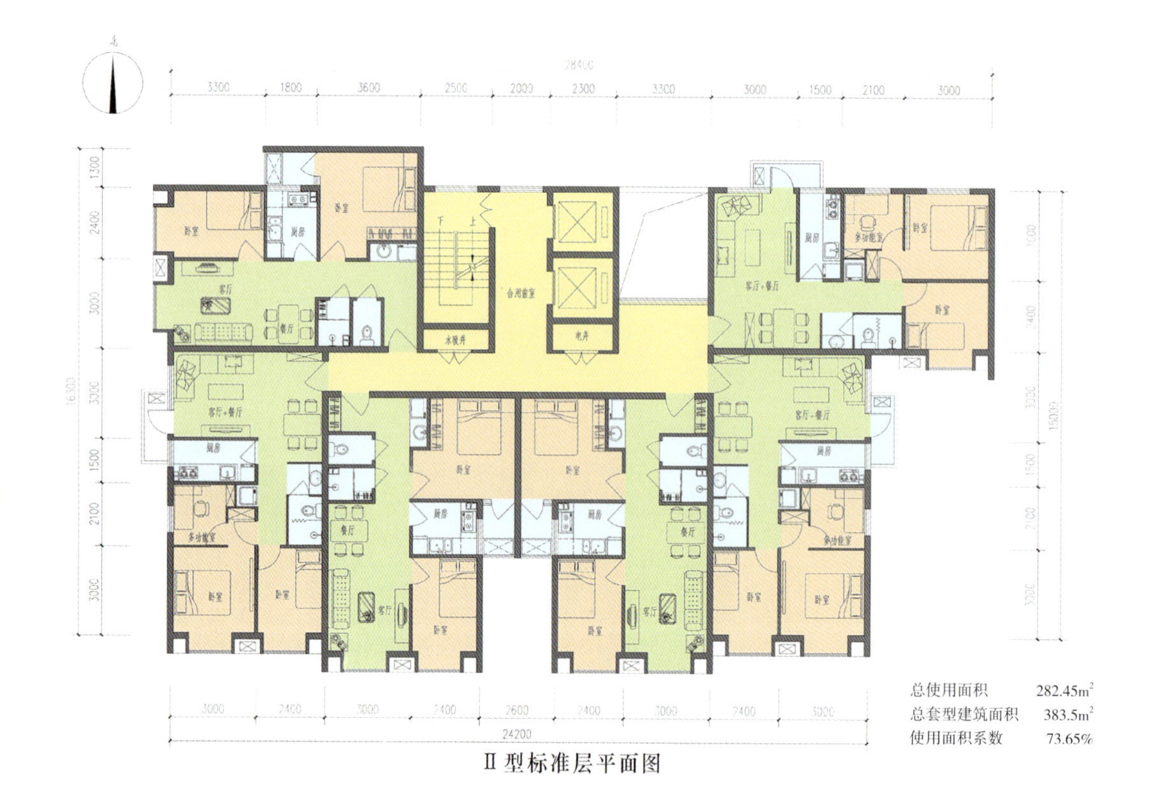

Ⅱ型标准层平面图

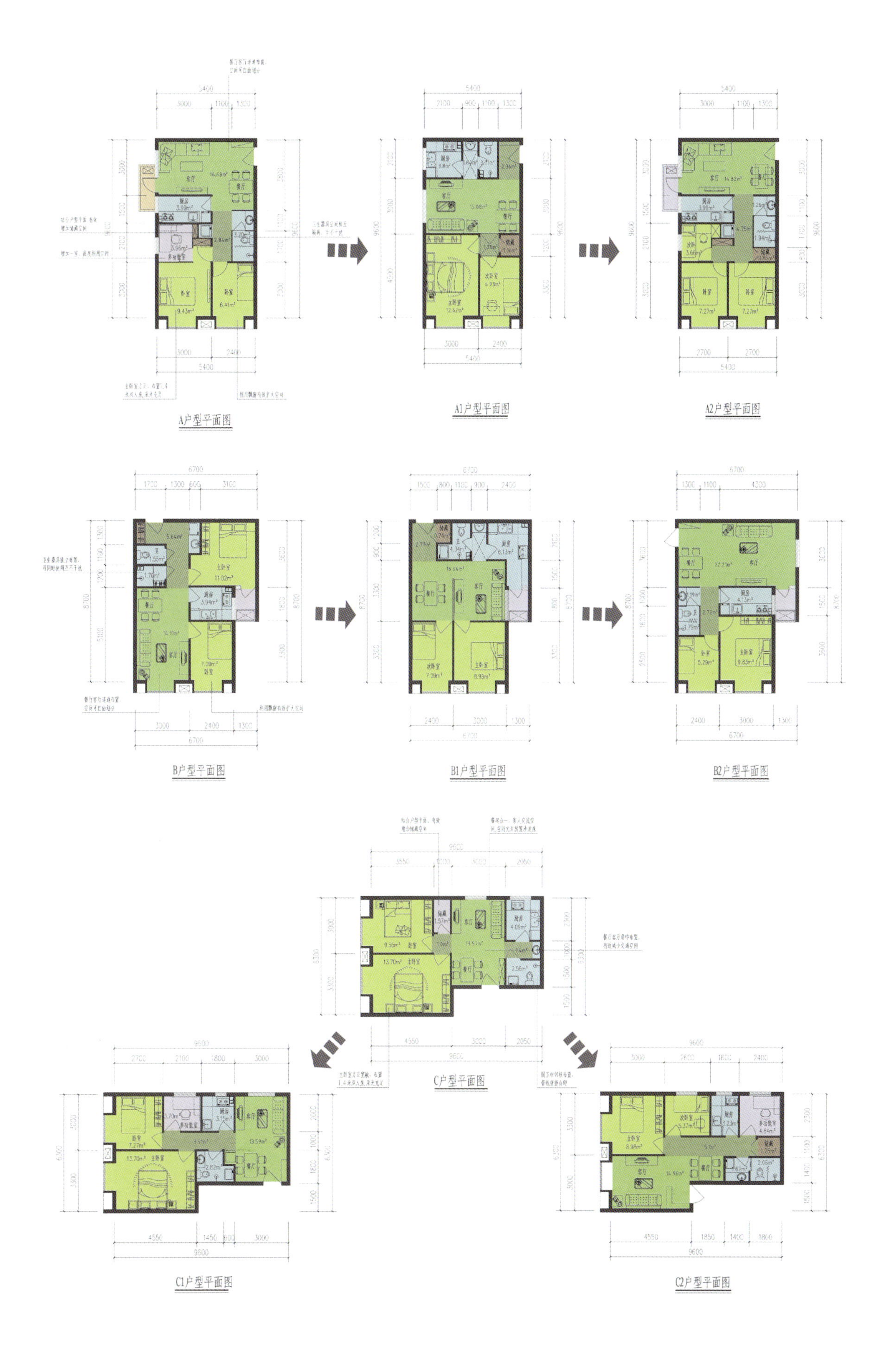
A户型平面图
A1户型平面图
A2户型平面图
B户型平面图
B1户型平面图
B2户型平面图
C户型平面图
C1户型平面图
C2户型平面图

报送单位：中国瑞林工程技术有限公司（广州）

广 东

持“质”保“量”

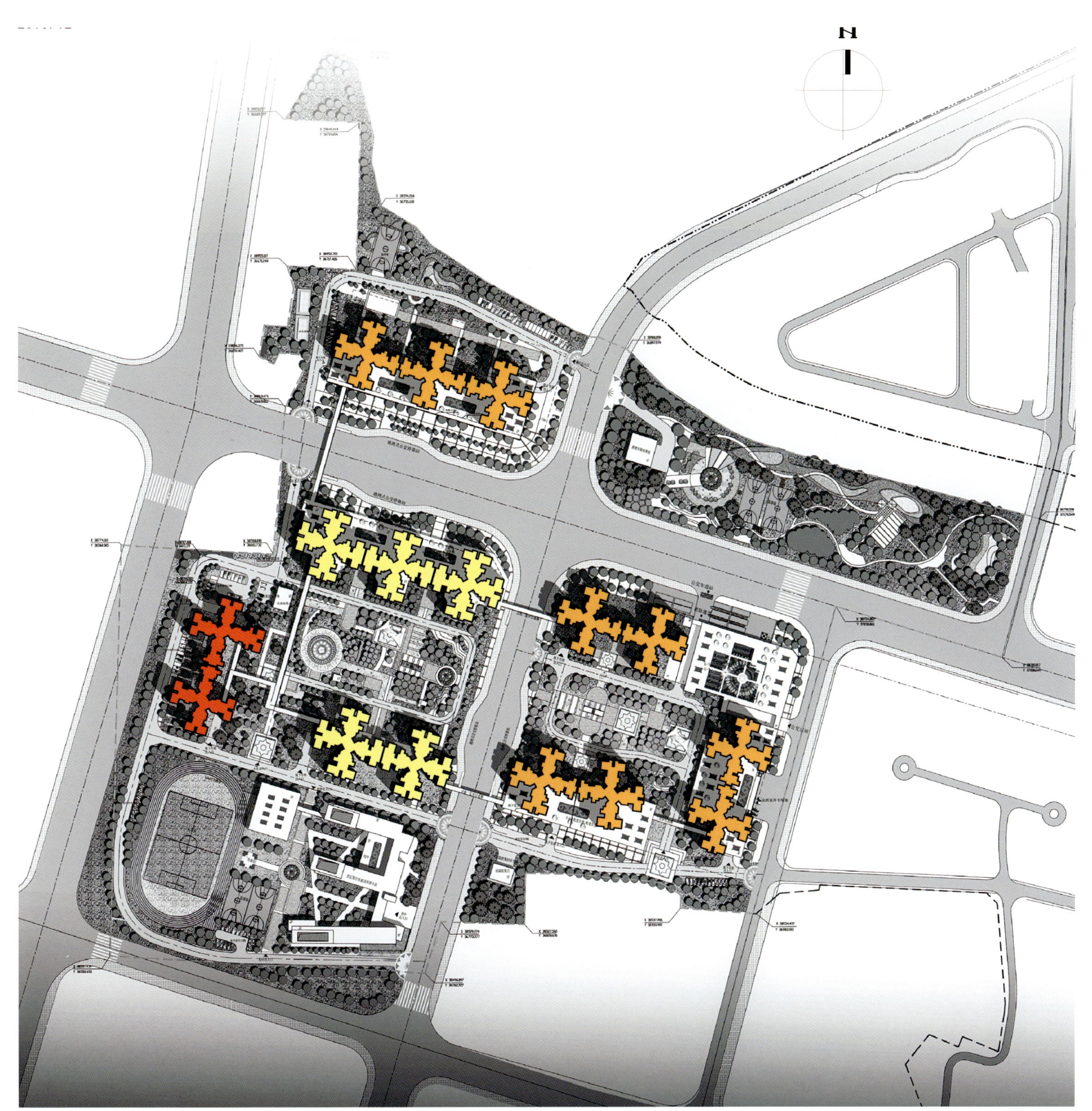

总平面图

项目概况

本项目用地位于广东省广州市，属于广州市保障性住房重点项目之一，在广州土地资源紧缺、人口密度偏高并日益增大，其中大多为外来务工人员，且商品房价位居高不下的背景下，保障性住房在广州的需求急剧加大，急需扩大项目规模，在保证住房品质的基础上尽可能加大保障性住房的供应量，满足城市需求，并响应国家“十二五”规划的相关政策。

设计说明

本项目以“持质保量”为设计原则。在满足项目基本条件的基础上，加大项目绿化率，提高项目景观条件，并对保障住房功能、设施等条件进行本地化研究，以符合本地化住房设计要求，提高整个项目设计的品质；以本地化设计为基准，在提高项目品质的同时，通过工业化设计手法，对整个项目规划及平面功能进行标准化、模式化设计，以保证项目的高效及经济性。

在建筑立面设计上，以简约实用、饱含文化底蕴及本地特色岭南建筑风格为主，并尽可能提高项目资金利用率，以使保障性住房数量最大化，并将项目需求的各类套型配比合理化。

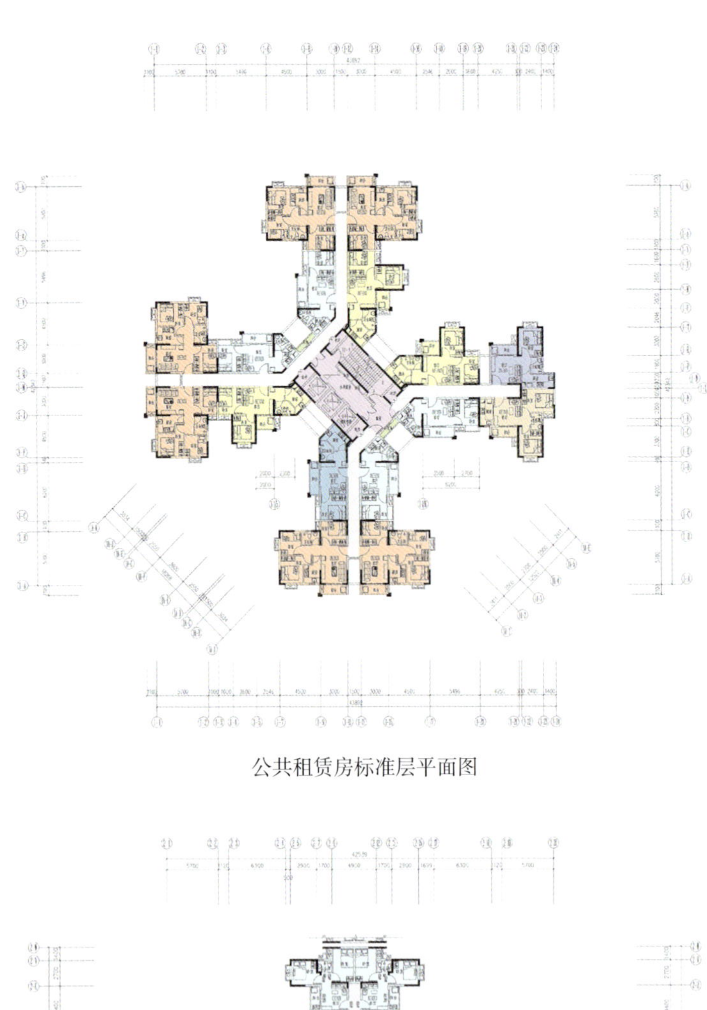

公共租赁房标准层平面图

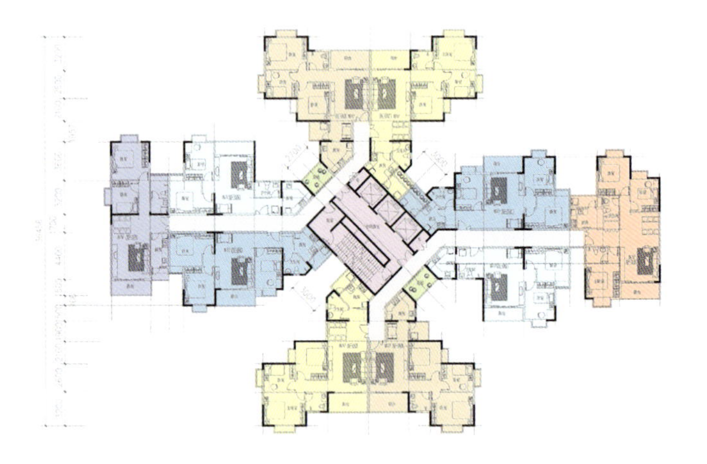

还迁房标准层平面图

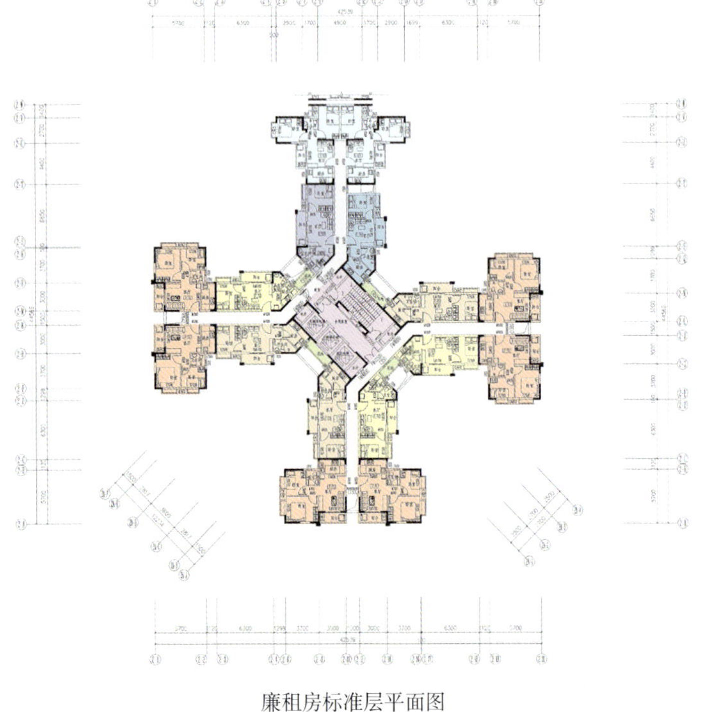

廉租房标准层平面图

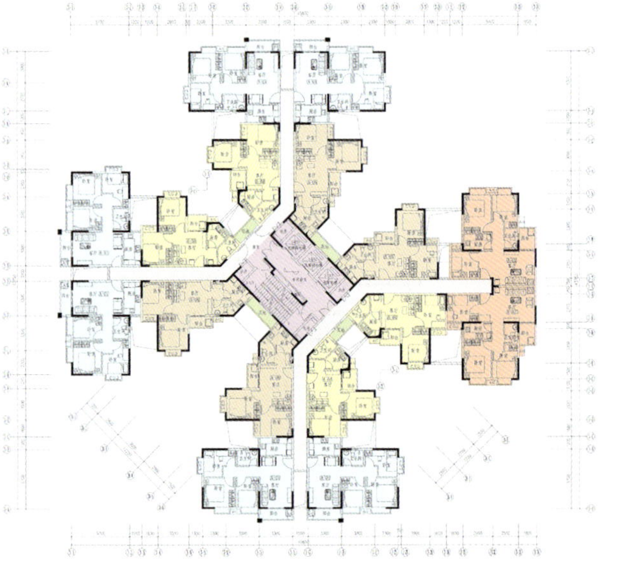

经济适用房标准层平面图

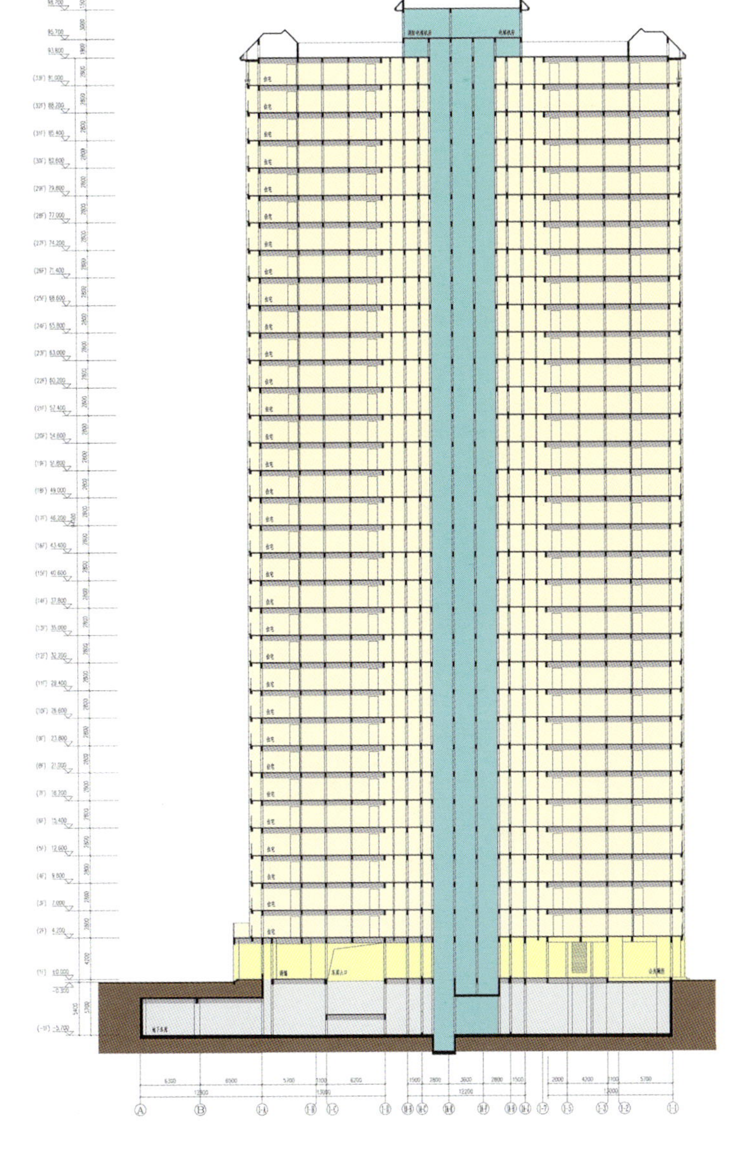

产业化说明

一、住房设计标准化

在保证项目整体指标的基础上尽量做出符合标准、舒适的保障性住房。在总平面布置及住房设计中，尽量使所有相同性质的住房保持基本一致的平面，以达到标准化、高效、经济的目的，平面布局均采用十字形平面。

二、户型设计模式化

根据对本地条件及设计要求的分析，确定了可行的十字形平面布局，在满足各个类型住房面积及功能，并保证舒适度及户型配比前提下，通过模式化拼接，以提高整个项目的效率及户型的一致性。力求做到：a.实用性强：所用户型都尽量减少交通面积，减少空间浪费，空间方正实用，在不增加建筑面积的前提下，尽量让住户得到实惠。b.高居住品质：所有厨房卫生间都有采光通风。c.高附加值：凸窗设计，增加卧室空间。d.通风采光：针对当地特点，各个房间强调尽可能多的通风采光。e.节能减排：电梯厅自然采光通风，省去防排烟设备。f.经济合理性：标准层户型控制在16至18户，户数多，分摊少，实用率高，而且单体栋数少，便于施工，控制成本。

三、地域化特点

考虑项目本身需求的同时，注重项目中地方特色的设计，在户型设计、建筑立面设计及建筑材料选用方面均仔细筛选、比较，既充分考虑当地气候、日照等生态条件，还在立面设计中提取和凝练岭南风格建筑设计方案。

四、低成本性

在保证品质等必要条件的基础上，提高项目资金利用率，尽量减少不必要的工程投资，通过模式化平面、简化立面及选用经济适用的建筑材料等手段，从设计、施工、材料等各方面细节上来节省工程投资，减少资源浪费，以满足居民需求，解决城市住房紧缺问题。

五、配套设置标准化、功能化

充分考虑了小区配套服务设施的标准化、功能化设计，其中包括肉菜市场、超市、居民健身设施、物业管理、街道办事处等，在保证其功能合理化的同时，还要提高其可达性。对于居民健身设施如篮球场、网球场，采用布置既方便居民健身，又避免了球场噪声对住户的影响；其余健身设施分散布置在景观绿化中，让居民健身的同时可以亲近大自然。

报送单位：广西电力工业勘察设计研究院

广西

绿色岭南居——基于生态可持续理念的公共租赁房设计

项目概况

本项目从岭南地区的地理气候特征、社会性的角度、套型构成、面积指标等方面出发，以降低建造成本、节约资源、保护环境为宗旨，以经济适用美观为原则，在贯彻国家“四节一环保”要求的同时，满足住宅对通风、采光、隔热等方面的要求，在平面功能上应具备适应性强、舒适性高等特点。

总平面图

设计说明

节能：岭南地区有着丰富的太阳能资源，选择技术成熟、经济性好的太阳能光热系统与建筑一体化设计，可减少建筑使用过程中对不可再生能源的消耗。采用良好的屋顶与外墙隔热形式，可降低太阳辐射热对住宅夏季制冷能耗的增加。

节地：遵循适当增大进深减小面宽以节约用地的原则，在有限的用地内更多地解决人们的居住问题。

中水处理系统：屋面设备间内设有中水处理设备，对日常生活产生的中水进行回收处理后，用于浇灌植被、清洁地板、冲洗马桶等。

雨水回收系统：屋面设有雨水回收系统，回收的雨水进入中水设备处理后，可循环再利用。

节材：建筑平面方整，外立面尽量减少凹凸，保证建筑面积的同时尽量减少外墙面积，同时也利于结构的合理性，减少结构用钢量。

以人为本：在满足人们居住的舒适性的基础上，关注人们的精神追求，提供邻里交流空间。

小高层方案平面图

根据建筑形体对比选择，方案发展方向确定为在保证每户合理进深的前提下，保证每户通风采光以及居住舒适度。做到每个功能空间指标达到国家规范要求。

技术经济指标

建筑占地面积	297.79m²		
建筑面积	3275.69m²		
建筑层数	11层		
	套型面积	公摊	建筑面积
A 户型	42.42m²	7.12m²	49.54m²
B 户型	42.48m²	7.13m²	49.61m²
C 户型	42.81m²	7.16m²	49.97m²

多层方案平面图

根据岭南地区夏季气候潮湿炎热的气候特点，保证每户的自然采光和自然通风是设计中着重考虑的要点。加强邻里间交流的人文主义设计理念至始至终在设计构思过程中持续坚持。

技术经济指标

建筑占地面积	297.85m²		
建筑面积	1787.1m²		
建筑层数	6层		
	套型面积	公摊	建筑面积
A 户型	43.46m²	6.08m²	49.54m²
B 户型	43.51m²	6.09m²	49.60m²
C 户型	43.84m²	6.13m²	49.97m²

产业化说明

1. 模数化设计

本设计中的主要建筑构件如承重墙、柱、梁、门窗洞口都符合模数化的要求，严格遵守模数协调规则，以利于建筑构配件的工业化生产和装配化施工。

2. 可工业化生产，工期短造价低

本方案建筑平面方整，外立面尽量减少凹凸，保证建筑面积的同时尽量减少外墙面积，此外，方整的平面也利于结构的合理性，减少结构用钢量。

模数化的方案设计旨在减少施工现场作业，保证施工过程由现场浇筑向预制构件、装配式方向发展。建筑构件、成品、半成品以工厂化生产制作为主。

3. 运用太阳能建筑一体化设计，中水处理系统

本方案采用太阳能光热系统与建筑一体化设计，太阳能集热器统一安装在屋面层，由中央控制系统控制水箱内水温，并根据不同住户需求分配热水，同时记录各户使用量。经过设计的太阳能集热器安装方式，杜绝了传统杂乱无章的屋顶集热器摆放。中水处理系统通过收集雨水和住户生活中产生的中水，经过净化处理，可用来浇灌植物和冲洗厕所。

4. 标准层平面可根据不同场地条件增减户数，以调整面宽

本方案以一梯六户平面为基本单元，可以根据建设用地情况进行方案调整，演化成一梯八户户型或双拼一梯六户户型等形式。

5. 户型内部功能空间可根据租户需求进行改造，适应性强

活动隔断可根据住户生活需求来变化房间功能空间，具有可持续发展潜力，住宅的服务功能更人性化，同时减少大量的拆装修内容，满足现代家庭成长需求。

太阳能建筑一体化示意图

中水处理系统示意图

报送单位：贵阳建筑勘察设计有限公司、西线建筑规划设计研究院

贵州

生长的“元”

贵州凤冈县河坝安置区项目

贵州印江县建民路廉租房项目

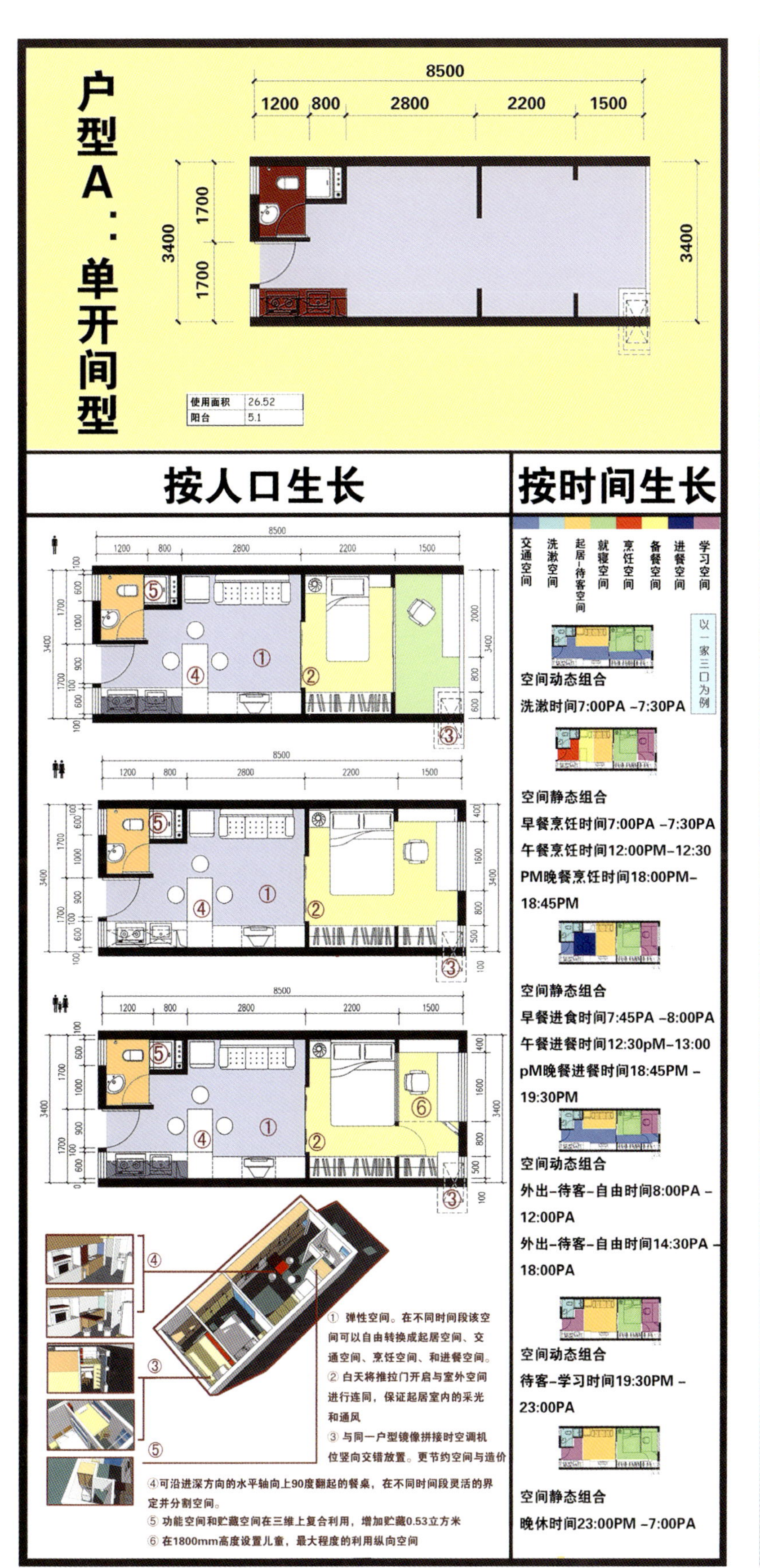
户型A：单开间型
8500
1200 800 2800 2200 1500
3400
1700
1700
使用面积 26.52
阳台 5.1
按人口生长
按时间生长
交通空间
洗漱空间
起居-待客空间
就寝空间
烹饪空间
备餐空间
进餐空间
学习空间
以一家三口为例
空间动态组合
洗漱时间7:00PA -7:30PA
空间静态组合
早餐烹饪时间7:00PA -7:30PA
午餐烹饪时间12:00PM-12:30PM晚餐烹饪时间18:00PM-18:45PM
空间静态组合
早餐进食时间7:45PA -8:00PA
午餐进餐时间12:30pM-13:00pM晚餐进餐时间18:45PM -19:30PM
空间动态组合
外出-待客-自由时间8:00PA -12:00PA
外出-待客-自由时间14:30PA -18:00PA
空间动态组合
待客-学习时间19:30PM -23:00PA
空间静态组合
晚休时间23:00PM -7:00PA
① 弹性空间。在不同时间段该空间可以自由转换成起居空间、交通空间、烹饪空间、和进餐空间。
② 白天将推拉门开启与室外空间进行连同，保证起居室内的采光和通风
③ 与同一户型镜像拼接时空调机位竖向交错放置。更节约空间与造价
④可沿进深方向的水平轴向上90度翻起的餐桌，在不同时间段灵活的界定并分割空间。
⑤ 功能空间和贮藏空间在三维上复合利用，增加贮藏0.53立方米
⑥ 在1800mm高度设置儿童，最大程度的利用纵向空间

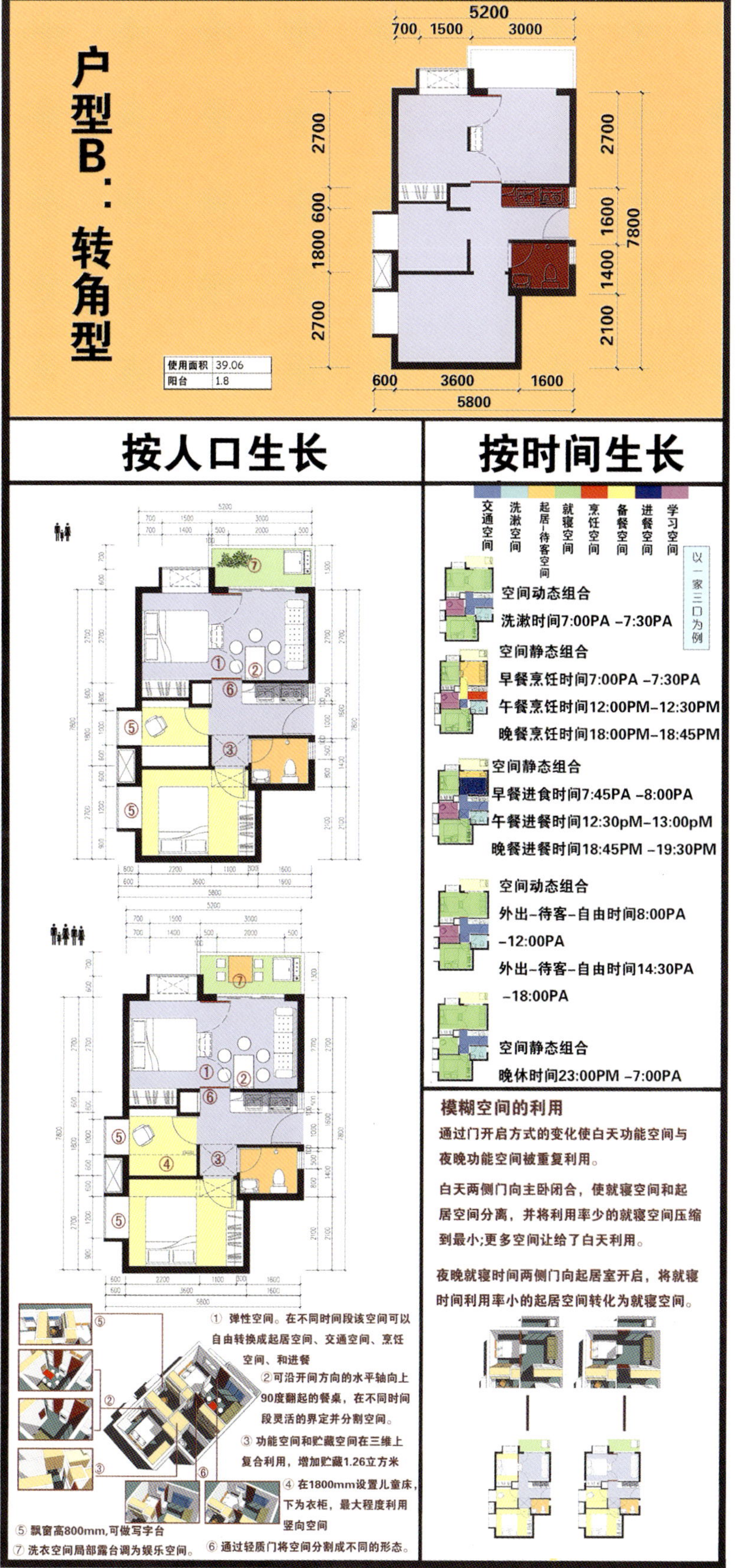
户型B：转角型
5200
700 1500 3000
2700
600
1800
2700
2700
1600
1400
2100
7800
600 3600 1600
5800
使用面积 39.06
阳台 1.8
按人口生长
按时间生长
交通空间
洗漱空间
起居-待客空间
就寝空间
烹饪空间
备餐空间
进餐空间
学习空间
以一家三口为例
空间动态组合
洗漱时间7:00PA -7:30PA
空间静态组合
早餐烹饪时间7:00PA -7:30PA
午餐烹饪时间12:00PM-12:30PM
晚餐烹饪时间18:00PM-18:45PM
空间静态组合
早餐进食时间7:45PA -8:00PA
午餐进餐时间12:30pM-13:00pM
晚餐进餐时间18:45PM -19:30PM
空间动态组合
外出-待客-自由时间8:00PA -12:00PA
外出-待客-自由时间14:30PA -18:00PA
空间静态组合
晚休时间23:00PM -7:00PA
模糊空间的利用
通过门开启方式的变化使白天功能空间与夜晚功能空间被重复利用。
白天两侧门向主卧闭合，使就寝空间和起居空间分离，并将利用率少的就寝空间压缩到最小;更多空间让给了白天利用。
夜晚就寝时间两侧门向起居室开启，将就寝时间利用率小的起居空间转化为就寝空间。
① 弹性空间。在不同时间段该空间可以自由转换成起居空间、交通空间、烹饪空间、和进餐
② 可沿开间方向的水平轴向上90度翻起的餐桌，在不同时间段灵活的界定并分割空间。
③ 功能空间和贮藏空间在三维上复合利用，增加贮藏1.26立方米
④ 在1800mm设置儿童床，下为衣柜，最大程度利用竖向空间
⑤ 飘窗高800mm,可做写字台
⑥ 通过轻质门将空间分割成不同的形态。
⑦ 洗衣空间局部露台调为娱乐空间。

设计说明

根据廉租房政策面积要求，并综合考虑多开间采光与多房进深，特此建立5.8m（开间）×8.5m（进深）×2.9m（层高）的基本居住单元体。为满足各类使用类型、各类面积指标应对不同地块的建设需求，单元可在开间方向、进深方向、角部位置运用减法原理进行变化，使单元具备生长性结构；同时基本单元的建立为政府估价、成本核算与成本比较创造条件；由此在基于同一标准居住单元的基础上，发展出一套成组配套的，可相互组合成套型单元的，互补的套型平面集。

人口结构生长（生长本质：“变”空间）：由原型衍变出的所有套型都能随家庭居住人口的变化而变化，使家庭结构变化后可持续居住成为可能。

时间生长（生长本质：“借”空间）：摆脱传统居住空间固定性的模式，通过功能块的灵活组合、门开启方式的变化和特殊的餐桌设计等方法使室内空间随着一天内不同时间段（白天/晚上）人们生活行为的变化而变化，达到同一空间在不同时间段由于功能的不同被重复利用的目的。

树枝状生长“元”结构：基本“元”——→成组的二次衍生套型“元”—相互组合→套型单元平面—规划层面→多种套型单元综合布局总平面。

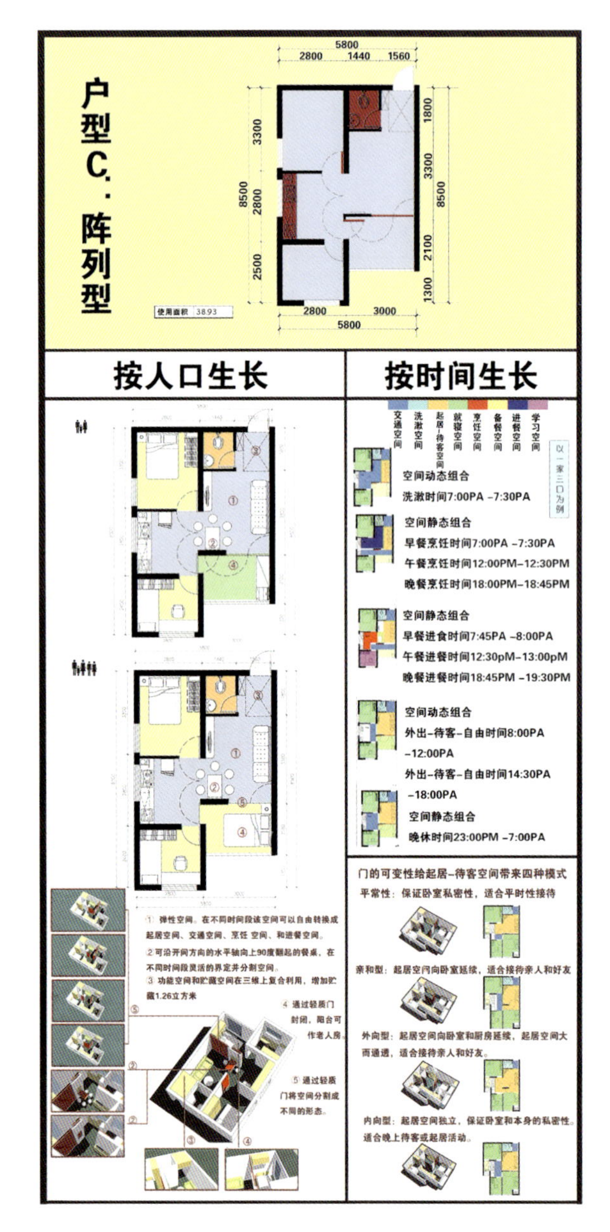

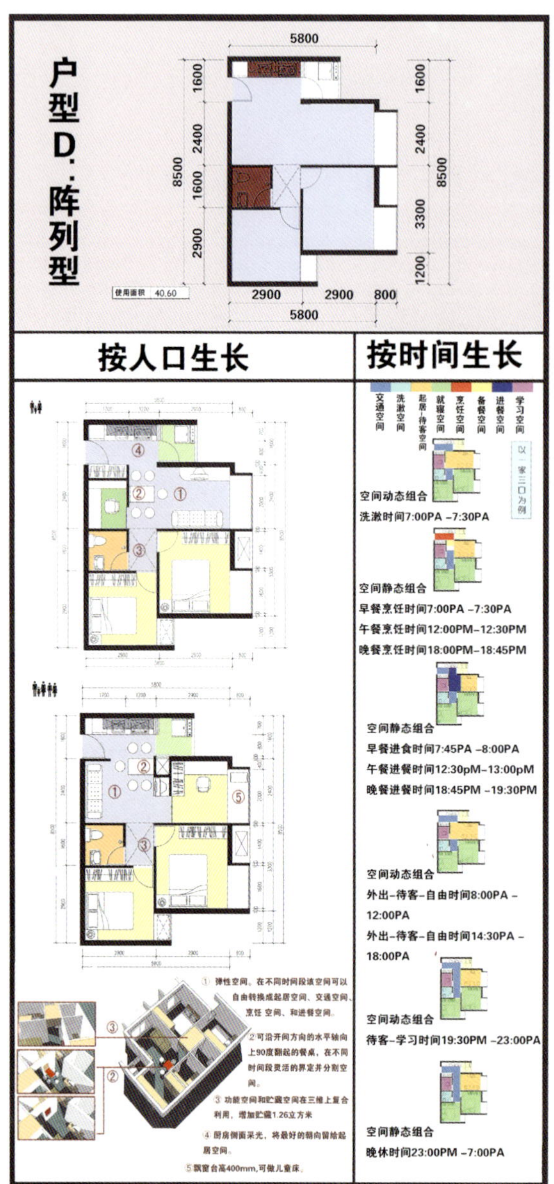

产业化说明

1. “元”

以一个基本的空间单元为原型，该原型随着模数的变化、家庭人口结构的变化、一天内时间的变化而规律变化，达到建立统一标准化体系、家庭居住生活可持续发展和最大程度利用有限空间的目的。

2. 按单元生长

为了能方便自由组合与单元户型配套，适合不同地块的建设要求，他们可在开间或进深方向或角部位置运用空间的减法原理进行变化；同时为政府投资、成本核算与成本比较提供判断。

3. 按人口结构生长

由原型衍变出的所有户型都能随家庭居住人口的变化而变化，使家庭结构变化后可持续居住成为可能。

4. 按时间生长

摆脱传统居住空间固定性的模式，通过功能块的灵活组合、门开启方式的变化和特殊的餐桌设计等方法，巧妙利用时间差，复合高效地使用内部空间，使得居住禀赋了随时间生长变化的品质。随时间生长的秉性表征了对人的生活质量的高度关注，在较小的空间内，利用时间借空间，使得在不同时间段内的主要使用空间均具备良好的使用质量。

5. 成组技术

由一个基本的“元”生长出成组的配套户型，这些户型相互组合达成各种使用条件下的因地制宜的户型单元平面组合，这是成组技术体系思维运作的结果，秉承了标准化原则的精华。

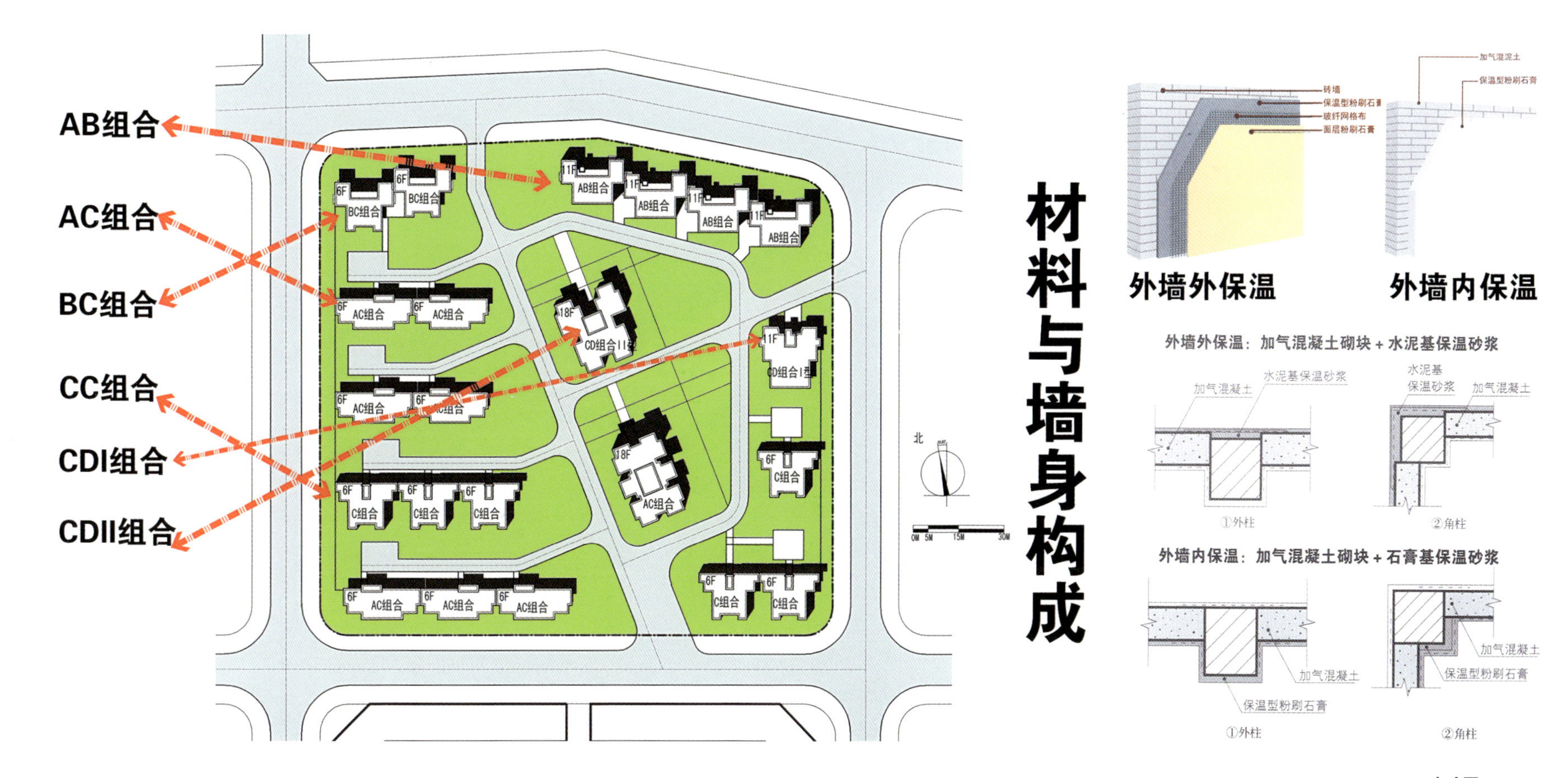

报送单位：海南柏森建筑设计有限公司

人和之家

综合经济技术指标：

序号	项目	单位	数值	备注
01	总用地面积	m²	24237.46	
02	计入容积率建筑面积	m²	46451.68	
03	容积率	倍	1.92	
04	建筑占地面积	m²	4299.12	
05	建筑密度	%	17.74	
06	绿地率	%	40	
07	住宅套数	套	704	
08	机动车停车位	个	90	

设计说明

设计理念

本着“以人为本”的理念，以建设都市生态型居住环境为规划目标，根据海南日照充足、气候炎热、潮湿多雨的气候特点，遵循“突出生态性、尊重自然环境、弘扬具有海南地域性特征的海南热带建筑住宅形式”的设计原则。创造一个布局合理、功能齐全、环境优美、交通便捷、具有文化内涵的居住环境。

设计亮点

在规划布局和建筑单体设计上注重自然采光、通风、遮阳及绿化景观环境的营造。套型设计体现了“户型不大功能好、标准不高设计精”的精神。重点加强住户内部功能分区和个体功能品质的完善，尽可能缩小交通面积，无浪费空间，低公摊率，所有房间包括交通核心均有自然采光通风，营造了适合海南地域特征及气候特点的住宅形式。

更大的优势是可重组，一户多用、多户合并、多户拆合、灵活多变可创造出更多的衍生户型，可调整户型比例分布。有两口之家向三口之家升级，三口之家向两代居的变化，能更顺应不同人的需求和市场变化，策略性强、机动性强、针对性强。

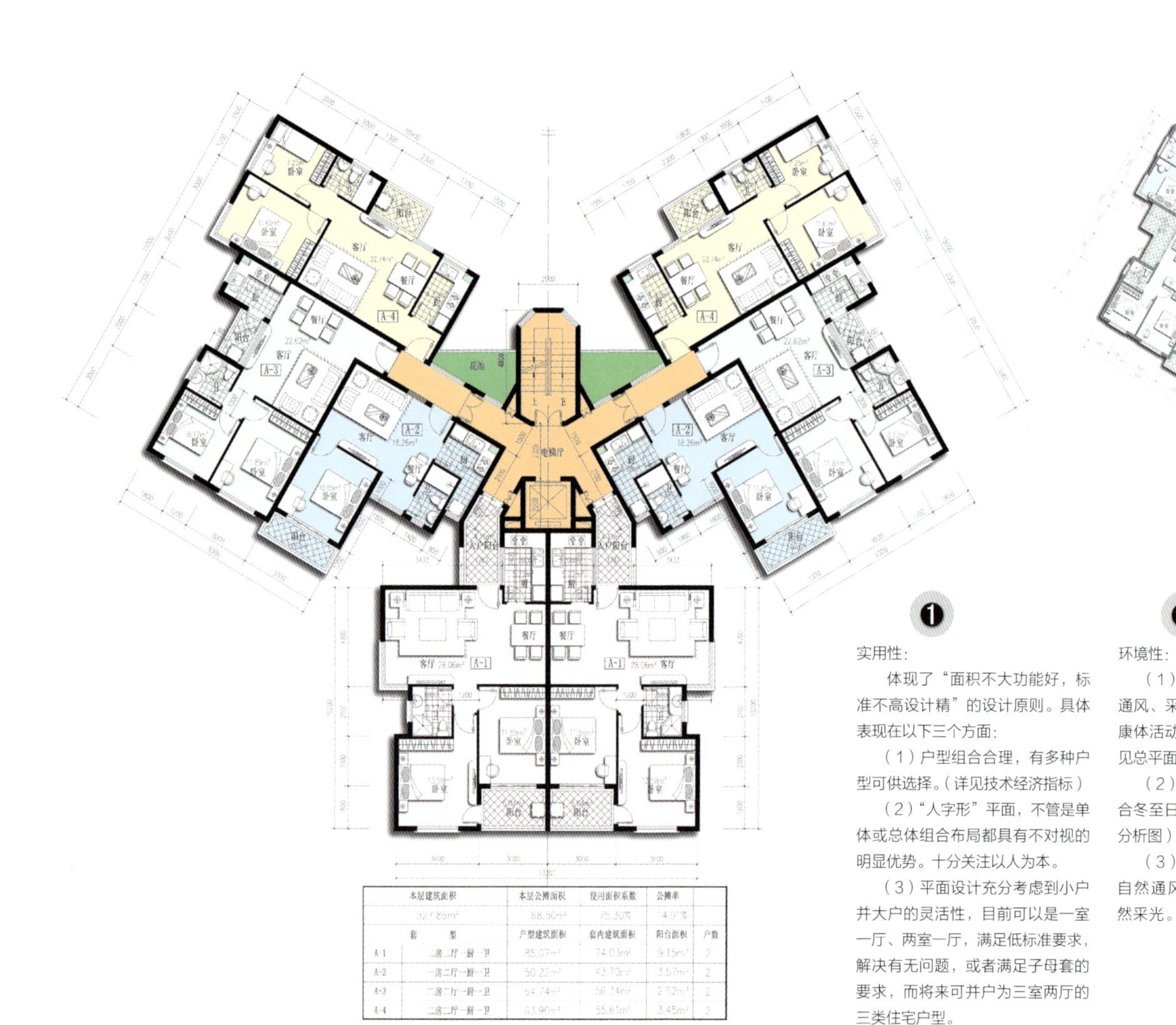

本层建筑面积		本层公摊面积	使用面积系数	公摊率	
527.86m²		68.50m²	75.50%	14.95%	
套型		户型建筑面积	套内建筑面积	阳台面积	户数
A-1	二房二厅一厨一卫	85.07m²	74.03m²	9.15m²	2
A-2	一房二厅一厨一卫	50.22m²	43.70m²	3.57m²	2
A-3	二房二厅一厨一卫	64.74m²	56.34m²	2.52m²	2
A-4	二房二厅一厨一卫	63.90m²	55.61m²	3.45m²	2

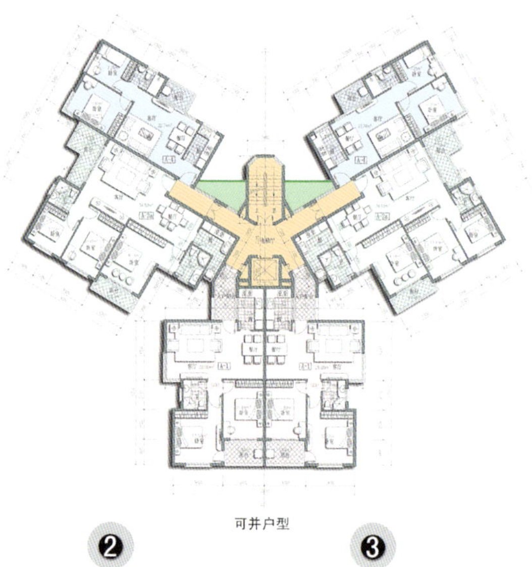

可并户型

❶

实用性：

体现了“面积不大功能好，标准不高设计精”的设计原则。具体表现在以下三个方面：

（1）户型组合合理，有多种户型可供选择。（详见技术经济指标）

（2）“人字形”平面，不管是单体或总体组合布局都具有不对视的明显优势。十分关注以人为本。

（3）平面设计充分考虑到小户并大户的灵活性，目前可以是一室一厅、两室一厅，满足低标准要求，解决有无问题，或者满足子母套的要求，而将来可并户为三室两厅的三类住宅户型。

❷

环境性：

（1）小区整体环境有利于自然通风、采光和营造区内绿化，安排康体活动场地和人际交往空间（详见总平面布置）

（2）单体设计及总本布局均符合冬至日照1小时的标准。（见日照分析图）

（3）平面设计所有房间均有自然通风采光，就连前室也有自然采光。

❸

经济性：

体现在以下两个方面：

（1）一层八户、十一层、一部电梯一部楼梯，做到公摊率14.95%，充分体现了节约用地、珍惜资源的国策。

（2）八户公摊一部电梯，体现了造价经济的优势。

户型平面图

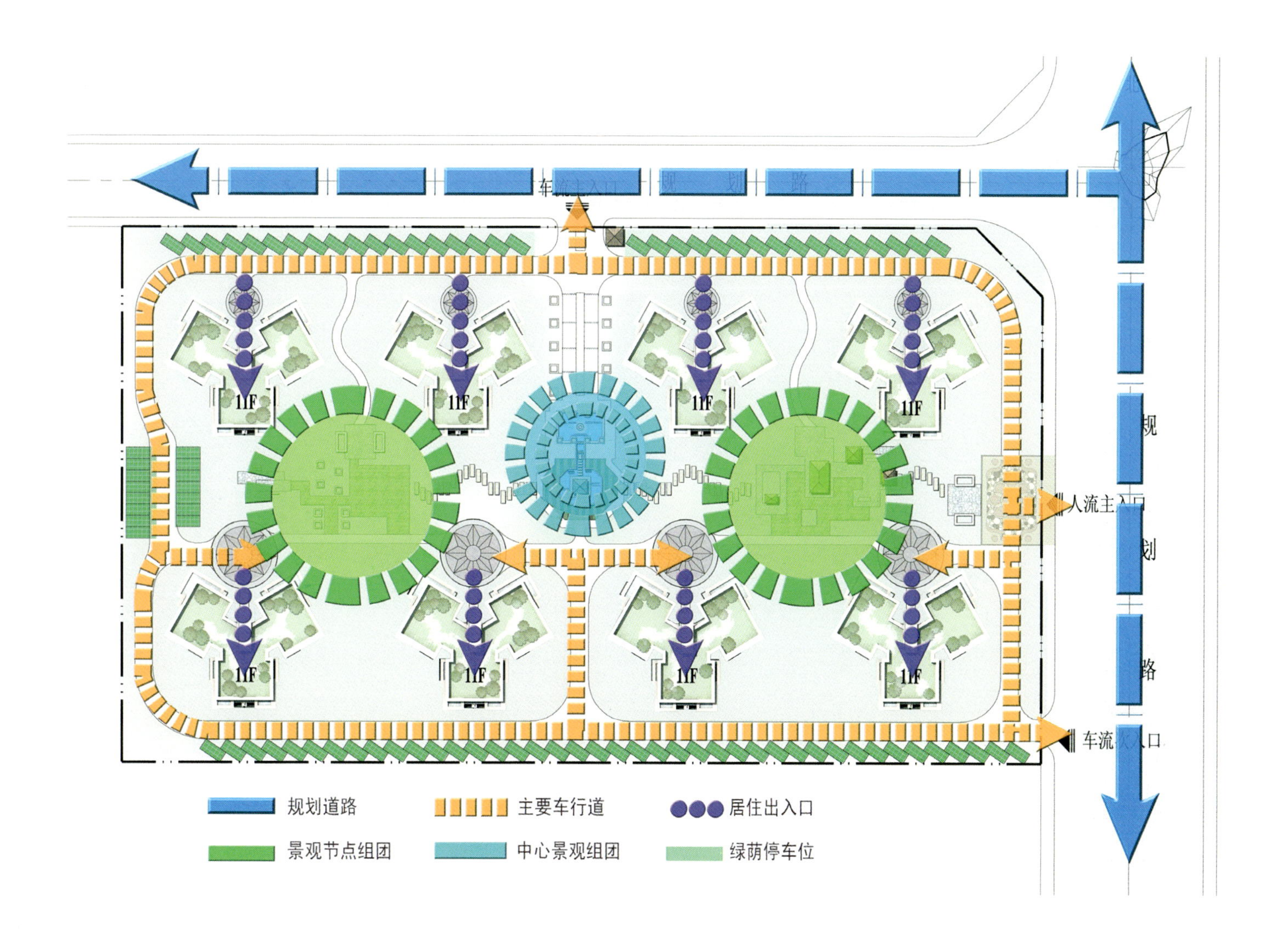

景观交通分析图

❶ 正立面图

❷ 侧立面图

报送单位：河北建筑设计研究院有限责任公司

河北

情系民生　心中有数

设计说明

设计理念

本项目按照充分利用有限土地资源，安全、适用、经济、美观的原则，通过对实际情况的考察及调研，了解了保障性住房所服务人群的家庭构成、收入状况、居住现状及居住习惯后，充分做到心中有数，有理可依，有据可循，力求达到切实服务民生的目的。

设计亮点

本项目为经济适用房。基于对建筑造价及居住习惯等条件的综合考虑，本项目为地上18层，地下1层，剪力墙结构，标准层面积505.8m^2，一梯八户，标准层基本呈矩形布置，体型系数小，对节约用地、建筑节能及安全性有实际意义。

1. 套型平面设计特点

① 全明套型设计，主次分明。

② 符合传统居住习惯，各房间尺寸设计合理、实用。

③ 套型设计中，考虑到多种家庭结构的可能性，体现了对居住者现状的人文关怀。

④ 居住空间中考虑邻里关系，而各居住单元又相对独立。

⑤ 全明套型设计，具有良好的采光及通风，提高建筑的环保品质。

⑥ 使用面积系数较高，空间浪费少。

⑦ 适当预留出较大的管道井，为住宅以后的智能化发展预留空间。

2. 建筑立面设计

充分对建筑成本及造价进行控制，采用美观且价格便宜的建筑材料及现代建筑语汇，通过对涂料、玻璃、格栅的合理搭配构成庄重而不失轻盈的建筑风格，具有很强的适应性。

两口之家

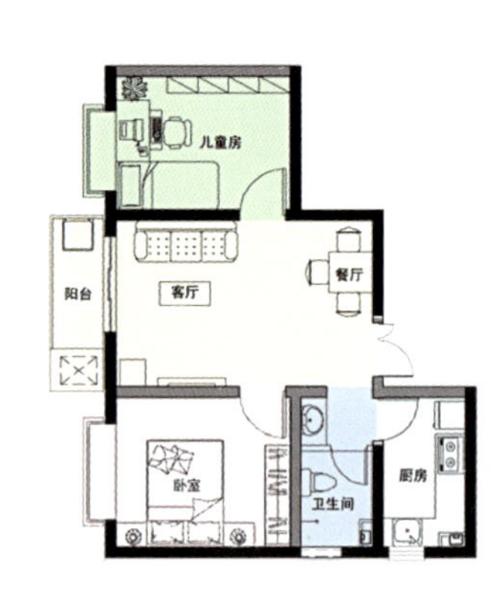

夫妇+儿童

夫妇+老人

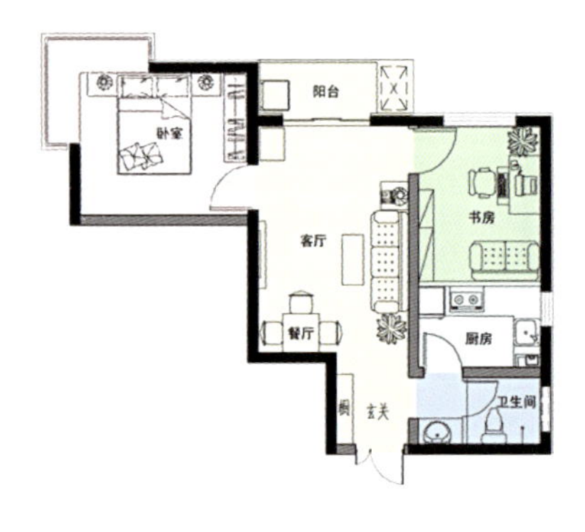

两口之家

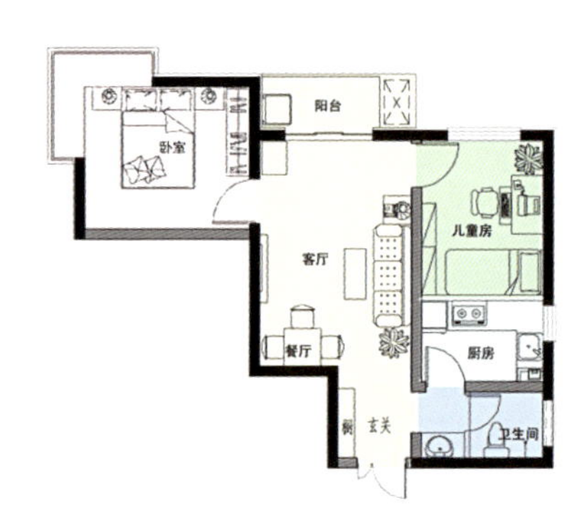

夫妇+儿童

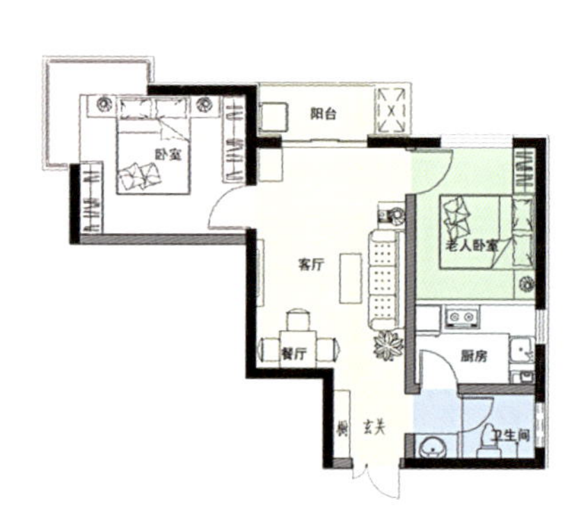

夫妇+老人

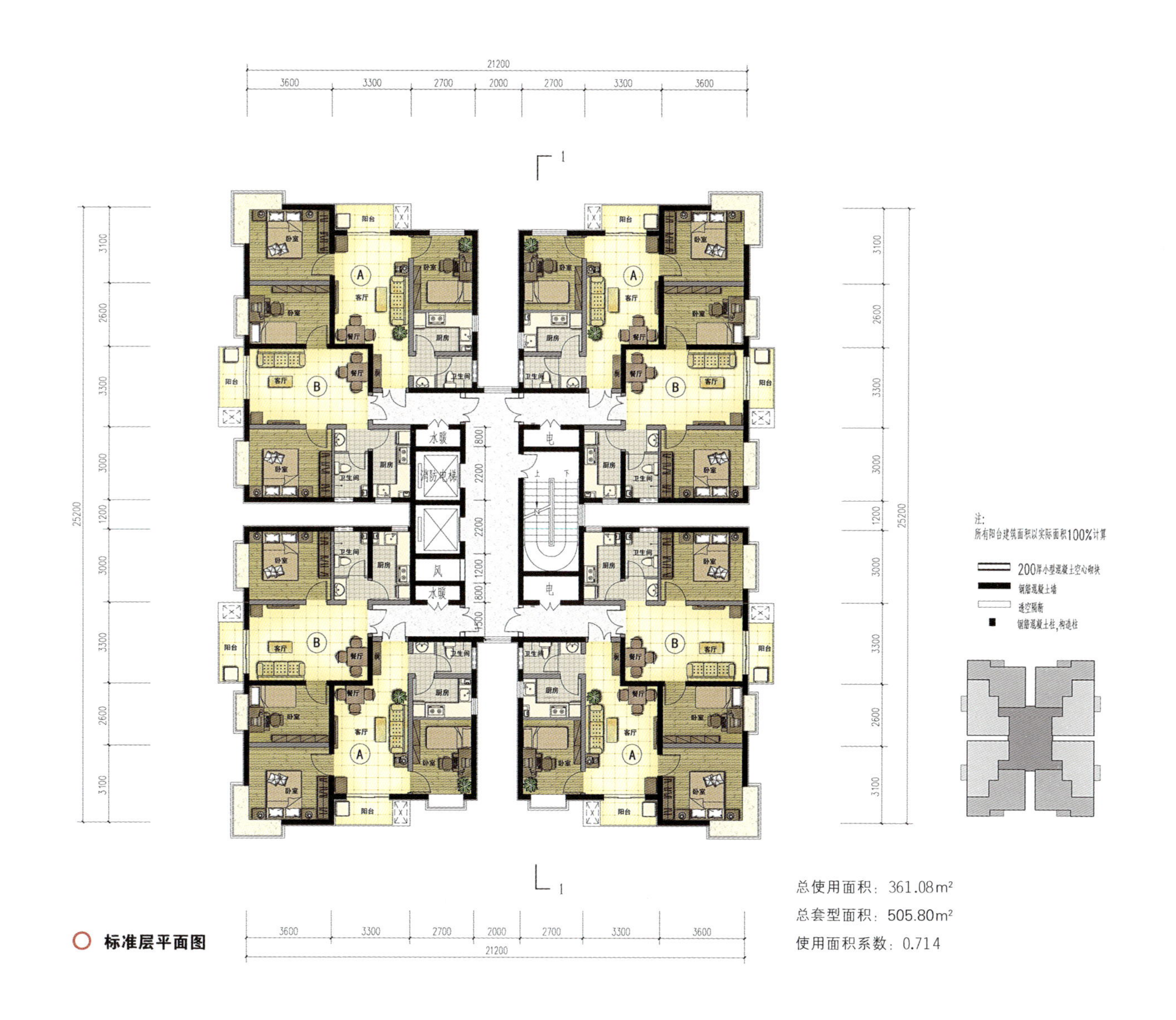

总使用面积：361.08m²
总套型面积：505.80m²
使用面积系数：0.714

标准层平面图

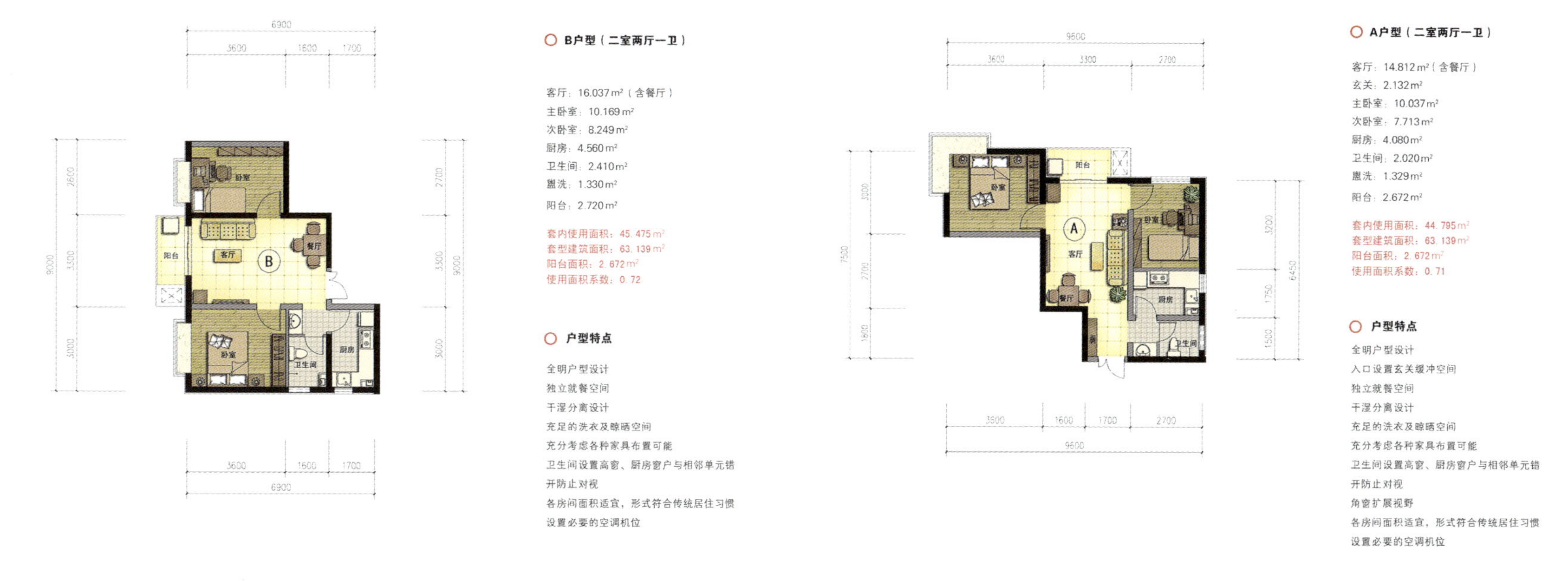

B户型（二室两厅一卫）

客厅：16.037m²（含餐厅）
主卧室：10.169m²
次卧室：8.249m²
厨房：4.560m²
卫生间：2.410m²
盥洗：1.330m²
阳台：2.720m²

套内使用面积：45.475m²
套型建筑面积：63.139m²
阳台面积：2.672m²
使用面积系数：0.72

户型特点

全明户型设计
独立就餐空间
干湿分离设计
充足的洗衣及晾晒空间
充分考虑各种家具布置可能
卫生间设置高窗、厨房窗户与相邻单元错开防止对视
各房间面积适宜，形式符合传统居住习惯
设置必要的空调机位

A户型（二室两厅一卫）

客厅：14.812m²（含餐厅）
玄关：2.132m²
主卧室：10.037m²
次卧室：7.713m²
厨房：4.080m²
卫生间：2.020m²
盥洗：1.329m²
阳台：2.672m²

套内使用面积：44.795m²
套型建筑面积：63.139m²
阳台面积：2.672m²
使用面积系数：0.71

户型特点

全明户型设计
入口设置玄关缓冲空间
独立就餐空间
干湿分离设计
充足的洗衣及晾晒空间
充分考虑各种家具布置可能
卫生间设置高窗、厨房窗户与相邻单元错开防止对视
角窗扩展视野
各房间面积适宜，形式符合传统居住习惯
设置必要的空调机位

报送单位：保定市建筑设计院

河北

“风”“光”无限的空间模块——HOME

采光窗
起居室（含过道）
18.23m²
卫生间
2.82m²
A
厨房
3.34m²
卧室
7.68m²
阳台
1.60m²
直接采光窗
卧室
7.83m²
阳台
2.52m²
A\C
生活阳台采光
阳光室
阳台
厨房
卫生间
卧室
B
起居室
11.65m²
阳台
2.46m²
起居室
19.35m²
C
卧室
走廊
卫生间
厨房
阳台
阳台
厨房
4.80m²
卫生间
2.72m²
卧室
7.95m²
D
起居室
11.65m²
阳台
2.46m²
卫生间
2.82m²
厨房
3.14m²
E
起居室
21.95m²
卧室
7.68m²
卧室
7.83m²
阳台
2.52m²

设计说明

良好的居住品质应具备以下特点：

和谐的公共社区环境

在“建立和谐社会”的倡导下，提高人民的生活品质是必须的，社区是居民生活的主载体，也是构成社会主体的细胞，建立和谐的社区环境在保障性住房的社区里更为重要，这里的人群更拥挤，公共环境更为紧张，所以本方案里把社区公共空间的处理，创建交流空间，当作一个重点。

功能的相对齐备

“麻雀虽小，五脏俱全”，不是空谈，问题是，怎样在有限甚至是很小的空间里做到这一切，本方案采用了灵活的空间分隔，满足不同功能空间的转换等方法，来达到丰富功能的要求。

通风条件的具备

本项目设计中采用“H”形的单元方式，使大部分住户具有良好的通风条件。

良好的采光条件

本项目设计中采用“H”形的单元方式，使所有的住户都有足够的日照时间和“采光”条件。

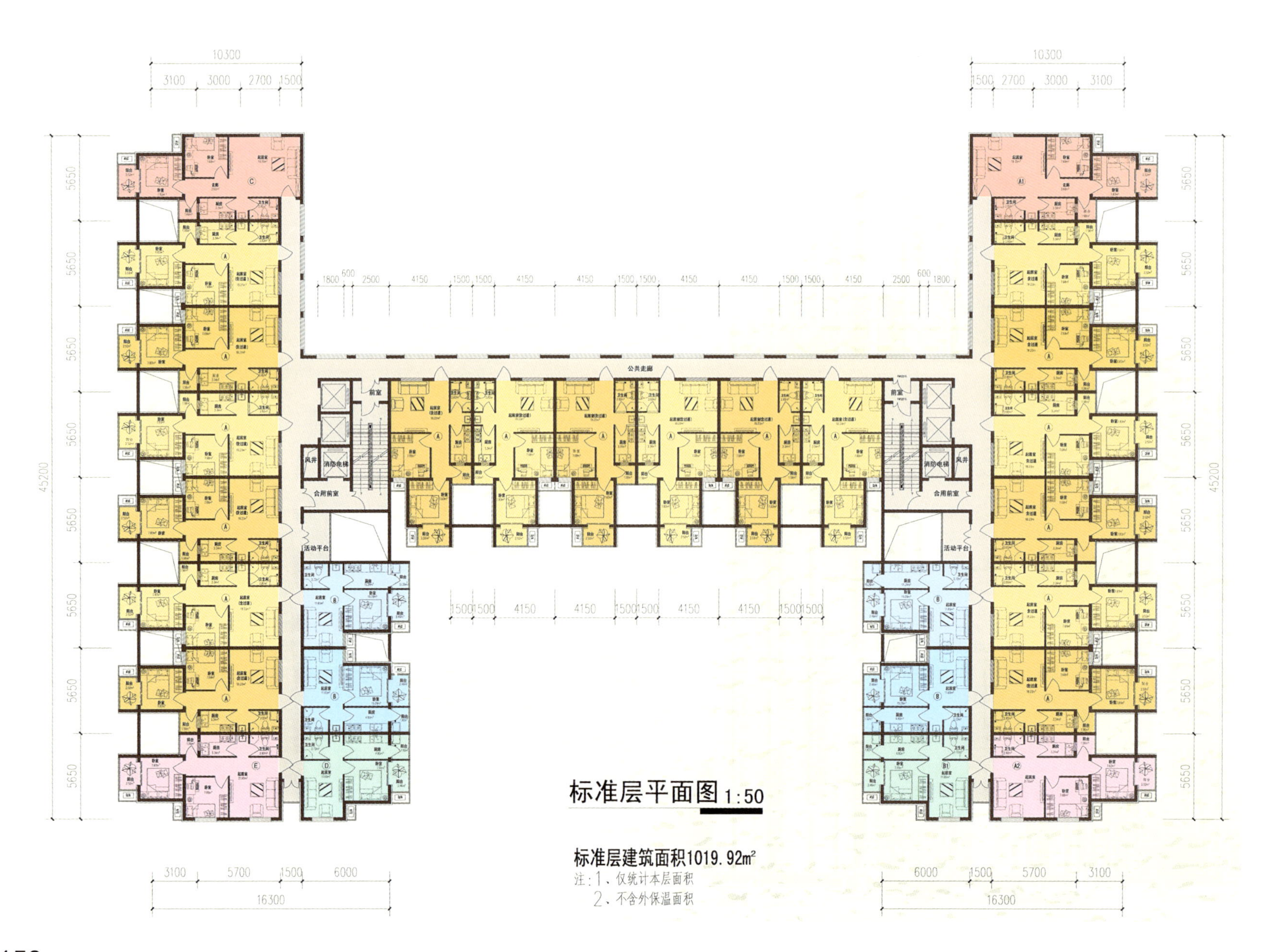

标准层平面图 1:50

标准层建筑面积1019.92m²
注：1、仅统计本层面积
2、不含外保温面积

产业化说明

一、住宅选址

保障房住宅小区选址在临近城市交通站点附近，配套服务设施齐全，以减轻区内居民基本的生活消费。周围有超市，医院，学校等公共设施。

二、建筑模式采用集中式

在城市选用一块独立的用地，进行保障房建设，有利于管理，避免与其他类住宅用户之间的矛盾。因为保障性用房的物业缴费、停车设施、配套设施都区别于其他性质的住宅小区。所以独立设置更有利于它的健康发展。

三、建筑单体模块化布置

单体成一个“H”形的固定模块，景观也成为固定模块，可以在不同地块内任意的布置，实现保障性住房的普及和批量生产。

四、建筑立面风格简洁大方

保障房力求低成本，低能耗，环保，与城市环境协调，方便工业化生产，采用高耐久性的材料。所以立面简洁，朴实，大方，材料经久耐用，处理中拒绝一切华而不实的装饰，真正体现经济、美观、实用的建筑理念。

五、建筑平面部局

套型布局标准化，交通核紧凑化，外轮廓规整化，公共部分通透化，结构规整化，管线布局优化，厨卫空间模块化平面采用“H”形平面组合形式，两处交通核集中布置，管井集中布置，户型采用统一的标准户型有规律地排布，厨卫空间统一成标准化设计，便于工厂化统一生产安装、布置。

六、户型设计以经济适用房为设计标准

廉租房为60m^{2}左右的户型，完全符合住宅设计规范的要求，功能齐备，居住舒适，通风采光优良。适合家庭长期居住。

七、工程材料设备分析图

保障房建筑材料使用符合国家和行业产品标准，符合设计、施工规范要求的产品。外墙采用及加气混凝土砌块，钢筋混凝土墙，外装修采用耐候外墙涂料。

保温材料采用A级燃烧保温材料岩棉水泥复合板。外窗采用传热系数小于2.8W/m^{2}的中空玻璃塑钢窗。采用太阳能热水系统。电气干线采用厚壁导管等措施。推广应用先进、成熟、适用、安全的新材料。

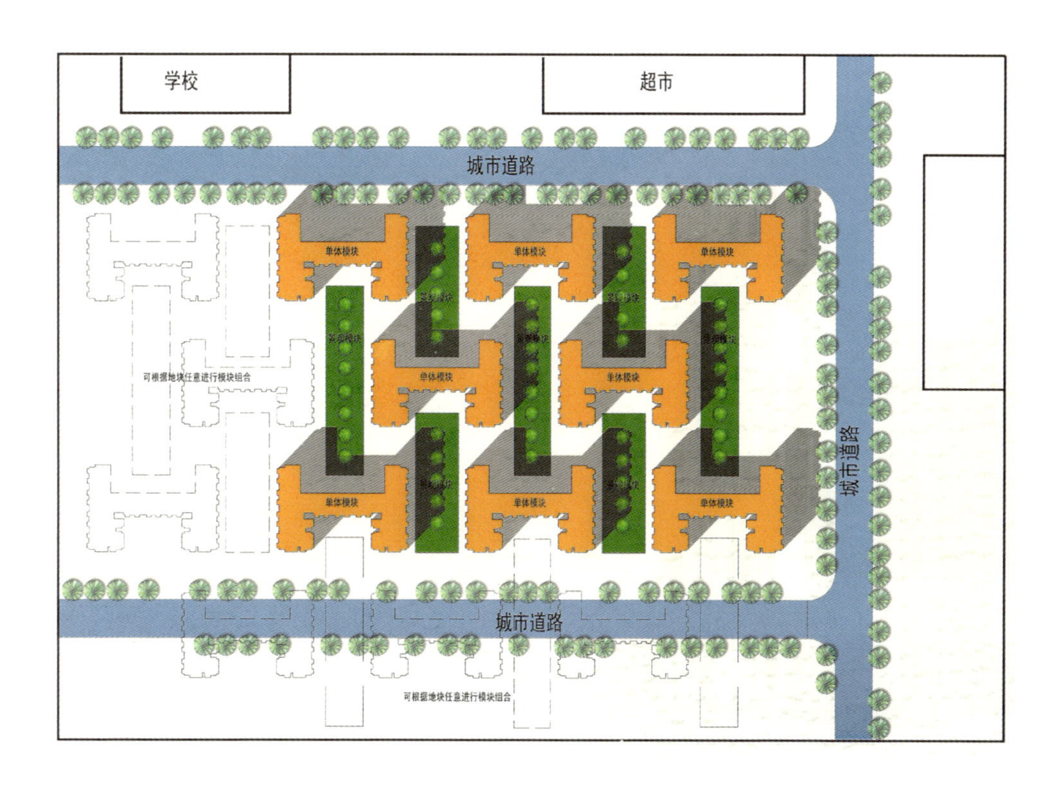

报送单位：哈尔滨工业大学建筑设计研究院

黑龙江[1]

（营口市经济技术开发区）芦屯镇保障性住房建设项目

① 该项目位于辽宁营口，“黑龙江”是报送单位所在省份，并非项目所在地。

项目概况

本项目位于营口市鲅鱼圈区卢屯镇，项目用地西侧有沈大高速公路，东侧有南北城市干道——哈大路，用地南北两侧各有规划的城市支路。由输油管道的绿化隔离将地块分为东西两个地块，用地形状为长方梯形，南北长330m，东西最长为890m，较为完整。用地周边现状为农田，未来是建设开发用地，而输油管线隔离带恰为本项目提供了唯一的绿色景观资源。卢屯镇是鲅鱼圈的重要的发展区域，对本镇的农耕用地和村庄用地进行集中整合，加快城市进程并提高农民生活品质是本项目设计的目的。

技术经济指标

项目		面积	面积比
总用地面积		239222.71m²	
总建筑面积		44805.19 m²	
其中	住宅建筑面积	391841.15m²	
	17层高层住宅面积	280847.38m²	71.67%
	12层高层住宅面积	110993.77m²	28.33%
	公共建筑面积	56210.79m²	
	超市建筑面积	1997.06m²	3.55%
	小学建筑面积	9270.15m²	16.49%
	幼儿园建筑面积	4092.36m²	7.28%
	社区活动中心建筑面积	3286.62m²	5.85%
	商业网点建筑面积	32139.92m²	57.17%
	商业网点和农贸市场综合体建筑面积	5424.68m²	9.65%
用地指标	容积率	1.87	
	建筑占地面积	46146.88m²	
	建筑密度	0.19	
	绿地率	54.21%	
	总户数	6022	
停车数	室外机动车	768辆(20736m²)	
	自行车	6144辆(3216m²)	

设计说明

根据本项目用地呈长方梯形的形态特点，我们对地块进行组团划分和公共空间组织。将用地分割成五大一小的六个部分，小块部分在用地中心偏南侧，是区域的教育配套用地，其他规模相当的区域为居住组团用地。组团式空间设计保证了居住空间的私密性，公共空间带连续通畅，衔接了社区的集中商服区、教育配套区、绿化隔离带生态公园，是社区交流生活的重要载体。由于公共服务带东西贯穿用地，教育设施和商服的服务半径大大减小，便捷的城市新生活将被完美展现。

整个项目建筑规模达到45万m^2，容积率为1.89，建筑以11层和17层为主。

建筑设计布局尽量采用错落式布局，避免每栋楼的视线干扰，建筑注重端头户型的设计，充分利用采光资源，建筑户型设计以50~80m^2/套为主，根据村民生活需求，50m^2户型设计成一室半户型，60m^2设计成小两房，70~80m^2设计成标准2房，少量的100m^2三室大户型则为较大家庭设计。

建筑风格以简欧风格为主，建筑材料为暖色涂料为主，屋顶设计根据形体关系设计成大挑檐坡屋顶，营造洋房的居住感觉。

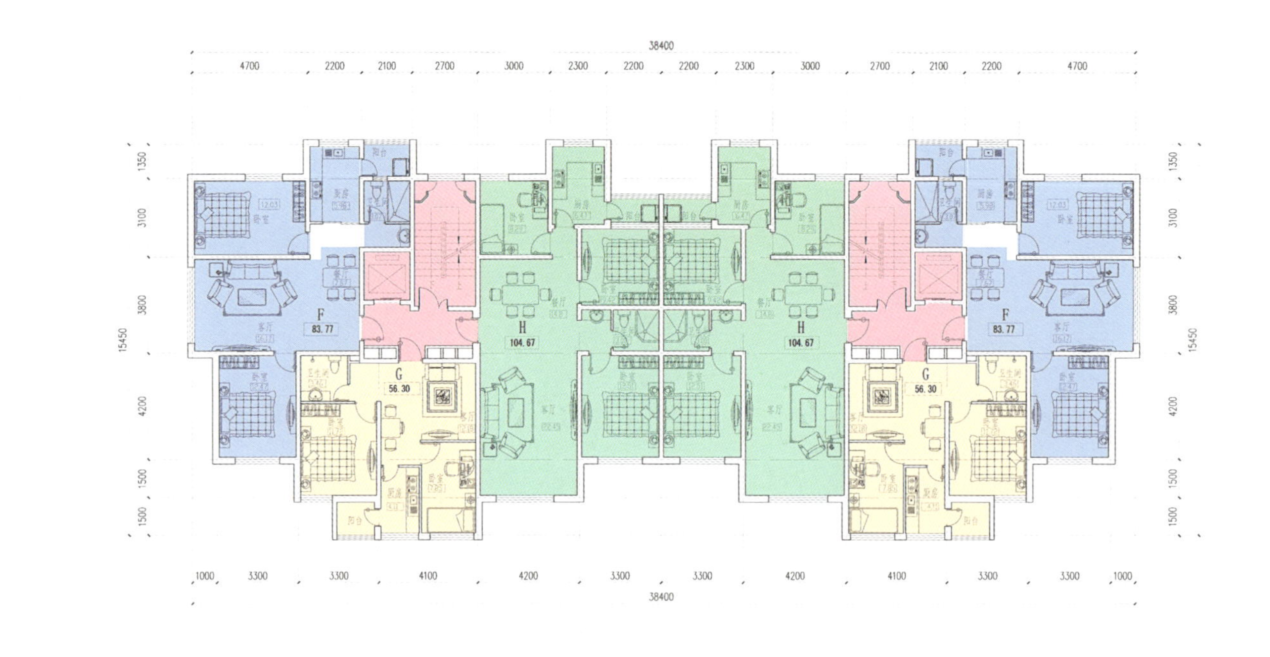

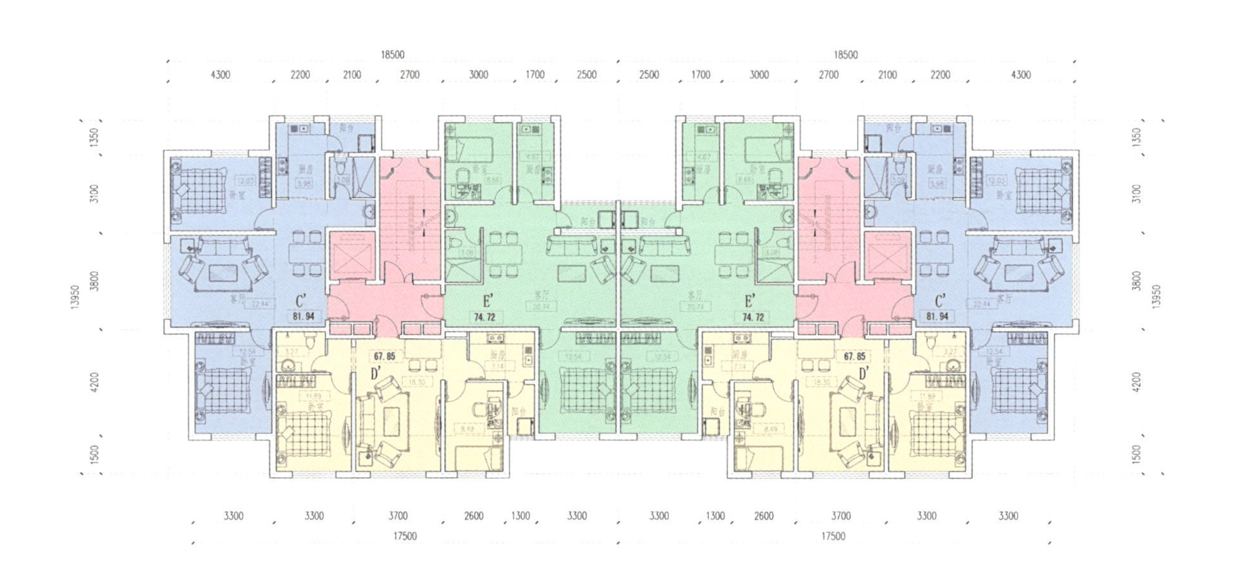

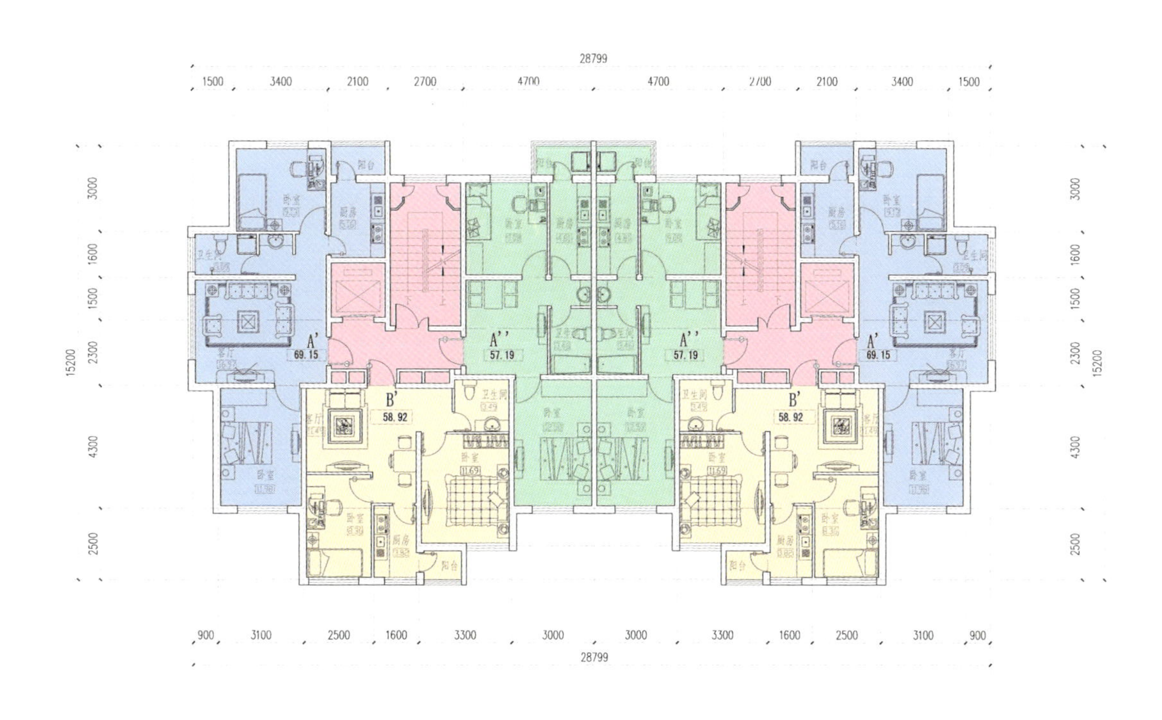

产业化说明

1. 以农村集会为模式基础的商业街规划，以公共空间带动社区活力。

2. 以短板高层住宅为主，满足高容积率的同时，形成花园式社区景观，规划也体现了住户景观均好。

3. 套型以一梯多户为设计原则，满足北方住宅的朝向的同时，也实现了住宅公摊最小。套型布局种类多样，但设计标准以农村生活现状为准，以小面积多居室为设计原则，在50m²住宅设计中，设计可变的两居室的布局，提供最大的居住便利。

4. 社区管理由完善的物业支撑，并配置小学和幼儿园设施。

报送单位：长沙市建筑设计院有限责任公司

湖南

百变模块

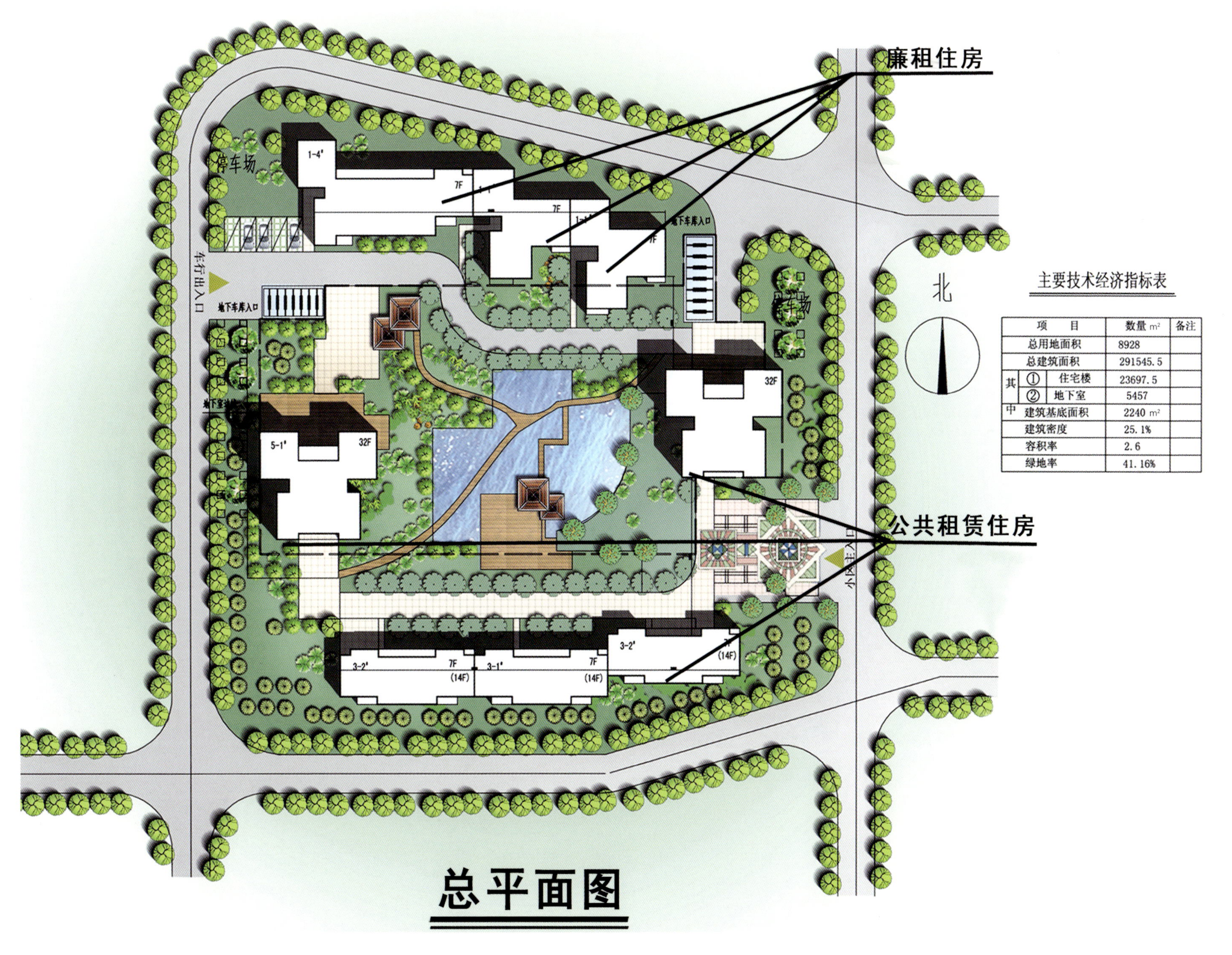

主要技术经济指标表

项目			数量 m²	备注
总用地面积			8928	
总建筑面积			291545.5	
其中	①	住宅楼	23697.5	
	②	地下室	5457	
建筑基底面积			2240 m²	
建筑密度			25.1%	
容积率			2.6	
绿地率			41.16%	

总平面图

设计说明

1. 建筑标准化工业化。本设计开间为6m ,进深7.2m（6.9~8.7m）的一块整板。结构规整合理，适合做半地下、地下车库。适于底层做商业服务、物业建筑。

2. 住宅套型多样化。可以两代、多代人居住，同时考虑建筑寿命长期性（50年以上），适应时代的需要。结构规整可做不同的改造。

3. 考虑了舒适性：环境、通风效果好，明卧、明厨、明卫、明廊，干与湿、私密与公共，分区明确。套间空间尺度及比例良好，储物、洗衣机、阳台功能齐全。

4. 结合室内装修，用轻质材料、透明玻璃、毛玻璃、家具及新材料作隔断。依据套型需要，家具可做固定、折叠、移动。

5. 单元多元化。单元组合有直线式、点式、尽端式，组合各种不同的单元形式，建筑长度可长可短，单体错位夹角可大可小。建筑有多层、中高层、高层，有利结合外部环境的地形、地块、形体组织，丰富空间，做到节地。

6. 建筑设计与太阳能设计一体化（包括立面、管线等），结构规整，管线集中，厨、卫一体标准化。

7. 将公共走廊部分扩宽0.6m，增加绿化，有利于邻里交流，使建筑成为生态、个性化的建筑群体。

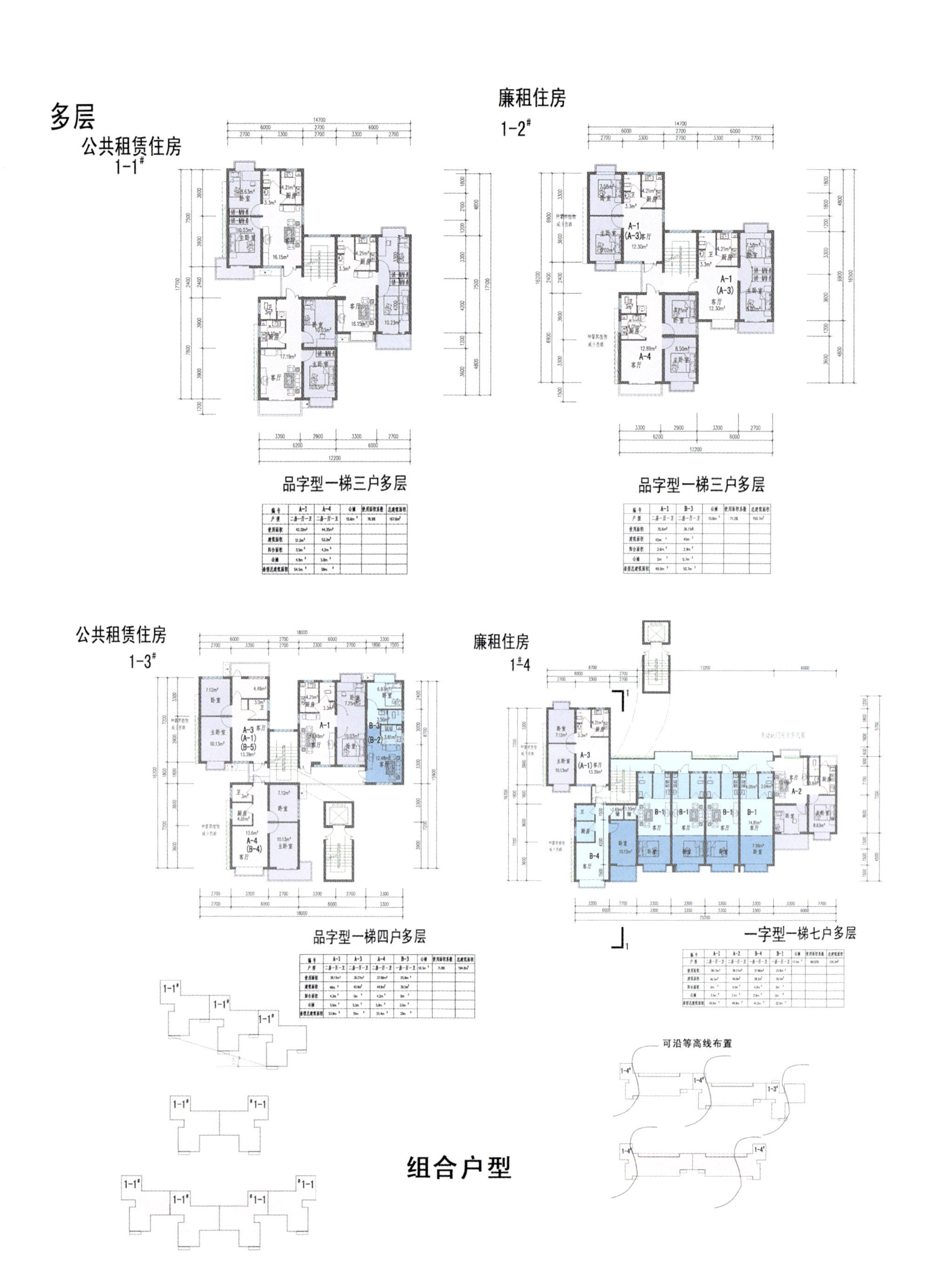

A基本体

6000
7200
(6900-8400)
二房一厅一卫
套型面积为48.8m²
(套型面积44～53.3m²)
A-1
厨房 4.21m²
3.3m²
卧室 7.25m²
客厅 13.48m²
卧室 10.23m²
套型面积为48.8m²
适合中间、尽端单元
A-2
8.22m² 卧室
4.1m² 厨房
3.8m²
主卧室 9.72m²
客厅 13.18m²
套型面积为51.6m²
阳台面积为5.6m²
适合中间、尽端单元
A-3
7.13m²
厨房 4.49m²
卫 3.47m²
卧室 10.13m²
客厅 13.16m²
套型面积为50.9m²
阳台面积为4.2m²
适合中间、尽端单元
变 形
A-4
卫 3.0m²
厨房 4.01m²
卧室 6.32m²
客厅 13.6m²
卧室 9.72m²
套型面积为45.5m²
阳台面积为4.2m²
适合尽端单元

报送单位：吉林建筑工程学院

吉林

精致在这里绽放

项目概况

本项目一梯三户，分a、b两个套型，两个套型均交通面积小，空间序列安排合理有序；房间宽敞明亮，尺度宜人；卫生间功能完善，朝向隐蔽；餐厅与厨房相邻，流线清晰合理。为达到套型的适应性与灵活多样性，设计了多种空间分割方案，满足不同人群的不同需求，在有限的空间内创造精致的舒适生活。

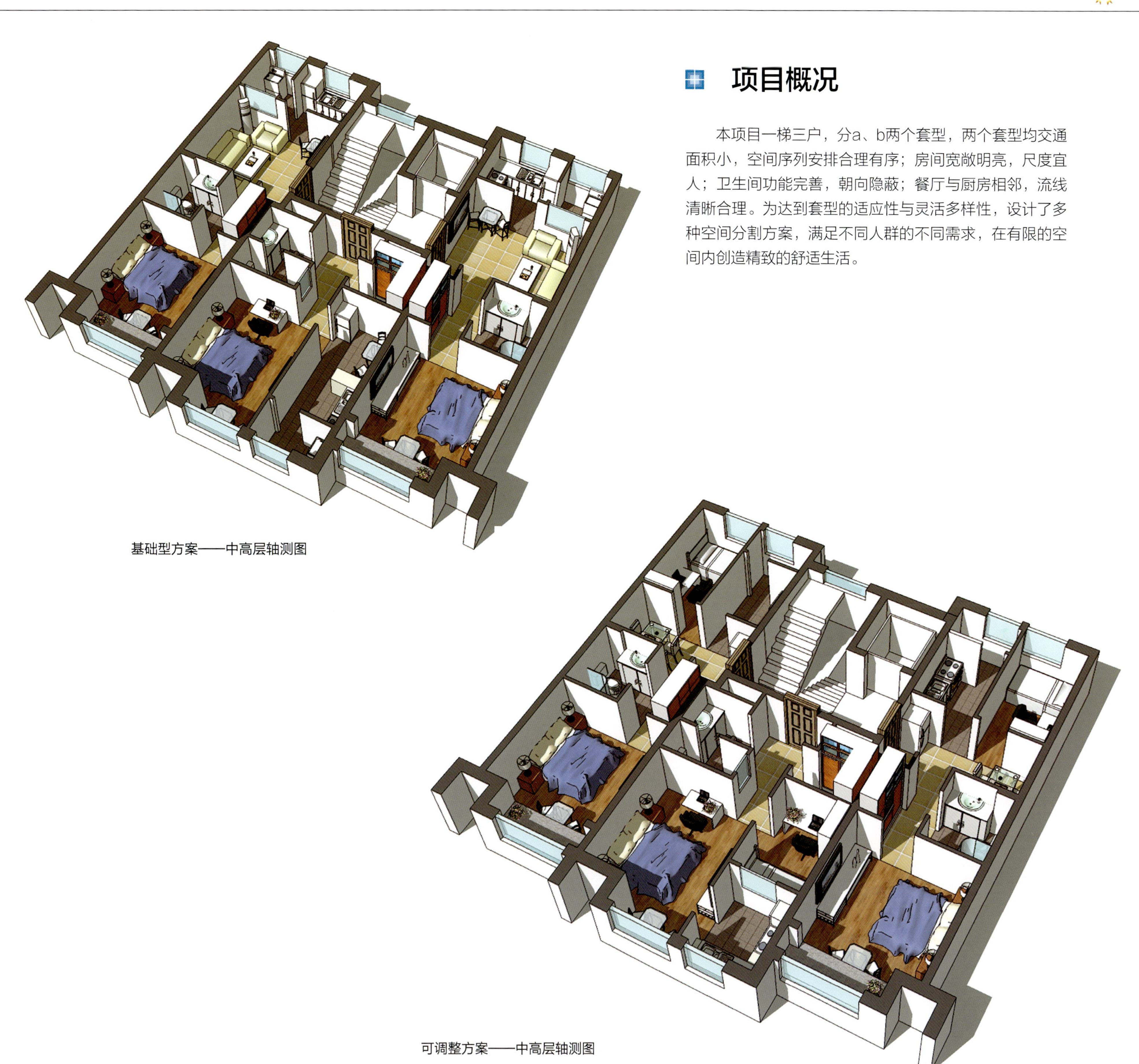

基础型方案——中高层轴测图

可调整方案——中高层轴测图

设计说明

设计理念

以节能省地为前提，着力提倡住宅精细化设计，努力追求在有限的空间内创造更舒适的环境。做到“小”处着手，“小”有可为，充分调动空间的“积极性”，提高居住环境的舒适度。

设计亮点

细处的鞋柜摆放、衣柜设置，不仅节约走道空间，更提升室内环境品质。功能分区明确，布局紧凑，公共空间与私密空间的关系处理得当。

套型平面布局紧凑，利用率高。功能细化，尺度合理，有效组织功能流线，满足日常要求，功能齐全，可改性强。坚持以人为本和土建装修一体化设计，强化住宅细部功能，在有限的空间内创造较高的舒适度，南北通透，采光通风俱佳。

小开间大进深，有利于节约土地，外形轮廓整齐，有利于节约能源，做到了造价不高水平高，面积不大功能全，占地不多环境美。

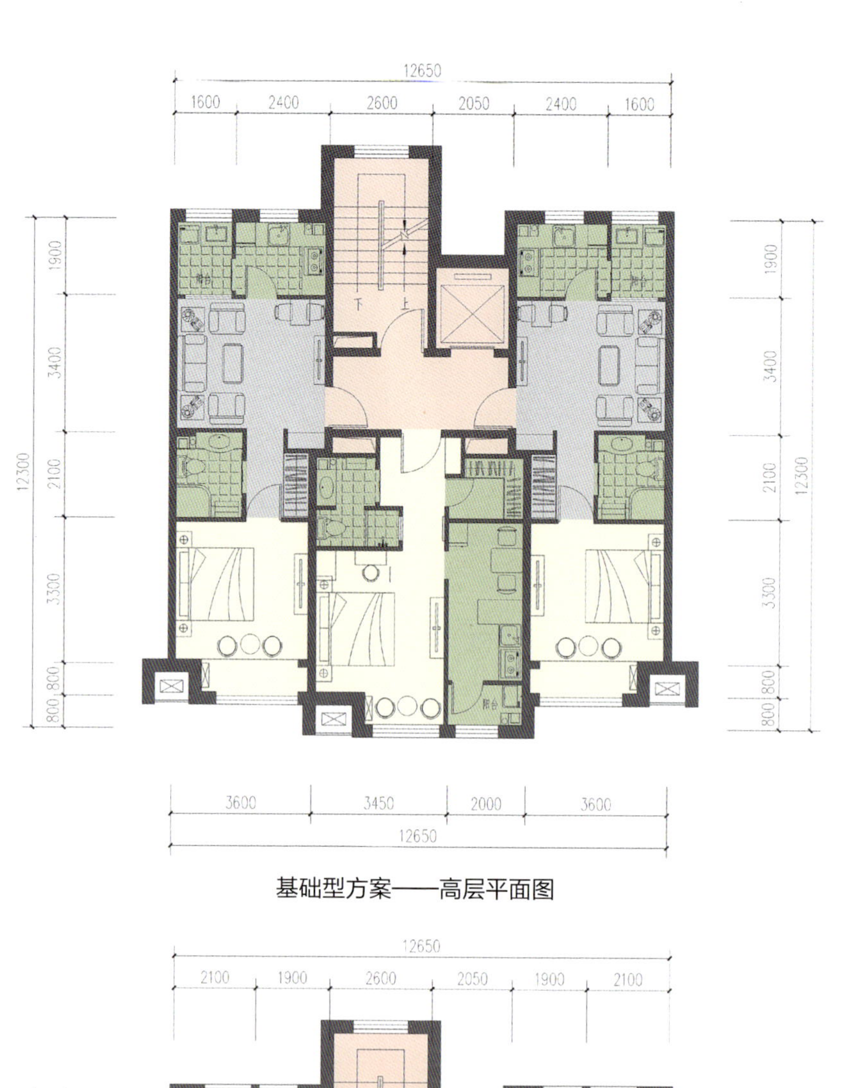

基础型方案——高层平面图

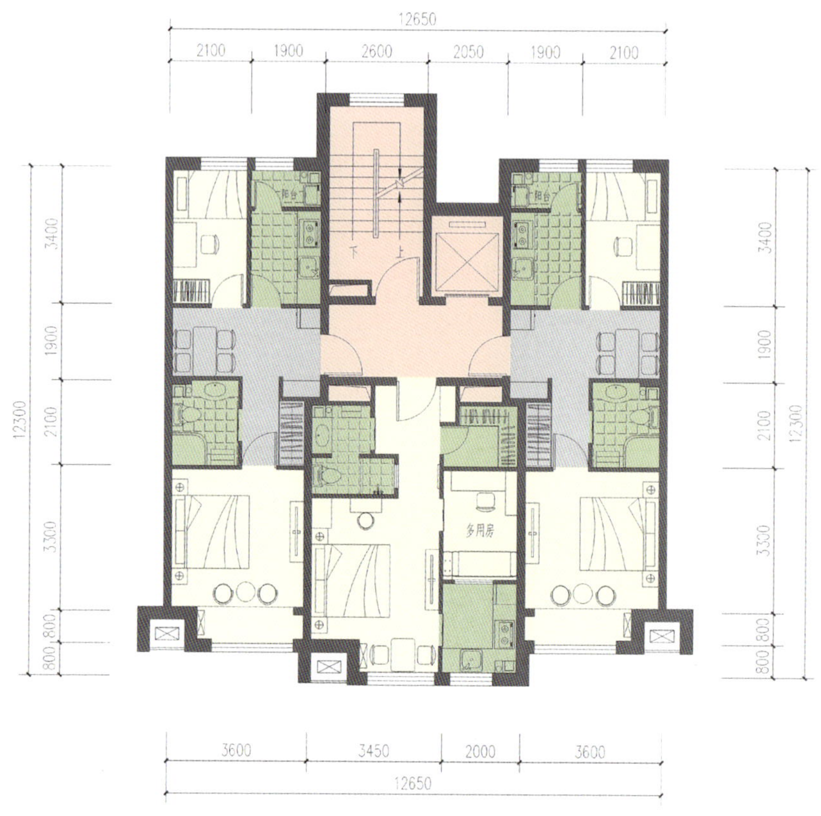

可调整方案——高层平面图

产业化说明

住宅产业化是住宅发展的大趋势之一，它能有效提高劳动生产率，具有“连续性、标准化、集成化、规范化、机械化、技术生产科研一体化”等方面的特点。

一、标准化

本方案的开间、进深、层高、墙垛等尺寸采用模数化设计，楼梯、卫生间、厨房尽量采用统一规格，有利于设备的选择、安装，有利于机械化的大规模生产。

二、系列化

本方案的住宅部件、设备尽量考虑系列化、通用化的产品，有利于卫生器具、烟道、散热器、厨房设备、经济型电梯等建筑产品的系列化开发、规模化生产和配套化供应。同时，本方案可适合多层、中高层、高层等系列化需求，有利于开发系列住宅产品。

三、体系化

本方案中的墙体分为三个体系，100厚内隔墙采用工业化生产、现场组装的轻质GRC墙板；200厚内墙采用多孔砌块分户墙，保证隔声要求；外墙采用多孔砌块，外粘大块成品保温板，施工方便。

四、工业化

本方案所用的100厚内隔墙、门窗、厨卫设备、成品烟道、空调架栏杆等均可采用工厂生产的产品进行现场安装，能有效节省工期，同时可节约资源。

五、规模化

本方案建筑的体形系数小，占地面积小，除在节约资源、节能环保方面有突出表现外，同时由于适合北方寒冷地区的气候特征，满足安全、生理、心理等多方面的基本生活需求，有利于保障性住房的大规模推广。

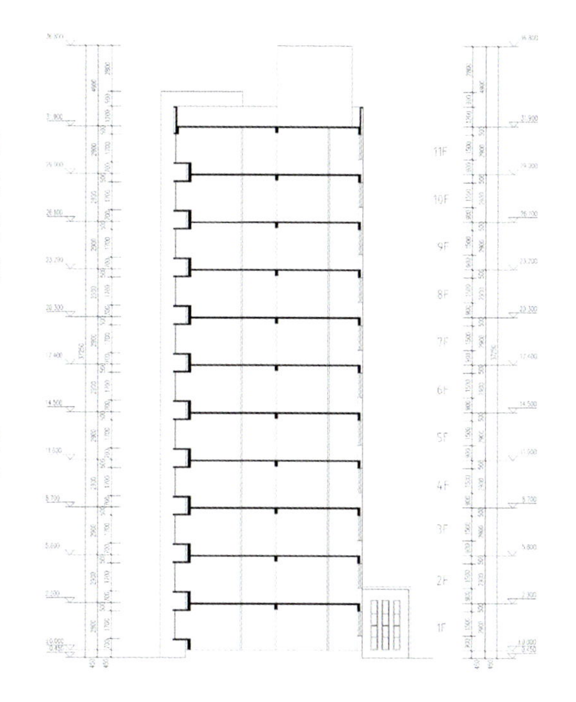

基础型方案——单元组合平面图

报送单位：内蒙古维都工程设计咨询有限责任公司

内蒙古

潜伏

组合平面

潜伏设计：由保障性用房变为老年公寓

老年公寓平面

设计说明

项目定位

本方案定位为北方中小城市的保障性住房，主要针对两种典型家庭进行设计，A套型为三口之家，B套型为两口之家。建筑采用剪力墙结构。若用于6度设防地区，可采用7层的混合结构，以提高其适用性。

设计创意

当前，北方中小城市保障房的需求很大，而面对土地资源紧张、建设成本高涨，保障房建设给各地政府带来很大压力。长远看，保障房的高需求是阶段性的，随着经济发展，该需求将呈先高后低的走势。几十年后，先期建设的大量保障房，其可持续发展的问题将摆在所有人面前。

针对以上情况，本方案主要创意如下：① 结合地区发展实际，本着“因地制宜，就地取材”的原则，合理选用建筑结构形式，实现成本控制。② 套型设计以解决普遍性问题为主，用便捷、合理、可变的空间组织，来适应居住者多变的使用需求，充分体现“小面积全功能，小面积高品质”的原则。③ 简洁的套型必定使得结构问题更容易，便于推广，符合住宅产业化发展的理念。④ 未来建筑通过适当改造，可适应新的社会需求，延长使用寿命，实现公共资源的高效利用。

设计亮点

1. 套型简洁，结构明确
2. 未来可整体改造为老年公寓
3. 利用集中式太阳能集热系统解决热水供应

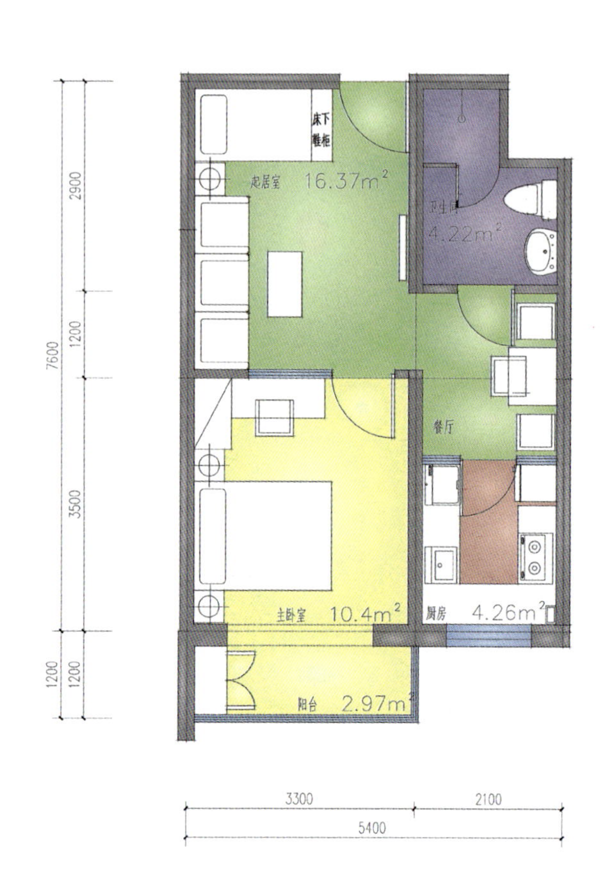

产业化说明

住宅的标准化设计是实现住宅产业化的重要前提，而明确的定位是进行标准化设计的基础。本方案定位为北方中小城市的保障性住房，主要针对两种典型家庭进行设计，同时建筑内部全部实现无障碍设计。

一、户型功能明确，结构关系清晰，便于实现规模化工业生产

住宅的规模化工业生产是实现住宅产业化的重要手段，本方案设计功能明确，结构关系清晰明了，只要本着因地制宜的原则，不论采用哪种结构形式都很容易调整，适应性广泛。这为实现规模化工业生产创造了很好的条件。

二、保障性住房以政府为主导，便于实现生产、经营的一体化

目前大批量建设的保障房以政府为主导，正是实现住宅工业化和标准化的契机。工业化、标准化能加快住宅建设速度，提高住宅品质。同时以政府为主导也为未来保障房的经营和管理创造了一个公正的平台。

三、采用太阳能集热技术，有效提高建筑的节能水平

保障房的建设中，要注意相应配套部品的创新设计，可有效提高建筑的综合性能。本方案设计中，考虑到北方地区全日照天数较多，在建筑顶部采用了技术比较成熟的集中式太阳能集热系统，解决建筑的热水供应问题。

四、潜伏设计，延长了建筑的生命，实现了公共资源的高效利用

保障房的需求是阶段性的，公共资源的有效合理的利用，是住宅产业化的核心目标。本方案的最大亮点正是从更高的视角看待建筑的有效使用寿命，其中的潜伏设计是可将保障性住房改造为老年公寓，从而延长建筑使用年限，实现广义上节能目标。

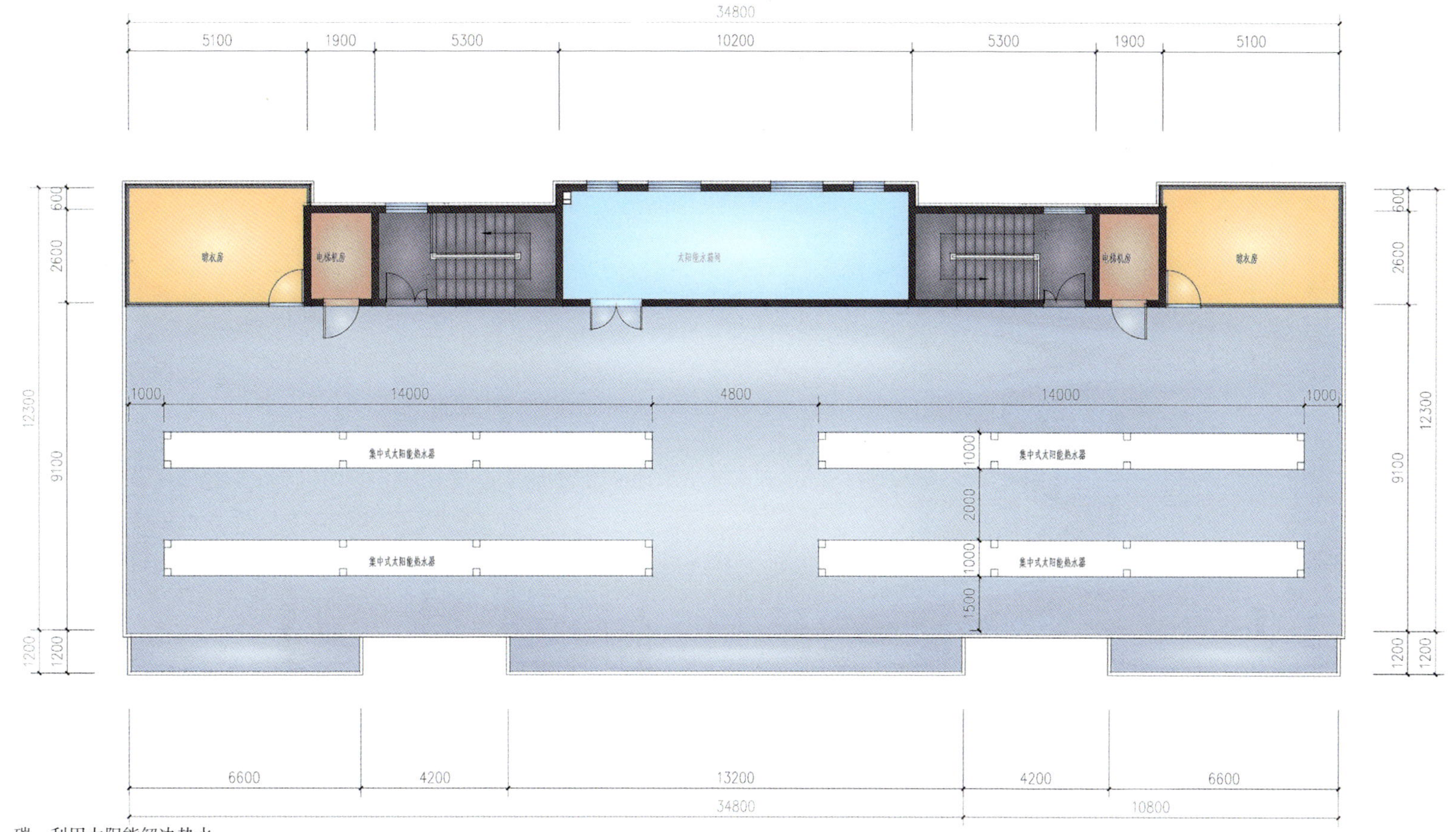

低　碳：利用太阳能解决热水
晾衣房：有效解决紫外线衣物杀菌

屋顶平面

报送单位：中冶赛迪工程技术股份有限公司

重庆

和谐人居

项目概况

本项目位于重庆市两江新区鱼复工业园鱼嘴镇，总用地面积约107082m^2。

设计说明

设计理念

1. 经济合理、舒适宜居。

2. 因地制宜，回归舒适宜居的生活。

3. 以环境为核心展开规划设计，打造重庆山地的生态景观住宅小区。

设计亮点

1. 规划思路

以“大空间、大环境”为本居住区规划设计的基本理念，着重从人的居住舒适性、愉悦性和空间感受出发，引入人文精神和生态理念，规划设计成宜居的、功能完备的生活居住区，充分体现“宜居重庆，森林重庆”的精神。

2. 景观设计

遵循“理”和“造”的思路。“理”即理山和理水，将自然人性化，原则是尊重现状，利用现有山势，减少土方量，目标是针对地貌加以整理、改造，使得场地标高、台地组团能平衡且成系统。

“造”即造景。就是把自然的景观，通过对景、借景等园林手法引进居住区，成为建筑的一部分。

3. 建筑设计

建筑色彩以浅赭灰色为主调，配以局部深赭灰色和白色，高层住宅通过立面阳台的线条变化、色彩对比，总体形象简洁、现代、大气。

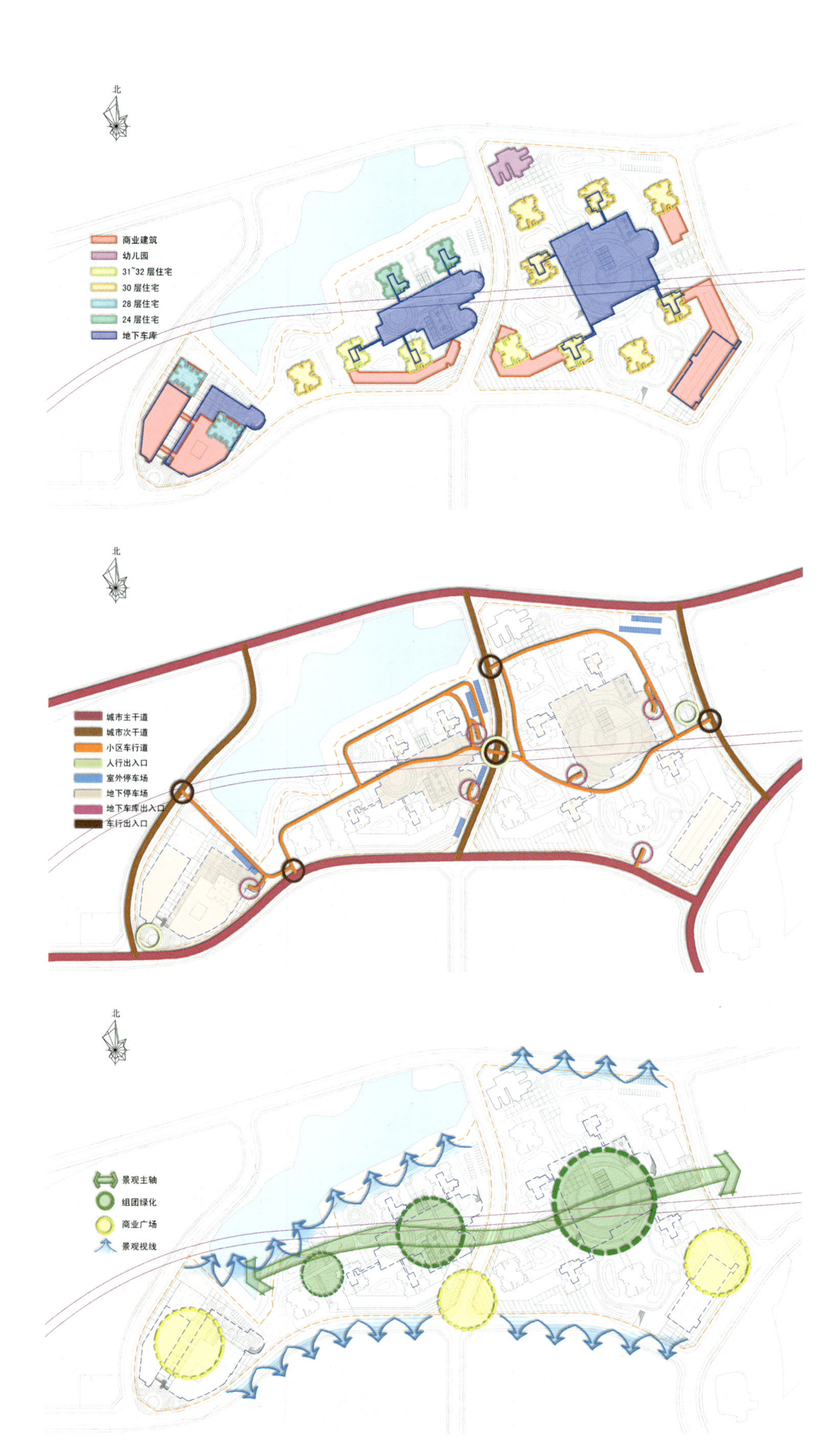

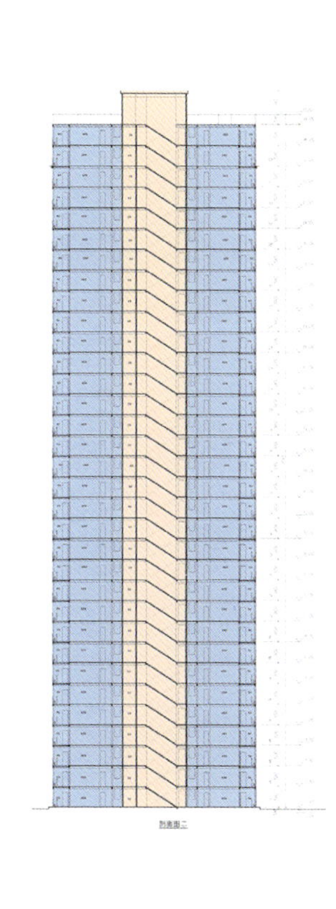

产业化说明

1. 功能性设计

住宅套型设计考虑不同户型的适应性、灵活性。设计中注重大、中、小套型合理搭配，根据家庭结构的差异，户型可灵活分隔，满足居住者的阶段性生活要求。

2. 标准化设计

① 建筑构件模数化。

建筑构件模数化质量控制性强，便于施工，节约环保。

② 内部装修标准化。

标准化的内装部件更符合人体工学尺度，有利于降低建造成本，缩短建设周期。

采用标准化的卫浴设施；标准化的厨房设施；标准化的外窗。

整体设计、整体施工，更加美观安全。

③ 管道竖井集约化

户内管线不垂直穿楼板，集中于户外管道竖井，便于检修。

用水空间集中，且临近户外管井，节约管线长度。

3. 节能设计

建筑物布置大部分朝向南、北方向，有利于采光、通风，局部因为地形原因而东西向布置的楼栋考虑设置外部遮阳挑板。外墙拟采用保温性能较好的加气混凝土砌块或节能型多孔页岩空心砖砌块，建筑外墙面拟采用无机保温砂浆，屋面保温层采用泡沫混凝土。外门窗一般采用气密性良好的塑钢门窗，玻璃选用双层玻璃。

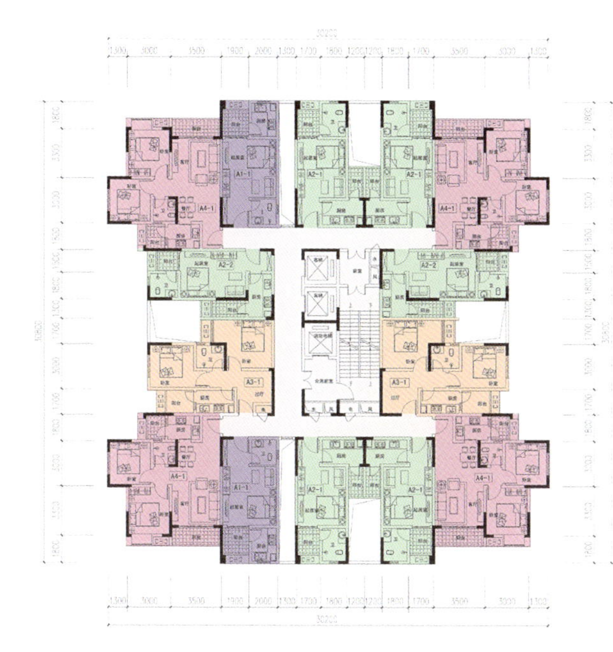

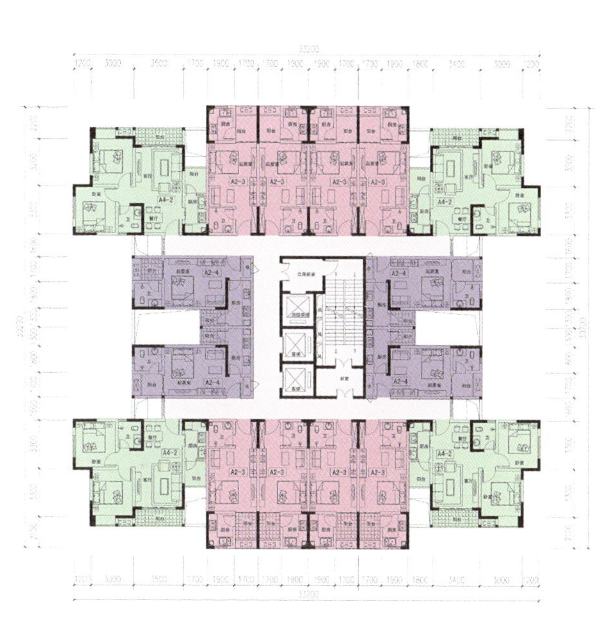

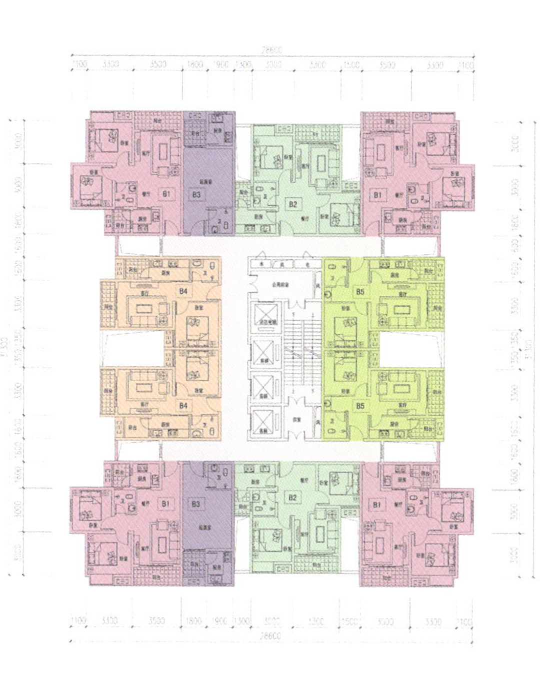

报送单位：衡源德路工程设计（北京）有限公司、山西省建筑设计研究院联合体

重 庆

重庆市公共租赁房——民心佳园

项目概况

本项目位于重庆市渝北区鸳鸯镇，北临机场高速，南临童家院子立交桥和渝长高速公路，新建轻轨线直接与本区连通作为小区主入口，交通便利。主要的配套设施、公共建筑、广场均配置于新建轻轨站，创造出自给自足、便利的居住模式，同时配备了一个36班小学和两个幼儿园。

序号	户型	面积范围（m²）	户数（户）	比重（%）
1	单间配套	31.14~38.36	4757	26.8
2	一室一厅	47.11~48.02	7702	43.5
3	两室一厅	59.81~75.64	4105	23.2
4	三室一厅	79.35	1146	6.5
合计			177710	100

综合技术经济指标

项目	计量单位	经济指标	备注
总用地面积	m²	336300.89	
居住户数	户（套）	17710	
居住人数	人	44275	
总建筑面积	m²	1102322.01	
一、功能性质分			
1）住宅建筑面积	m²	936631.59	
2）商业面积	m²	42673.18	
3）小学、幼儿园	m²	18439.07	
4）社区服务及物管用房	m²	21330	
5）地下车库及设备用房	m²	83248.17	
二、按地上地下部分分			
1）地上建筑面积	m²	1019073.84	
2）地下建筑面积	m²	88481.27	
停车泊位	辆	3327	
1）地面	辆	814	
2）地下	辆	2513	
容积率		3.6	
建筑密度	%	19	
绿地率	%	35	

设计说明

设计理念

规划目标及布局是以生态人居为核心理念，提高环境质量，强调以人为本，处理好人与建筑、人与交通、人与绿化、人与空间以及人与人之间的关系，从整体上统筹考虑建筑、道路、绿化空间之间的和谐。

设计亮点

套型设计：鸳鸯组团设置的两种标准层楼型均为“井”字形点式高层，住宅套型多样，以满足不同居住对象。套内房间沿周边布置，充分利用可采光外墙，以达到较为理想的通风、采光效果，明厨明卫，且住户的公共交通距离压缩到最小。

保温节能设计：采用外墙自保温系统，冷桥部位采用无机保温材料——玻化微珠，大大降低了保温系统的成本。

装修设计：针对不同面积的套型，严格细致地划分各套型内部空间的居住、活动、储物、交通空间。

景观设计：中心组团最大的是以运动、休闲为主题的集中式花园，综合服务于整个社区。建筑设计结合了建筑与其楼前环境，形成独有的环境单元，充分注重了绿色景观的立体化。

立面设计：采用现代建筑的设计手法，充分尊重并考虑重庆地方特色的建筑设计理念，建筑色彩以白色为基调，配合局部深灰色，保证了建筑的整体效果。

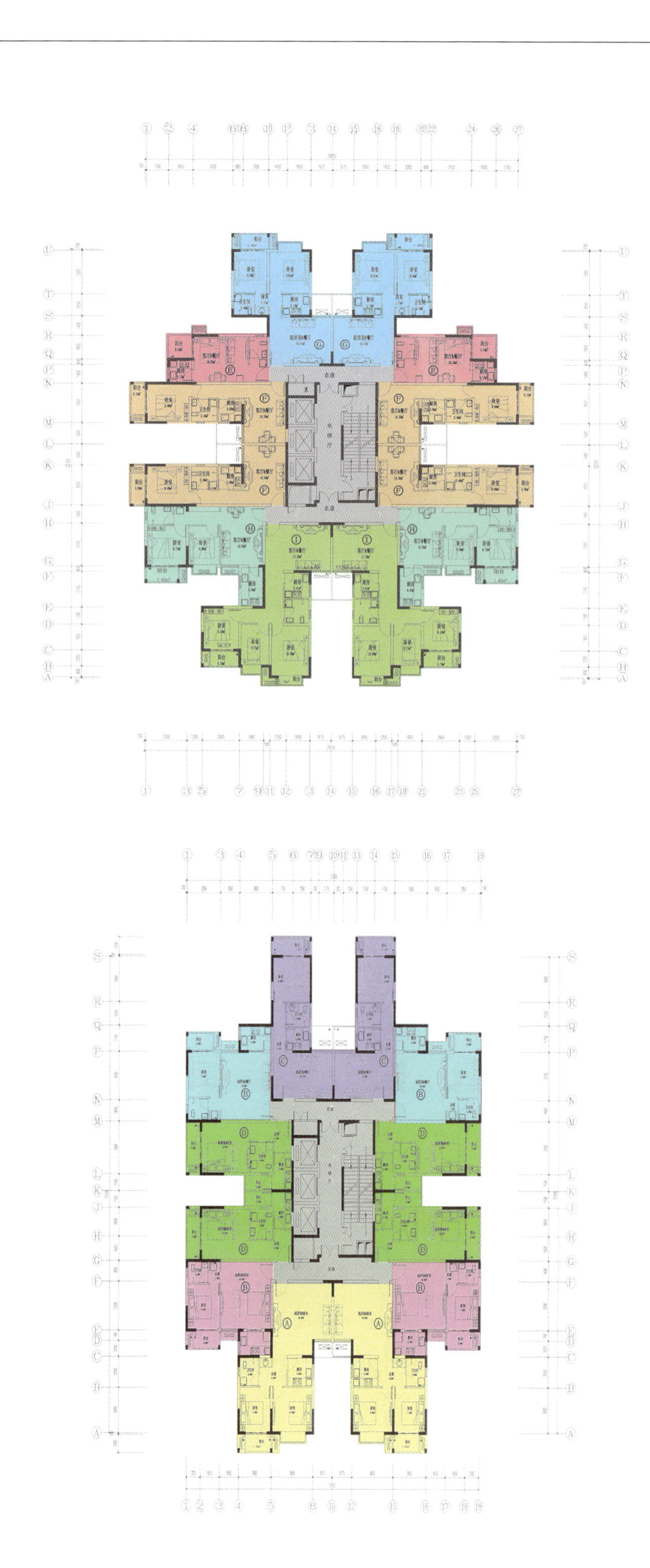

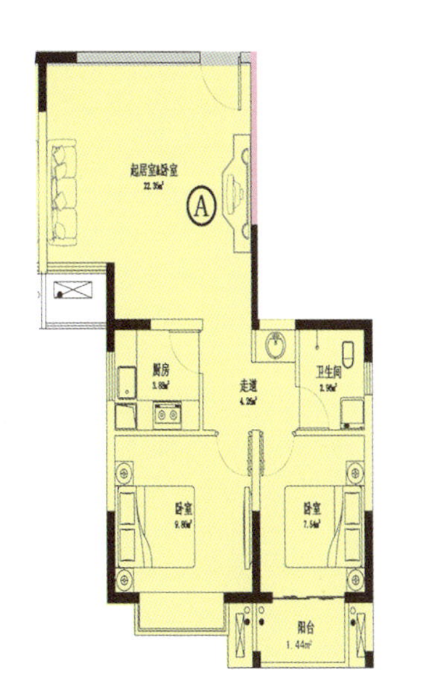

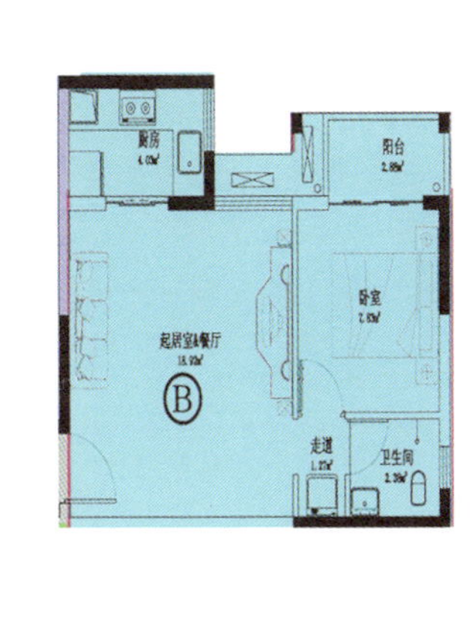

编号	房型	套内建筑面积(M^2)	阳台面积(M^2)	公摊面积(M^2)	建筑面积(M^2)
A	两居室	63.68	1.44	10.52	75.64
B	一居室	34.61	1.44	6.60	48.02

A、B户型示意图

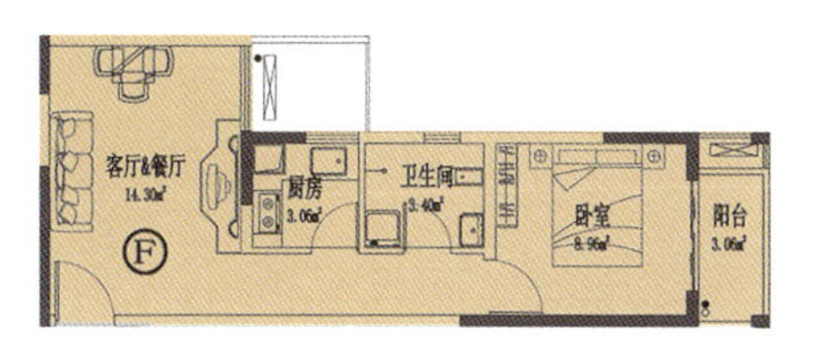

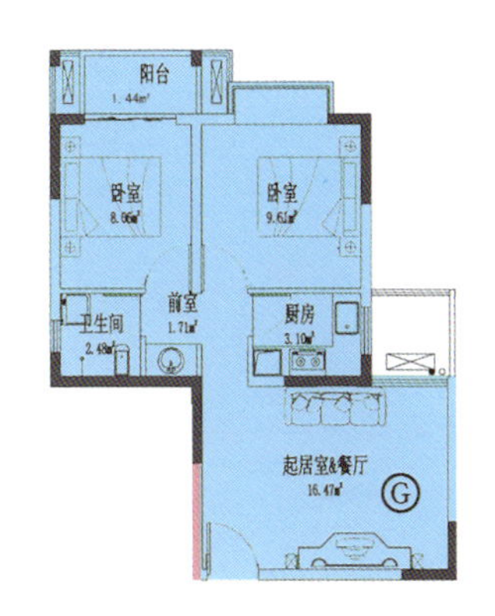

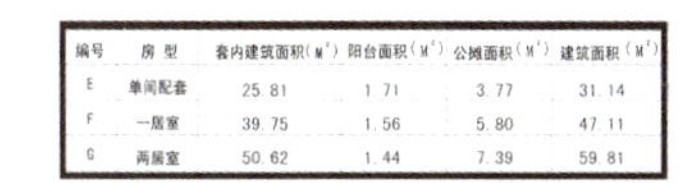

编号	房型	套内建筑面积(M^2)	阳台面积(M^2)	公摊面积(M^2)	建筑面积(M^2)
E	单间配套	25.81	1.71	3.77	31.14
F	一居室	39.75	1.56	5.80	47.11
G	两居室	50.62	1.44	7.39	59.81

E、F、G户型示意图

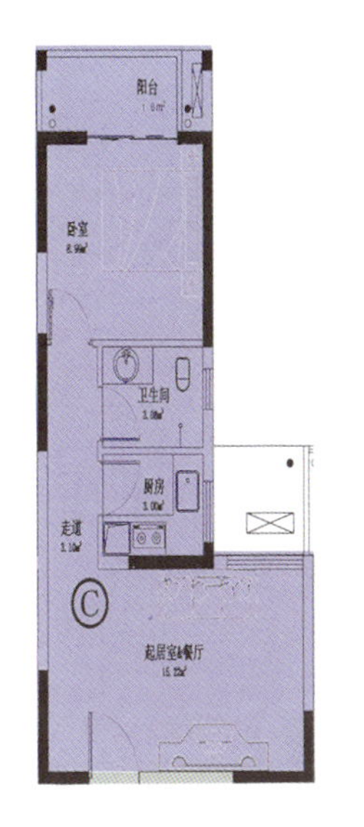

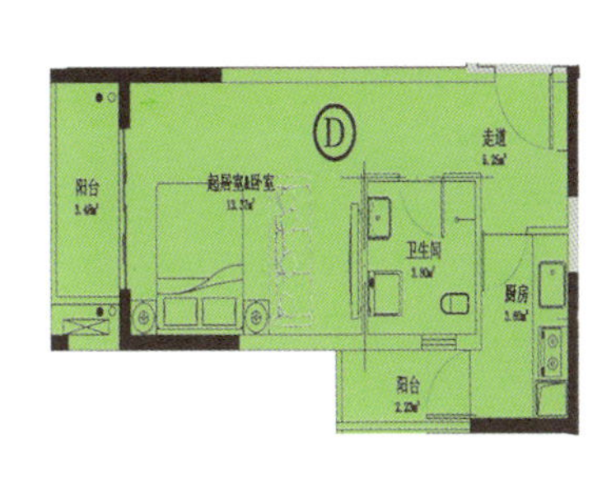

编号	房型	套内建筑面积(M^2)	阳台面积(M^2)	公摊面积(M^2)	建筑面积(M^2)
C	一居室	39.28	1.60	6.485	47.365
D	单间配套	30.42	2.92	5.022	38.362

C、D户型示意图

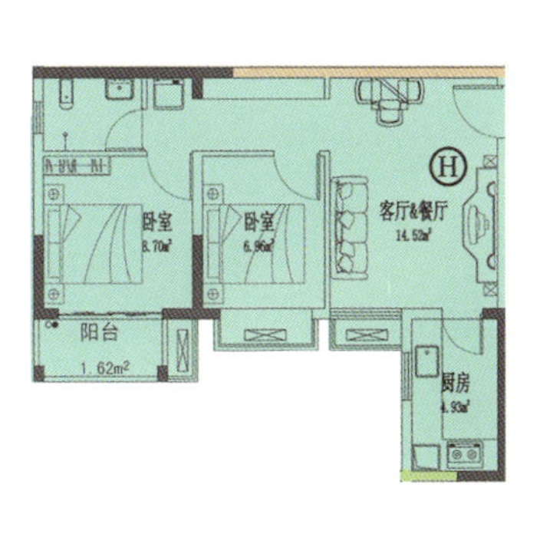

编号	房型	套内建筑面积(M^2)	阳台面积(M^2)	公摊面积(M^2)	建筑面积(M^2)
H	两居室	49.71	1.62	7.27	58.60
I	三居室	67.71	1.74	9.90	79.35

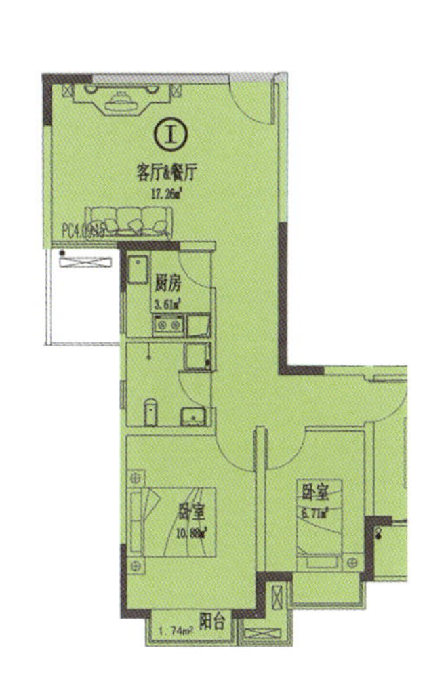

H、I户型示意图

报送单位：滕州市安居工程开发建设中心

山东

安康花园保障性住房设计方案

项目概况

本项目位于城市东部，总占地面积16.5万m^2，用地为长方形地块，内部较为平坦，无明显地势变化。

总用地面积		165088m^2	备注
其中	城市道路用地面积	31374m^2	
	城市绿地用地面积	11313m^2	
	安康花园用地面积	122401m^2	
总建筑面积		208366.47m^2	
其中	多层住宅建筑面积	40275.80m^2	含地上储藏室2997.70m^2。
	高层住宅建筑面积	163212.47m^2	
	公共设施建筑面积	4878.20m^2	含治安联防站50m^2，居委会用房500m^2。
地下建筑面积		13948.53m^2	
总户数		2921户	
其中	多层住宅户数	662户	
	高层住宅户数	2259户	
容积率		1.70	
建筑密度		20.2%	
绿地率		32.4%	

设计说明

规划设计理念

从四大主题：工业化、标准化、耐久化、环保化，来打造未来的经济适用房，力求在住宅建筑全生命周期中实现持续高效地利用资源、最低限度地影响环境，积极推动住宅工业化体系的形成，通过技术创新和技术集成的应用，促进住宅产业化的发展。

设计亮点

景观共享：最大化挖掘和利用基地现状和周边的景观元素，通过层次分明的规划结构布局，使自然生态环境能够最大限度地为居民所共享。

围合设计：营造整体有序，安定祥和，亲切友善的社区氛围和邻里关系。

人车和谐：通过道路的人车分流实现人与车的协调组织，营造一种既便捷顺畅又安全、自然、宁静、舒适的社区交通空间。

社区空间：通过景观道路连接公共活动空间，形成精致而人性化的社区交往空间，强调一种亲切宜人、和谐融洽的社区生活氛围，体现社区的生活品质。

设计原则

1. 符合城市整体规划风貌，体现城市小套型精品住宅特色。
2. 充分利用用地现状，节约用地与资源。
3. 打造良好的住宅建筑和园林景观。
4. 住宅建筑设计以探究深层次的居住需求和理想为目标，力求通过丰富的细节体现无微不至的人性关怀。

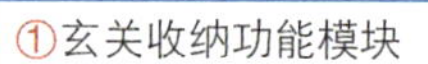

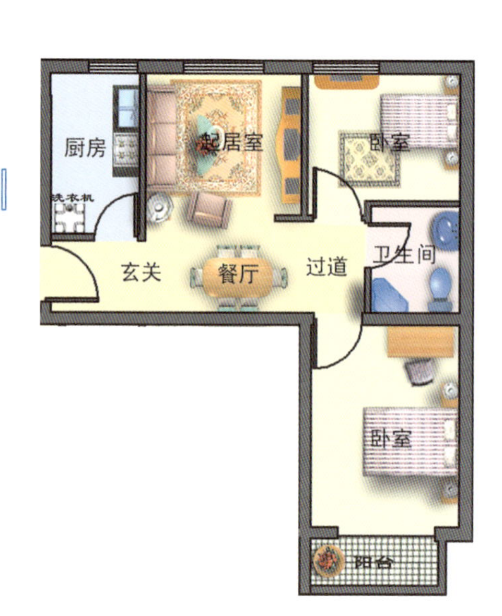

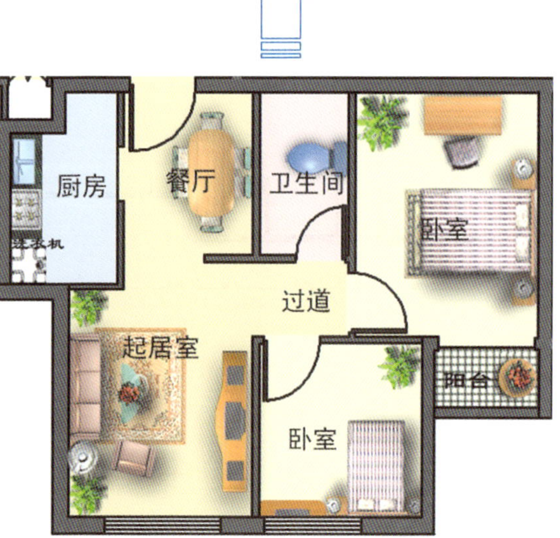

建筑单体

本项目为经济适用房，户型面积分别为57m²、56m²、65m²三个模块，其中57m²和56m²户型为两室两厅一卫，65m²户型为三室一厅一卫。

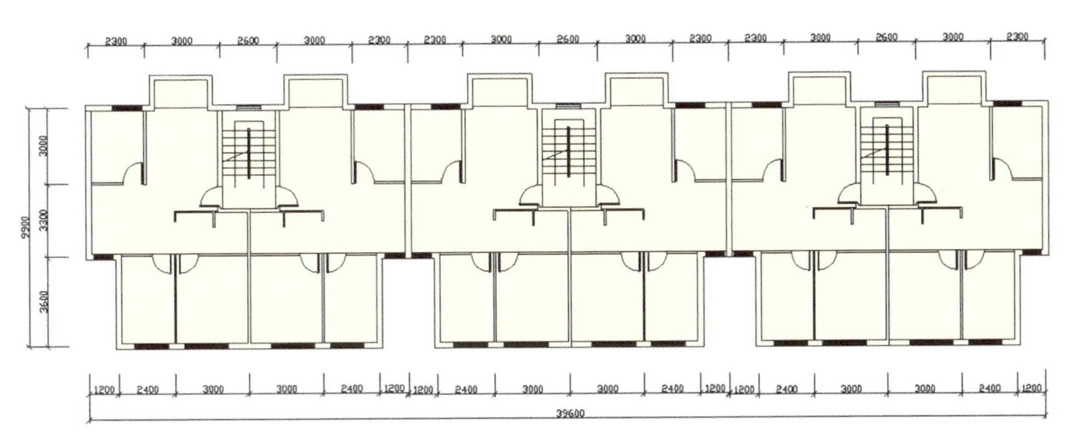

标准层平面图

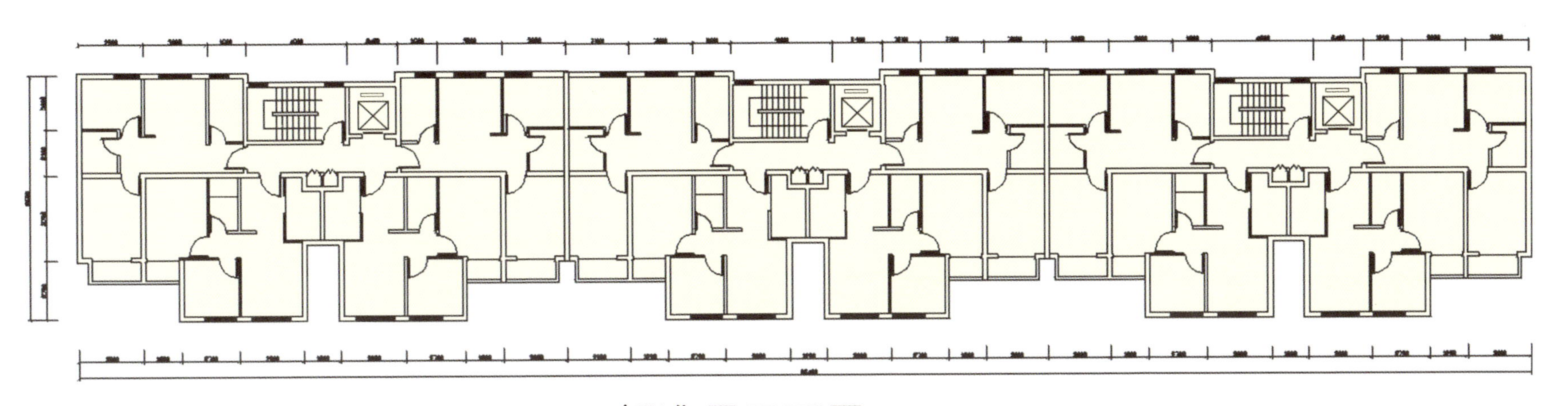

标准层平面图

模数化设计——户型尺寸模数化

简洁的结构框架形式，模数化设计，利于实现建筑、结构、设备之间的协调，实现住宅的工业化生产。

1. 标准化厨房：3个户型的厨房模块统一标准，利于工业化生产。
2. 标准的DK式餐厨关系：增进家人交流和感情。
3. 标准化玄关处理：局部空间及家具的通用设计，利于工业化生产。
4. 标准化整体卫浴体系：3个户型的卫浴模块统一标准，利于工业化生产。

A户型功能系统

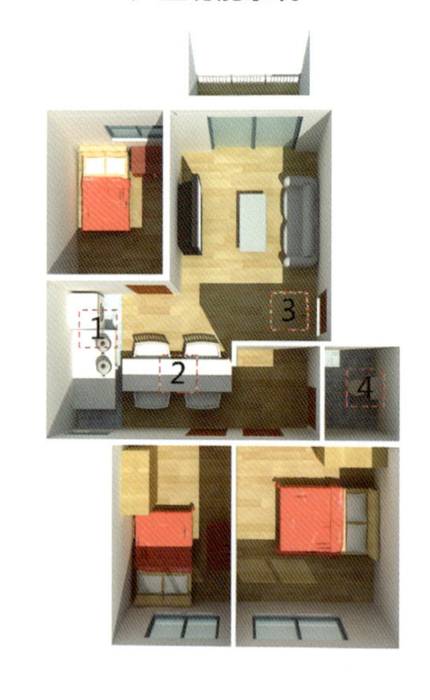

A户型

B户型功能系统

B户型

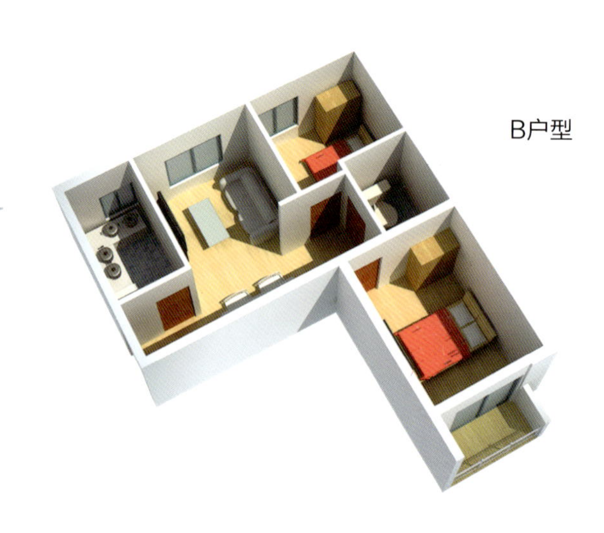

C户型功能系统

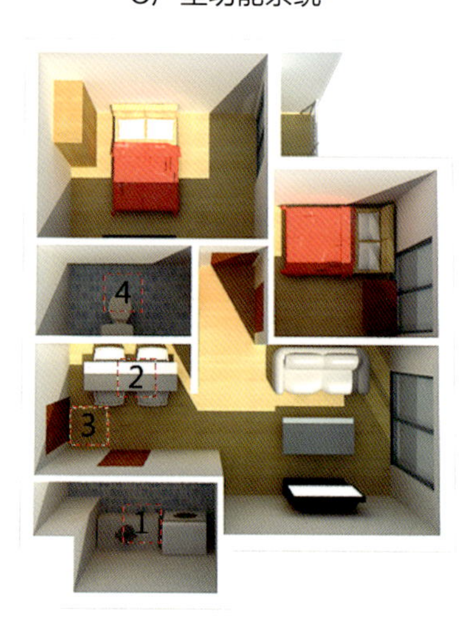

C户型

模数化设计——厨卫设计的模数化

3个户型模块采用统一的厨卫标准，尺寸统一、布局统一，餐桌和洗衣位置等都采用通用设计。

报送单位：济南市住宅产业化发展中心

山东

百变小家·体面生活

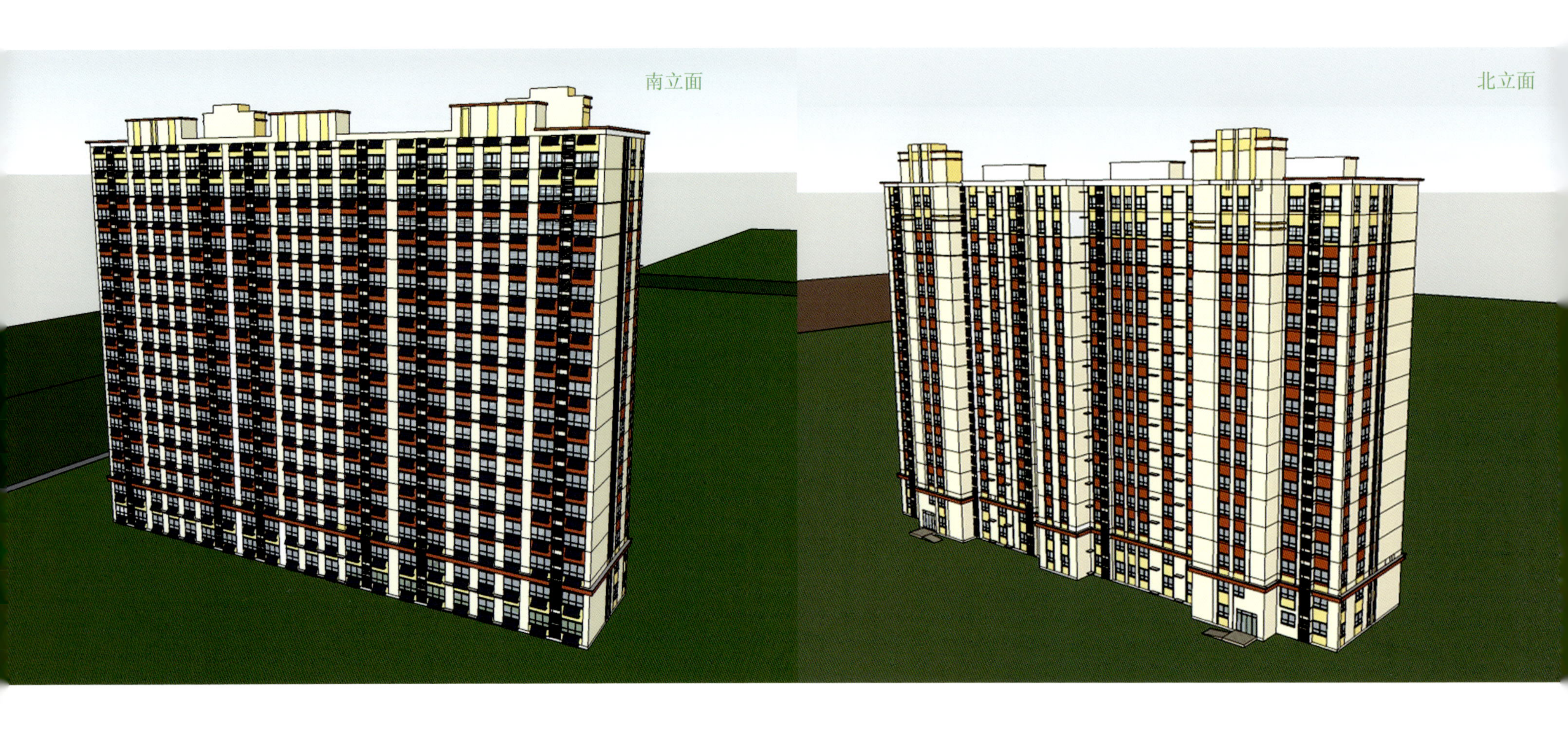

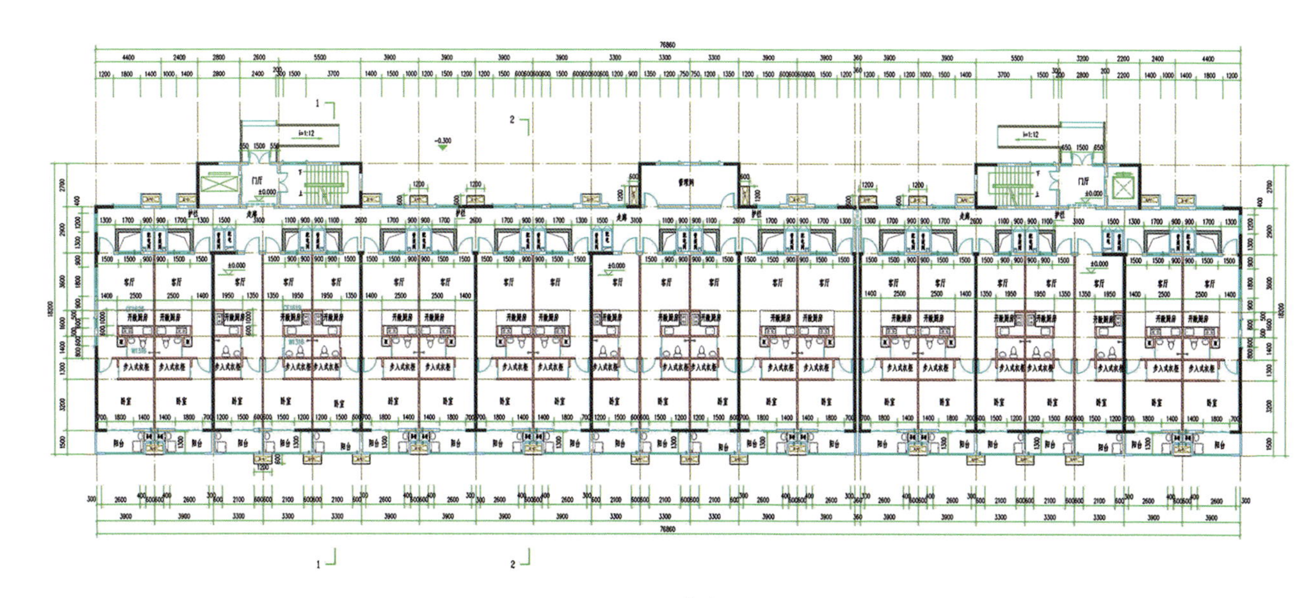

一层平面分布图

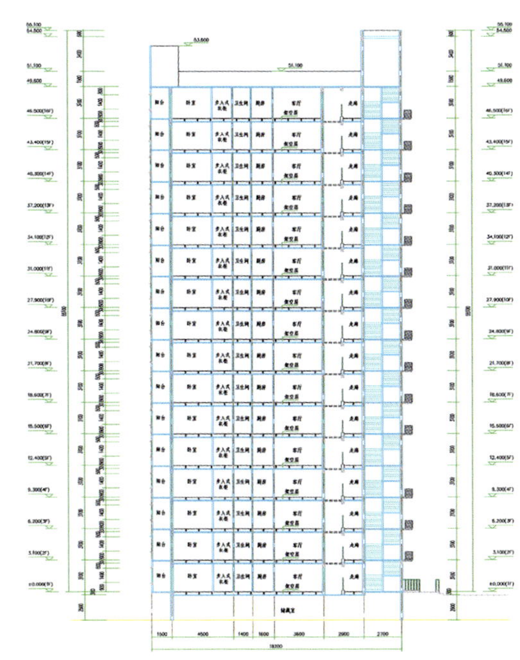

建筑剖面图

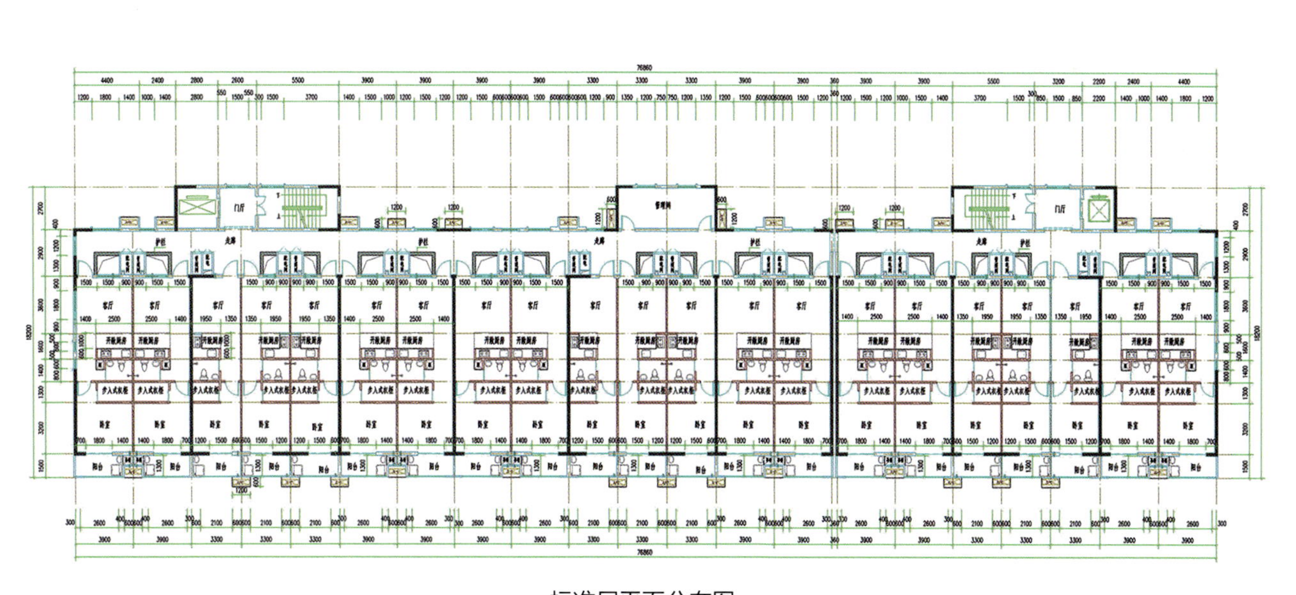

标准层平面分布图

设计说明

设计理念

体现“百变小家、体面生活”理念。

设计亮点

CSI住宅体系作为省地节能环保型住宅的典范，应用于保障性住房，可在有限的面积内实现“小套型、功能全、精细化、成品房”概念，充分体现了住宅的易改造性，实现了住宅的适用性、环境性、经济性、安全性和耐久性的完美结合。采用家电化的厨房、卫生间、内隔墙等工业产品，减少环境污染，节能环保，大大改善了居民的生活品质。

产业化说明

本方案采用CSI住宅建筑体系，架空地板高度200mm，各种管线放置在架空地板内，厨房、卫生间、内隔墙如同家用电器，可在室内任意摆放，任意分割空间，使室内空间得到充分利用。

方案设计了两类户型，一类开间为7800mm，分为两户；另一类开间为9900mm，可分为三户。使用30年后，如需改造，可合并成大户型（见改造后平面图），通过调整厨房、卫生间、内隔墙位置，实现大户型和小户型互换。

户型可变，实现社会财富积累。户型随着时间的推移、科技的发展而不断变化，大大提高了住宅舒适度，使住宅使用寿命达到百年以上，从而实现社会财富的积累。

提高私密性，增加使用面积。设置内天井，使公共走廊与室内空间分离。设置了公共走廊，在保证住宅的私密性的前提下，减少了楼梯间、电梯间的数量，从而减少了分摊面积，增加了使用面积。

采光、通风好。起居室、卧室采光好，厨房、卫生间为家电化开放式厨房、整体卫生间，空间设计合理、使用方便。南北通透，通风好。

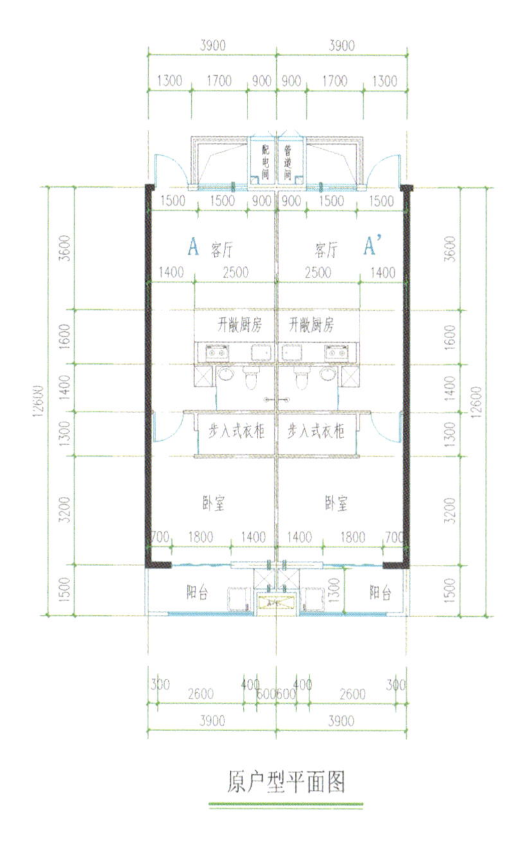

原户型平面图

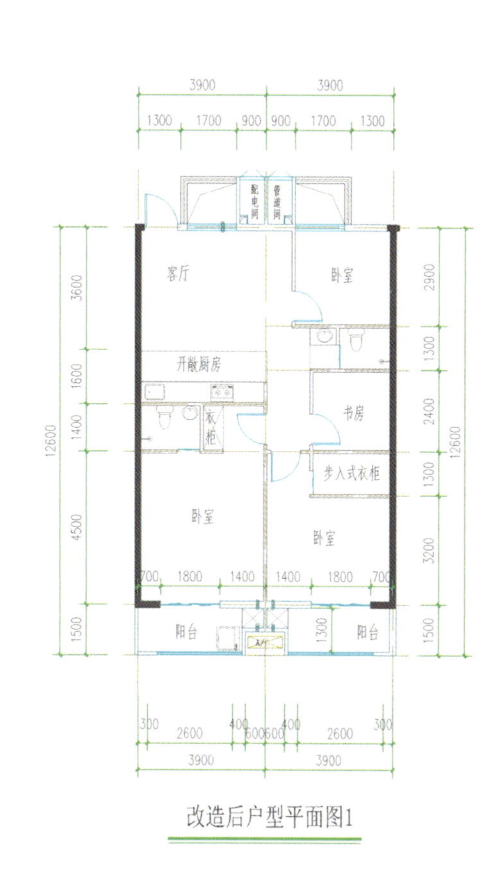

改造后户型平面图1

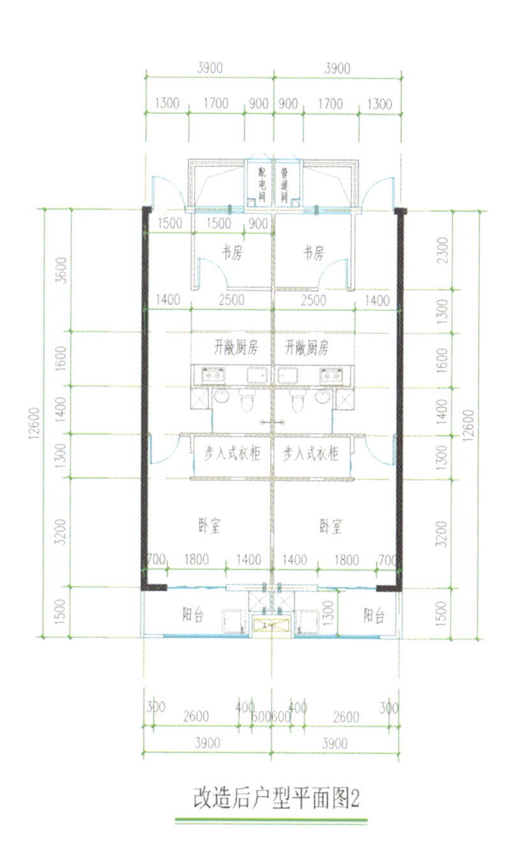

改造后户型平面图2

报送单位：上海尤安建筑设计事务所（UA国际）&上海绿地集团

上海

绿地·新江桥城项目设计

项目概况

本项目东至金园一路，南至爱特路，西临嘉闵高架路和京沪高速铁路，北至鹤旋路。净建设用地面积约34万m^2，规划总建筑面积约93.1万m^2。

设计说明

规划模式是以“行为先导模式·仿生蛛网结构”、“四级邻里结构·四级物业管理”、“合理邻里规模·促进社区认同”及“混合社区模式·提升土地能级”的创新规划理念培育强烈的社区认同感与归属感。

交通模式是以“公共交通·出行便利”、“开放社区·次街生活”、“慢行交通·人车共生”及“弹性停车·集约使用土地”的次街生活特色为居民出行提供充分的便捷性与适宜性。

配套模式是以“配套结构层级多元化·功能全面化”、“创新配套服务·微距关怀”的现代海派都市生活，满足居民生活服务多层次需要与便利性，有利于强化居民的归属感和安居意识。

环境景观是以“紧贴生活的景观设置·可接触环境”、“多层级立体化景观结构·处处有景”的宜人与高效使用的景观规划，提升社区品质。

建筑品质是以“尊荣品质·创新共享大堂”、“宜居生活·创新建筑户型”、“价值体现·创新建筑立面”的高品质、高价值感的建筑设计，营造出居民引以为豪的、有强烈归属感的理想社区，提升住区尊严感、归属感。

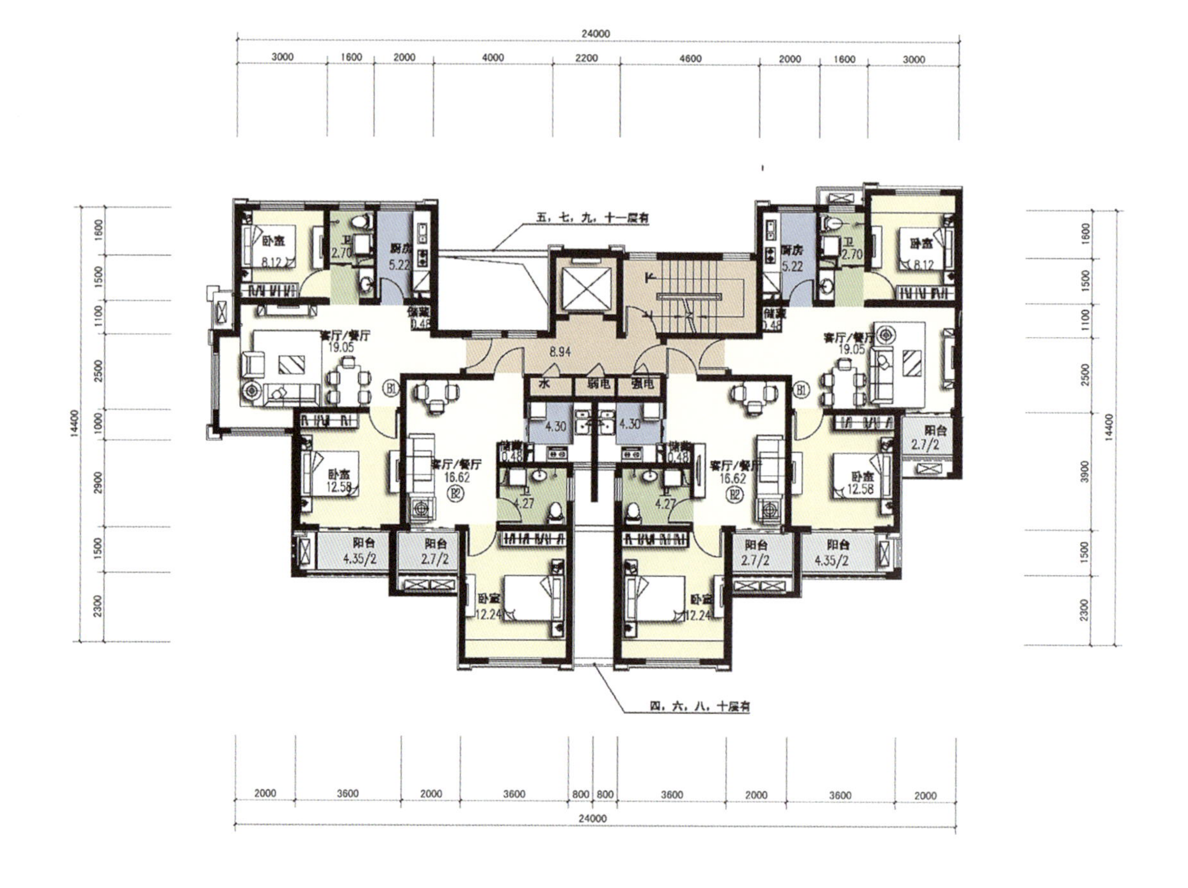

产业化说明

本项目住宅产业化主要体现在两个方面：建造与集成技术的产业化、建筑体系与设计的产业化。以节能减排为目标的产业化技术是本项目设计的出发点，从“模数化”出发的户型尺度为住宅工业化生产奠定了设计标准化基础。

一、节能环保技术及产业化的应用

65%节能计算标准的围护结构；太阳能热水系统；太阳能路灯系统；雨水收集回收利用系统；透水性地面；预拌混凝土、绿色建材；多种隔声降噪措施；绿色物化管理系统、分类计量系统、完善的安防系统、垃圾分类回收系统；基本住宅使用空间的模数化。

二、节能效益

整个基地按照建筑节能65%标准设计实施，年可节约采暖和空调耗电1200kWh/m^2，共394万kWh，相当于节省1419吨标准煤。若节约电量按0.617元/kWh计算，可节约运行费用243万元；大力宣传业主购买安装的空调均为高效节能空调；采用太阳能光热技术，太阳能集热器设置在住宅屋顶，太阳能保证率可达45%以上，提供居民大部分生活热水，据计算，年节煤量达36.4吨。在D1地块小区主干道设置太阳能路灯，共计24盏。全年预计可节省电量2409kWh，节省电费1486.4元。对小区D1地块内屋面、绿地、道路等雨水进行收集，其中屋面面积7715m^2，绿地面积22252m^2，透水地面面积3590m^2，道路及广场11603m^2，非传统水源利用率达到4.27%。

三、标准化、集成技术

对于保障性住房常用的小户型，100mm作为基本模数较为适宜。本项目单体设计以此为标准进行功能-空间“模数化”组合，实现户型标准化。除了大力倡导住宅工业化这一发展方向之外，力图建立起一整套设计标准体系，以实现住宅工业化集成技术的设计标准化，使保障性住房建设真正成为中国节能减排和绿色建筑的先锋。

报送单位：上海中森建筑与工程设计顾问有限公司

上海

多数中的少数派

项目概况

本项目位于南通市苏通科技产业园区内，是提供给周边工厂的员工居住的公寓类公租房。此类住房照顾的是城市中等偏下收入家庭和外来务工人员，他们或单身，或拥有小家庭，或者更复杂家庭结构，需要充分满足他们的要求。

苏通科技产业园B5-1地块综合技术经济指标		
项目	数值	单位
用地编号	B5-1	---
用地面积	33139.01	平方米
总建筑面积	27494.20	平方米
计容积率建筑面积	24089.52	平方米
其中 住宅	24089.52	平方米
地下建筑面积	3404.68	平方米
建筑占地面积	4014.92	平方米
建筑密度	12.12%	---
容积率	0.73	---
绿地率	36.20%	---
地下机动车停车	47	辆(0.1辆/户)
非机动车停车	936	辆(2辆/户)
备注：本小区配套公建由大社区整体考虑，不在小区内单独设计；入口设访客停车位7辆。		

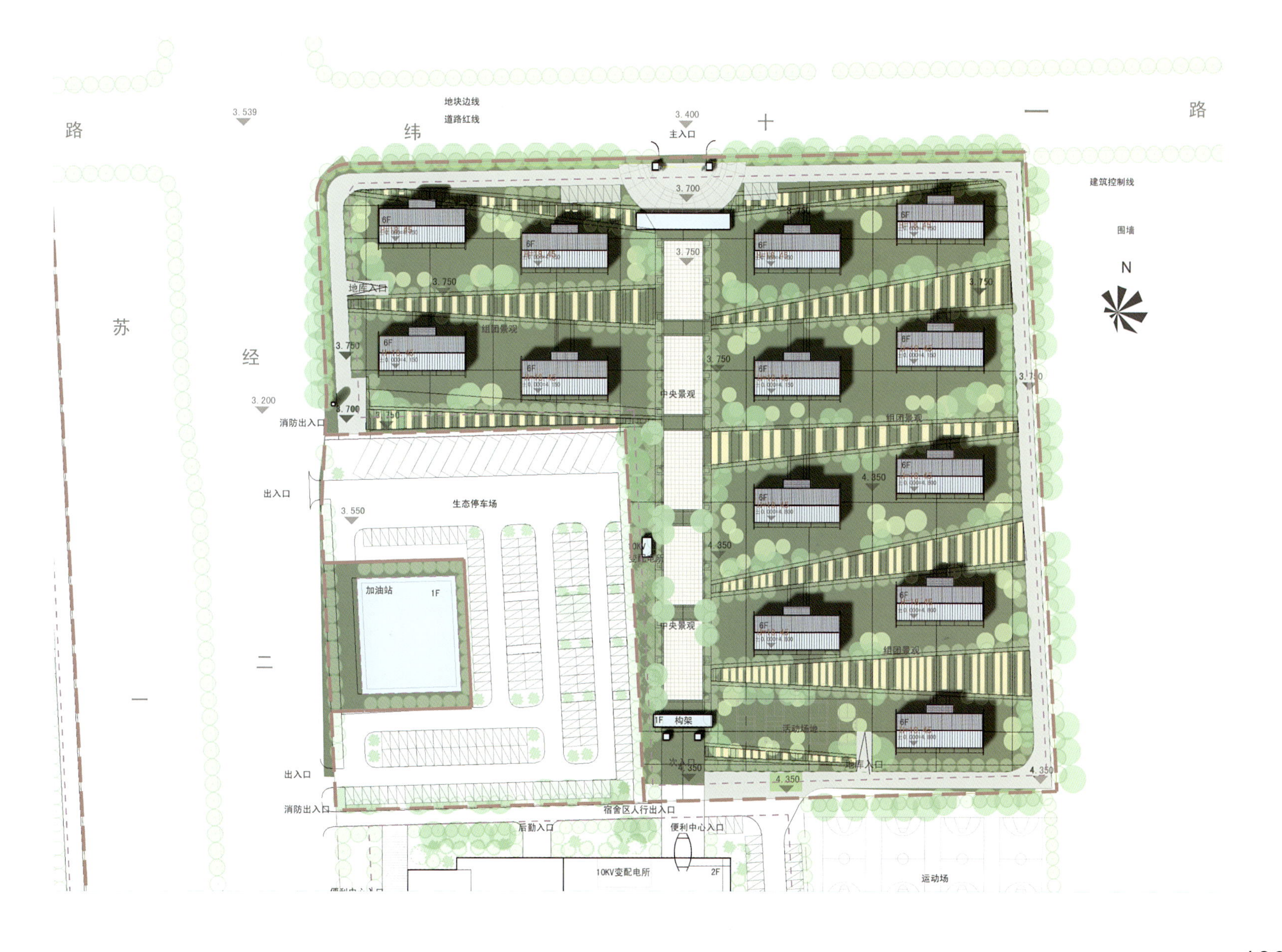

设计说明

设计简洁的套型和空间涵盖尽可能多的功能，调查显示，三代同堂类住宅需求决策的调整幅度比核心家庭更大，就需要在现有的模式下考虑其变换的可能，而减少其迁移。

适应多种居住模式：三代同堂的，核心家庭的，邻里住宅，无障碍住宅，介护住宅。

解决策略：依托住宅产业化，菜单式配置住宅的部品；以极少的单元构件满足多元化需求：多元化的空间、多元化的组团、多元化的套型、多元化的活动方式。随着公租房受众人群的改变，其居住模式也应该能做出弹性的适应。

套型可以根据使用及未来发展，在标准单元的基础上进行可灵活改造：横向双拼、竖向双拼、L形三拼等多种拼改造模式，以适应未来生活的需要。南向内部隔墙采用透明轻质隔断，可以灵活使用空间同时不影响采光；内部卫生间全部对齐。

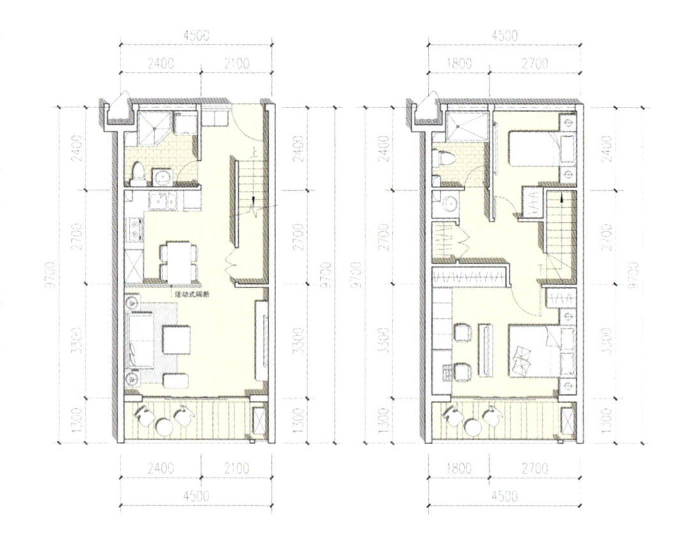

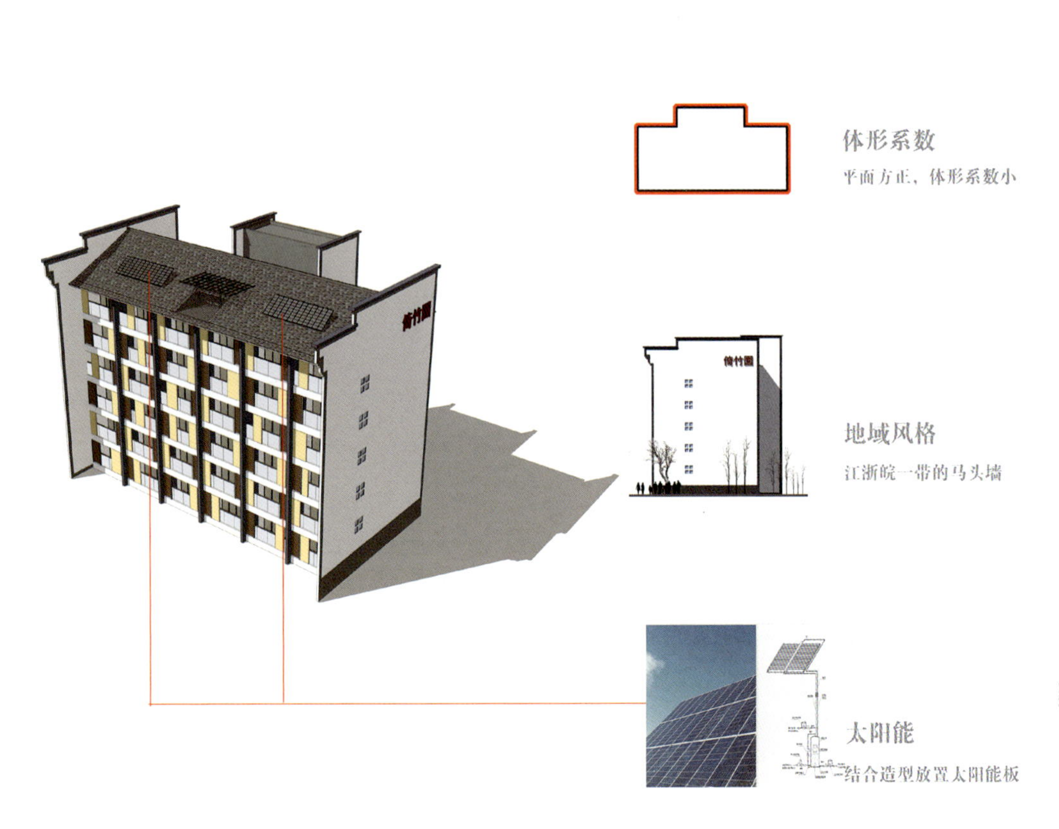

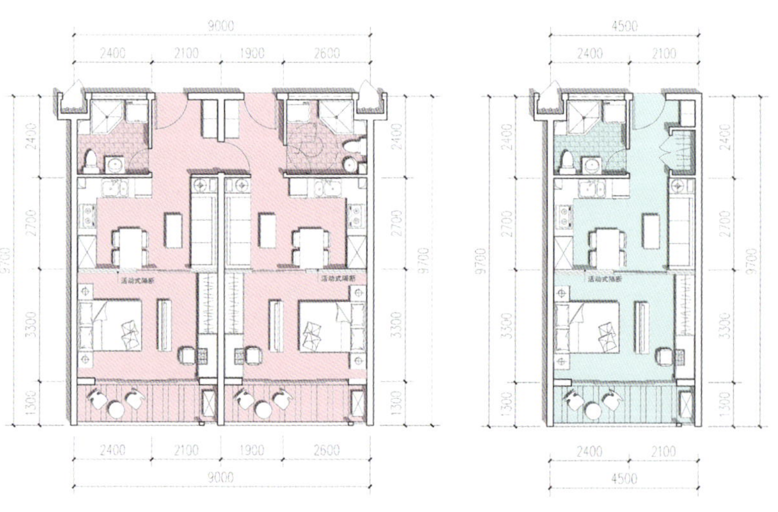

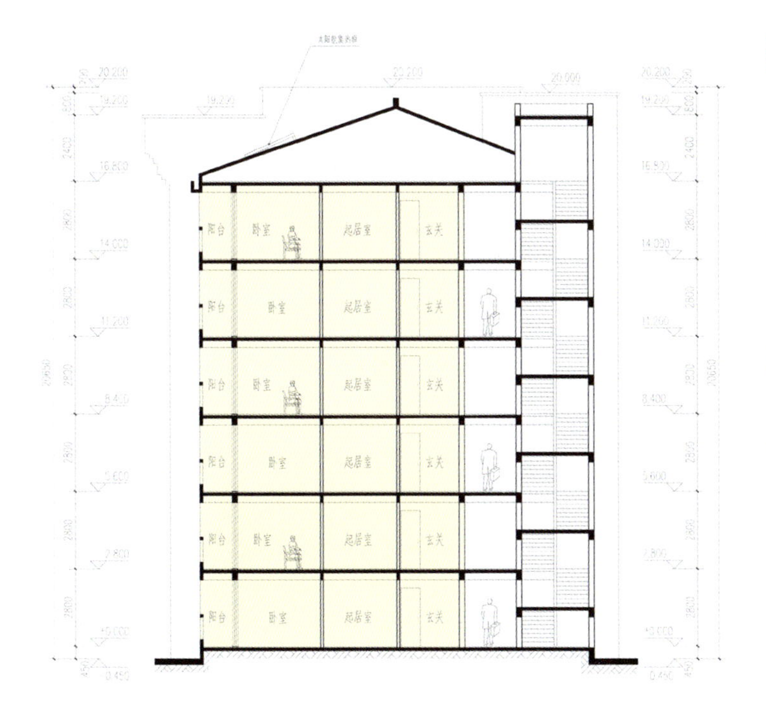

产业化说明

1. 标准化：使用经济合理的标准单元，重复使用可以使其效率提高，成本降低。

2. 目录式：高效而又便捷的目录式概念。业主可以根据住户的种类和数量合理选取内部单元。统一的单元尺寸和制作技术，快速地施工，低廉的造价，灵活的组合能最大限度地满足不同项目的实际需求。

3. 拼接式：单元主体可以拼接成不同密度的住宅主体。本案选取的4.5m×8.4m的单元模块，可以水平、垂直或独立组合成不同面积段的居住空间。

4. “模数化”隔断：使用轻质隔墙作为内部隔断。所有的隔墙均按照模数进行设计，可以进行灵活的室内分隔，为内部空间的多种可能性创造可能。

5. 装配式：室内楼梯为多代居的实现提供可能。封闭状态下，能保证各个家庭的安全和私密性。单身或小家庭的使用状态下，预制楼梯也能方便地拆卸，为这种可变性创造可能。

报送单位：上海市城市建设设计研究总院

上海

装配式建筑——向数字化工业建造迈进

项目概况

本项目用地面积179.58万m^2，总建筑面积182.12万m^2。

经济技术指标（05-02地块）

名称			单位		备注
建设总用地面积			m^2	20563.7	
总建筑面积			m^2	51371.47	
计容积率建筑面积			m^2	43382	
其中	地上总建筑面积		m^2	44871.44	
	其中	住宅建筑面积	m^2	41887.57	计容积率
		住宅屋顶层面积		258.21	不计容积率
		住宅封闭阳台面积	m^2	1157	不计容积率
		配套公建、门卫等	m^2	1494.43	计容积率
		保温层建筑面积	m^2	74.23	不计容积率
	地下建筑面积		m^2	6500.03	
	其中	高层地下室建筑面积	m^2	2539.03	自行车库
		地下车库面积	m^2	3961（人防3520m^2）	以人防专项图纸为准
容积率				2.11	
绿地率			%	35	7197.4m^2
集中绿地率			%	10	2057m^2
建筑密度			%	18.87	3881.29m^2
机动车停车数			辆	230（其中配套公建地上停车8辆）	按每户0.35辆设置地面131辆，地下99辆
非机动车停车数			辆	980（其中配套公建地上停车32辆）	按每户1.5辆设置高层住宅地下室内停放
（约65~70m^2）二室户			户	632	100%

设计说明

1. 完善社区功能、优化居住区结构、改善居民居住环境

力图营造一个功能合理、环境优美、舒适宜人的人居环境，辅助恰如其分的交通、绿化系统、组团布局、空间秩序等，追求社会、经济、环境综合效益的整合。

2. 以现代设计理念、设计手法创造高质量的优秀住宅小区

按照以人为本的思想，遵循可持续发展的原则，致力于创造崭新的居住理念，优化环境，提高品位，按照环境与生态规划设计的原则，充分考虑利用环境绿化、水体等生态要素，创造出丰富的、具有视觉效果变化的户外休闲空间，使更多的住户具有良好的朝向与“景向”，达到人、环境、建筑的和谐统一。

3. 城镇中心体概念

通过居住建筑量到质的提升，商业空间、公共绿地的建设，依托轨道交通，打造一个城镇中心体。为居民的衣食住行提供良好的服务。

① 采用预制装配式建造技术体系，实现节能减排，减少对环境的污染；

② 环境效益、经济效益、社会效益有机结合。

通过合理规划，完善住宅使用功能，使新建小区与时代发展相适应，力求塑造一个既具有优美环境、丰富文化艺术内涵，又具有环境效益、经济效益、社会效益的住宅小区。

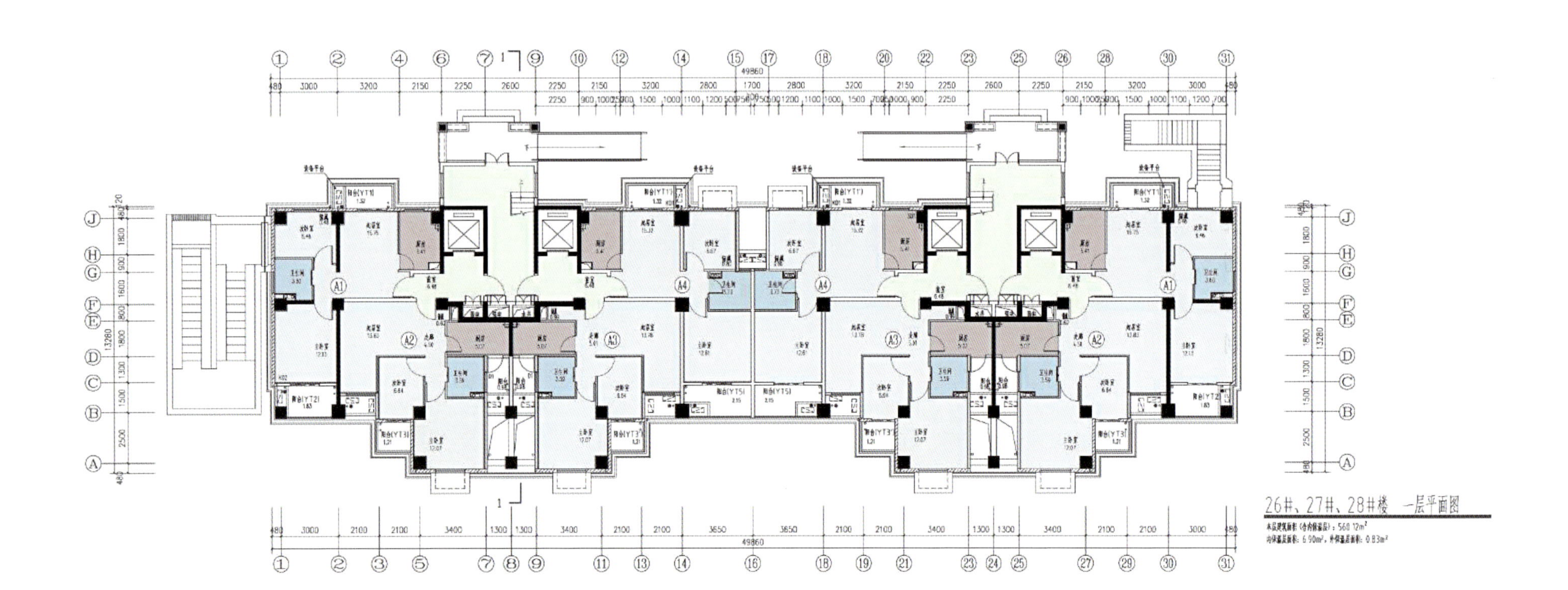

26#、27#、28#楼 一层平面图

产业化说明

像造汽车一样盖房子

装配整体式混凝土结构是数字化、工业化住宅的理想结构体系。

1. 施工方便，模板和现浇混凝土作业很少，预制楼板无需支撑，叠合楼板模板较少。由于采用了装配形式，现场湿作业大大减少，有利于环境保护和避免施工扰民，减少材料和能源的浪费。

2. 建造速度快，对周围的生活和工作影响小。尤其是在闹市区施工，如百货公司、闹市区停车场、过街天桥等，这类工程工期紧，施工文明要求高，采用预制混凝土结构可使长期困扰市民的工地噪声、粉尘污染等问题迎刃而解。

3. 建筑的尺寸符合模数，建筑构件较标准，适应性强。预制构件表面平整、外观美观、尺寸准确，并且能将保温、隔热、水电管线布置等多方面功能要求结合起来，有良好的技术优势和经济效益。

4. 预制结构工期短，投资回收快。由于减少了现浇结构的支模、拆模和混凝土养护等时间，施工速度大大加快。从而缩短了投资回收周期，减少了整体成本投入，具有明显的经济效益。预制结构在设计和生产时还可以充分利用工业废料，变废为宝，以节约良田和其他材料。近年来已广泛采用粉煤灰矿渣混凝土墙板、烟灰砌块等。

5. 在预制装配式建筑建造的过程中可以实现全自动化生产和现代化控制，从而一定程度上促进了建筑的工业化生产。工业化劳动生产效率高、生产环境稳定，构件的定型和标准化有利于机械化生产，且按标准严格检验出厂产品，保证了产品质量。

装配整体式混凝土结构的定义

装配整体式混凝土结构是由预制混凝土构件或部件通过钢筋、连接件或施加预应力加以连接并现场浇筑混凝土而形成整体的结构，又简称为预制装配式结构（precast concrete，PC结构）。

报送单位： 宁波市民用建筑设计研究院有限公司、宁波市经济适用房建设管理办公室

40、60通透全明

项目概况

本项目为宁波市目前最大保障性住房项目——洪塘保障房区块的三期工程，位于整个洪塘保障房区块的西南侧，总用地面积约为6.4万m^2，总建筑面积14.5万m^2，共有2104套住房。

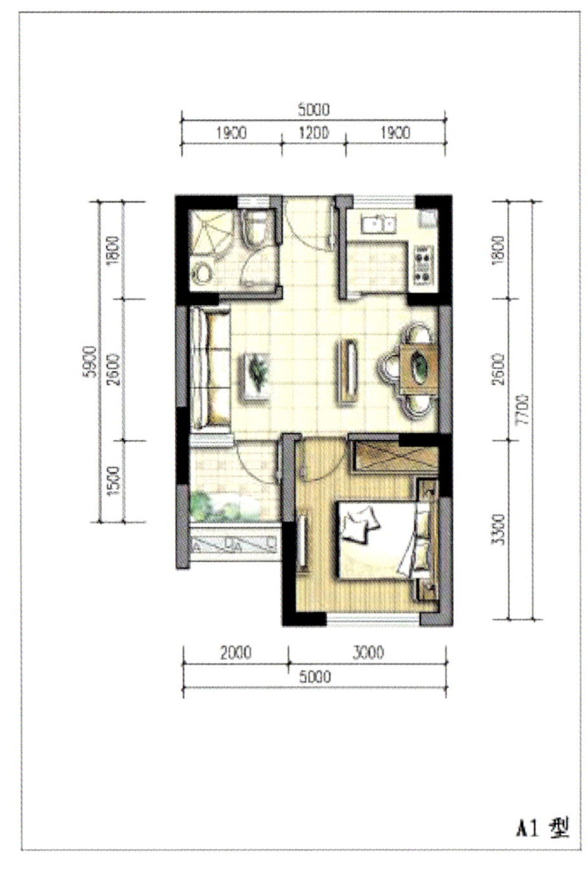

A1 型

设计说明

设计理念

遵循“集约用地”、“功能齐全”、“配套完善”的原则，营造一个成熟、舒适、生态节能的生活小区。

设计亮点

与普通保障性住宅小区相比，本项目特别配置了740m²公共租赁服务中心，2342m²独立的公共餐厅和858m²公共活动中心等公建设施，提供租赁、餐饮和娱乐健身服务。小区入口设计了商业内街，引入银行、邮政、通信、便利超市等生活服务配套设施。另外，结合景观设计，户外设置各类活动交流、休闲场所，促进相互间沟通交流，营造温馨邻里关系和居住环境的和谐稳定。

套型设计40m²一室户和60m²两室户两种。每户功能齐全、布局紧凑。建筑平面采用外廊式布局，使得南北通透，客厅、卧室、厨房、卫生间均能够自然通风和采光，解决了一梯多户中间套型的通风采光问题。套内空间动静分区合理，使用舒适方便。同时厨房靠外墙设置，以便铺设燃气管道。另外，套内设计简单实用装修，配备整体厨卫设备和卧室衣柜等，基本做到拎包入住。

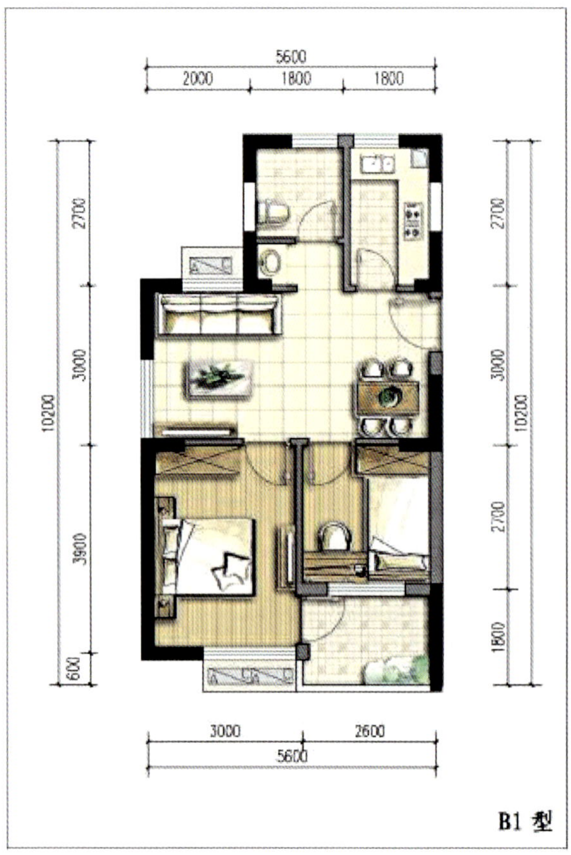

B1 型

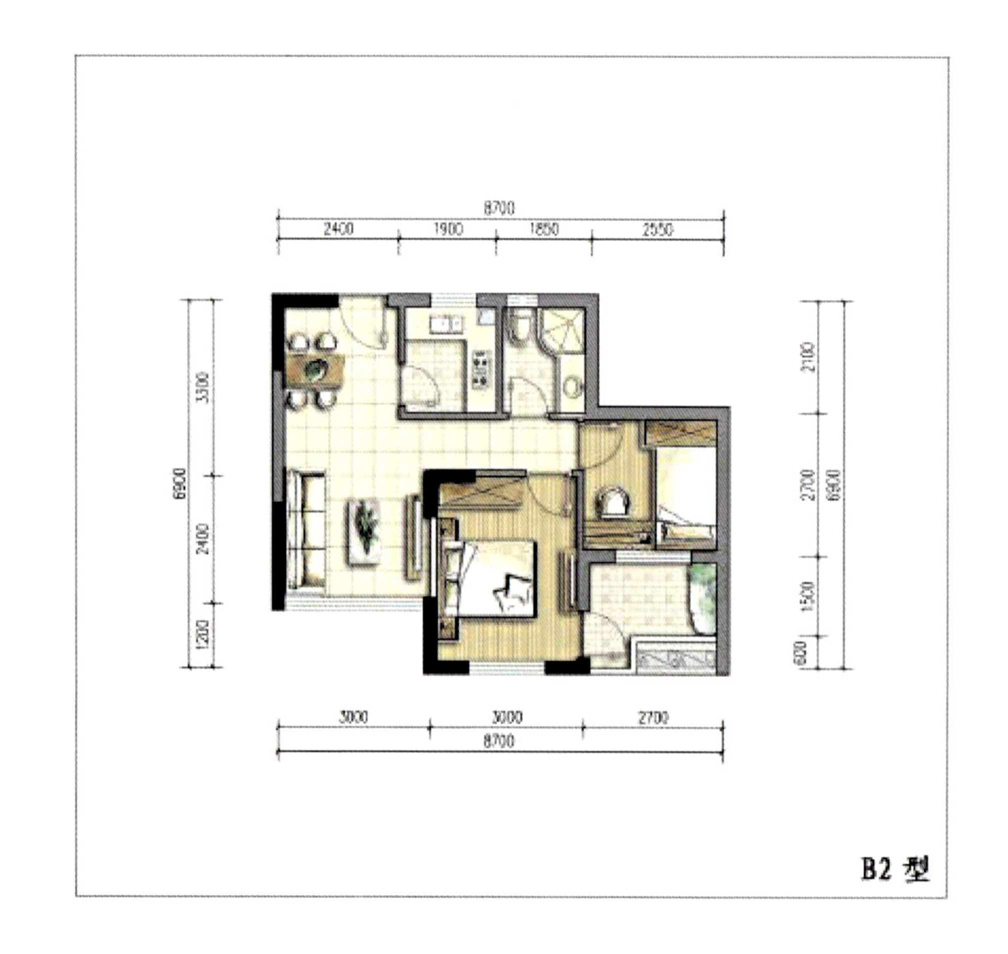

B2 型

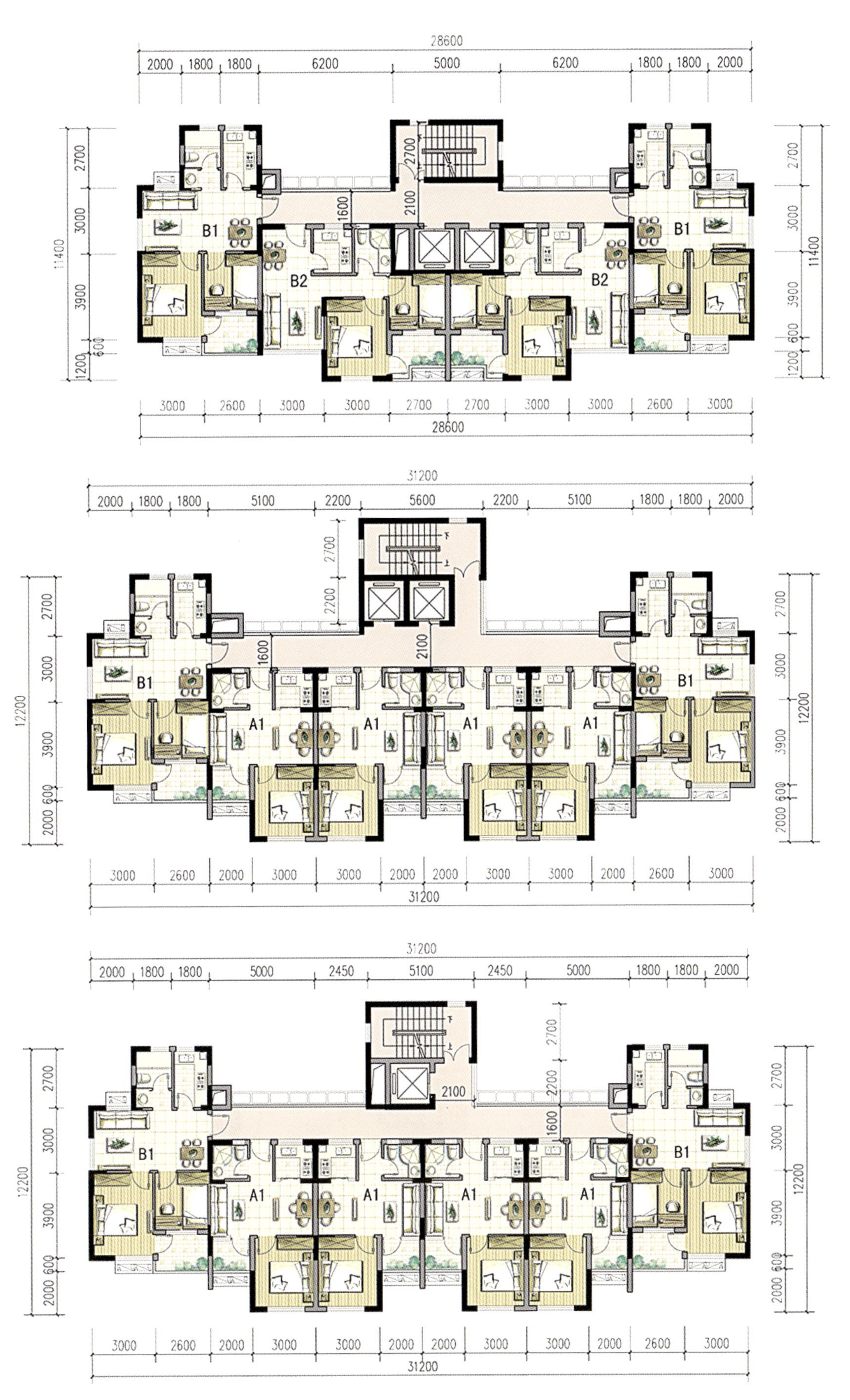
28600
2000
1800
1800
6200
5000
6200
1800
1800
2000
2700
3000
3900
600
1200
11400
1600
2100
B1
B2
B2
B1
3000
2600
3000
3000
2700
2700
3000
3000
2600
3000
28600
31200
2000
1800
1800
5100
2200
5600
2200
5100
1800
1800
2000
2700
2200
12200
B1
A1
A1
A1
A1
B1
3000
2600
2000
3000
3000
2000
2000
3000
3000
2000
2600
3000
31200
31200
2000
1800
1800
5000
2450
5100
2450
5000
1800
1800
2000
B1
A1
A1
A1
A1
B1
3000
2600
2000
3000
3000
2000
2000
3000
3000
2000
2600
3000
31200

报送单位：绿城房产建设管理有限公司

浙 江[1]

成都龙泉驿某保障性住房建筑设计

① 该项目位于四川成都，“浙江”是报送单位所在省份，并非项目所在地。

综合技术经济指标（二类住宅用地）

设计依据：设计委托单位：国开四川（龙泉驿）城乡统筹发展投资有限公司

1. 成都市规划管理技术规定（2008年版）及国家相关规定
2. 成规办〔2010〕54号《成都市建筑形态规划管理补充规定(试行)》。
3. 成统筹〔2008〕124号文，成规管〔2008〕205号，成规管〔2010〕42号，成规管〔2010〕142号等文件的规定。
4. 国家及四川省的有关设计规范，规章，条例，标准等

一、规划建设净用地面积（不含代征地）：		69518.34m²	
二、规划总建筑面积		336587.58m²	
（一）地上计入容积率的建筑面积：		269408.58m²	
1、住宅建筑面积及户数：		210052.58m²	2530户
（1）套型建筑面积小于90m²的住宅面积及占住宅总建筑面积的比例：		92586.84m²	44.08%
（2）套型建筑面积大于90m²的住宅面积及占住宅总建筑面积的比例：		111781.50m²	53.22%
（3）大公摊占住宅总建筑面积的比例：		5684.24m²	2.71%
其中：公寓建筑面积及占住宅总建筑面积的比例：		35503.96m²	16.90%
2、非住宅建筑面积：		59356.00m²	
（1）商业、办公建筑面积合计及占总计容面积的比例：		56653.00m²	21.03%
A、办公用房建筑面积：		0.00m²	
B、商业用房建筑面积：		56653.00m²	
（2）配套设施建筑面积：		2703.00m²	
A、物管用房建筑面积（包含业主委员会活动室）：		1249.00m²	
B、社区用房建筑面积（包含警务室和服务站）：		1454.00m²	
（二）地上不计入容积率的建筑面积（架空层面积）：		2135.00m²	
（三）地下建筑面积及层数：		65044m²	1层
其中：1、地下机动车库建筑面积：		51218.00m²	
2、地下非机动车库建筑面积：		10200.00m²	
3、地下设备用房建筑面积：		3626.00m²	
4、地下物管用房建筑面积：		0.00m²	
5、消防控制室建筑面积：		0.00m²	
三、容积率	总容积率：	3.88	
	住宅容积率及住宅占总容积率的比例	3.02	77.97%
四、基底面积	建筑基底总面积：	20653.00m²	
	高层主体基底（基座）面积：	8404.35m²	
五、建筑密度	总建筑密度：	29.71%	
	高层主体建筑密度：	12.09%	
六、总绿地面积：		21205.50m²	
其中：集中绿地面积：		7633.22m²	
七、绿地率：		30.50%	
八、地下机动车位：		1744辆	
其中：（1）住宅停车位：		1290辆	
（2）办公停车位：		0辆	
（3）商业停车位：		454辆	
九、非机动车位：		6760辆	
地上非机动车位：		0辆	
地下非机动车位：		6760辆	
十、全民健身场所：		1581.09m²	

十一、日照分析结论：

成都市位于东经104°40′，北纬30°40′，大寒日日出时间7：36，日落时间17：23。按照《成都市规划管理技术规定（2008）》，本项目住宅日照分析测试时间为大寒日8:00～16:00，时间计算精度5分钟，采样点间距1米，各层窗台测试高度见日照分析图。

经日照阴影综合分析，该小区有住户2530户，其中有448户为公寓(占住宅总套数的18%，建筑面积为35503.96m²，占住宅总建筑面积的16.90%），不满足至少一个卧室或起居室(厅)大寒日日照不低于2小时的要求，其余均满足日照要求。

十二、主色调号：	GB1.3Y 8.5/5.2 0123

注：

1、本表未包括的指标内容，应根据项目实际情况补充标注。

2、根据《行政许可法》，报建单位须如实中报各荐经济指标，并对指标的真实性及指标与报建图纸内容的相符一致性负责。

项目概况

本项目占地面积约846667m²，实际使用面积约69334m²，建筑容积率3.9，项目容积率较高，商业量需求大。

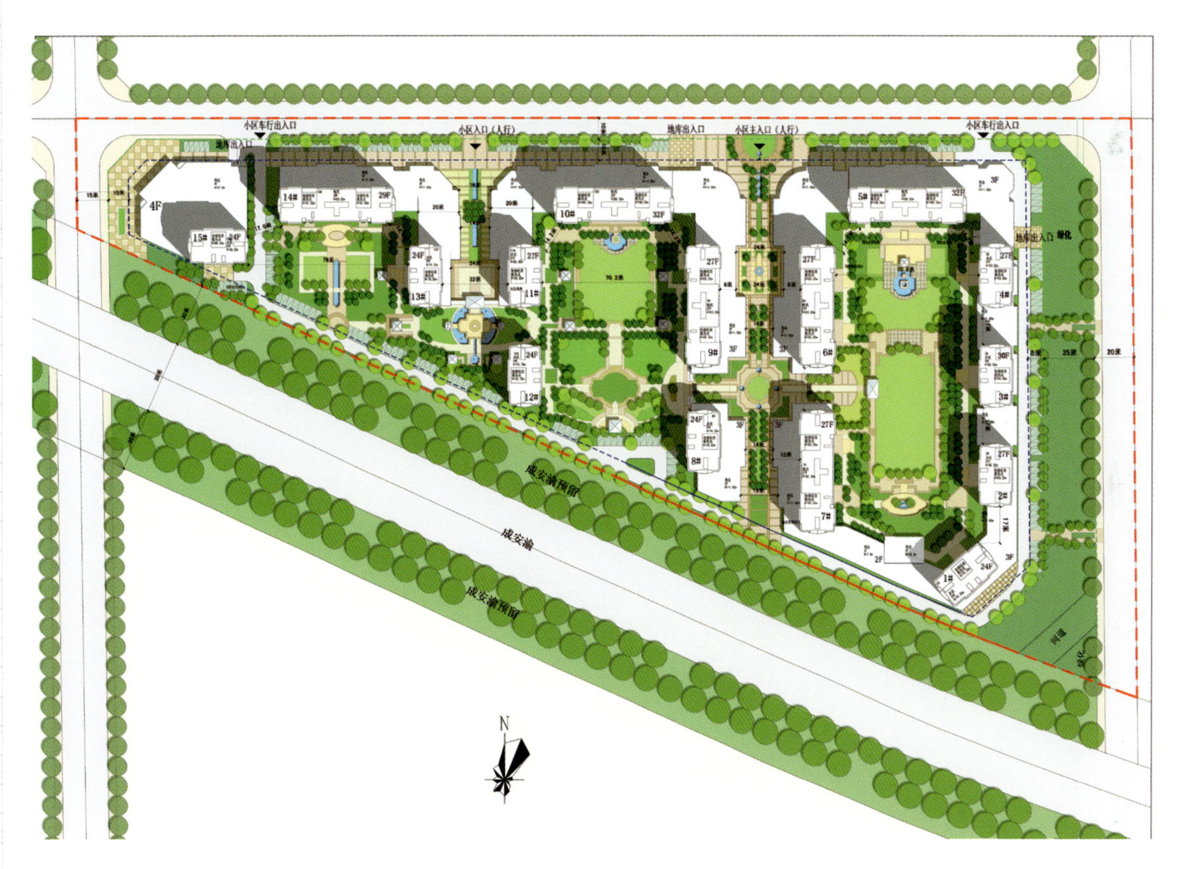

设计说明

设计理念

项目明确“以人为本”的设计指导思想，注重建筑与人、环境与人以及人与人之间的协调，为客户营造优美的富有生活情趣的高品质社区环境。

设计亮点

建筑风格在追求端庄典雅的居住气质同时，兼顾与城市风貌的契合。沿街商业采用大开间布局，并置形成城市街道界面的韵律感。高层住宅采用水平韵律中穿插竖向要素的体量组织方式，虚实结合，构建舒适、宁静、生动的建筑表情。多层单体的建筑设计，采用一些古典建筑元素来体现典雅宁静的理念。建筑体量组合高低错落有致，通过建筑围廊庭院式的处理手法营造典雅的人居环境。

套型设计亦遵循以人为本的设计原则，平面方正实用，结合朝向景观，噪声等因素综合考虑，尽量让每户品质均衡，以免造成分配困难。多品种、多类型，满足安置需求。

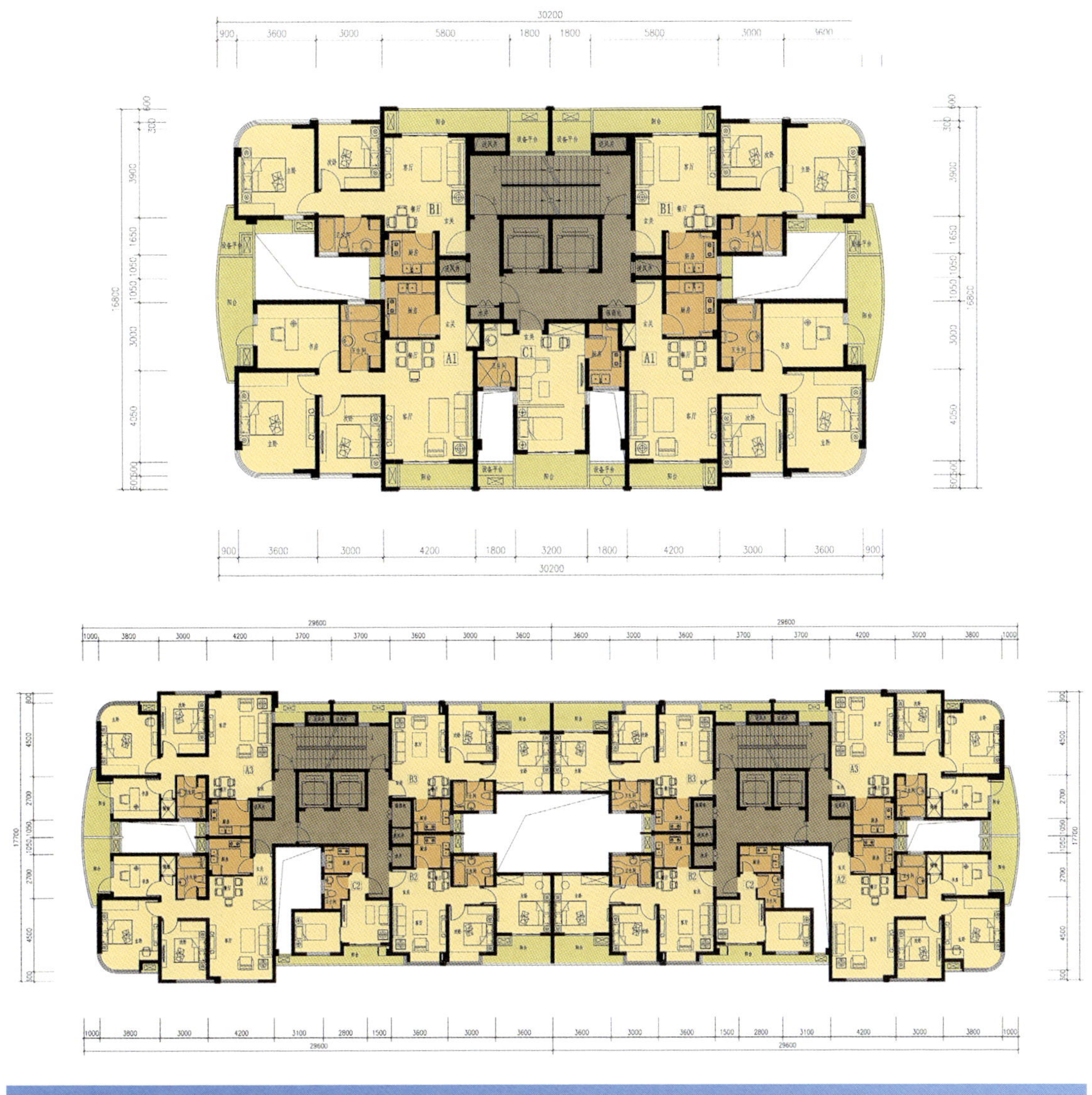

产业化说明

本项目面对新时期住宅建设与发展所需的住宅工业化核心领域的技术进行研究和开发，围绕住宅内装修建设与设计技术等住宅发展关键集成技术进行了全面的探索，运用如下集成技术：

1. 墙体与管线分离的内装工业化集成技术

采用先进的建筑主体与辅体相分离技术理念，对住宅内装工业化集成技术进行开发和整体应用，该技术可以将住宅室内管线不埋设于墙体内，使其完全独立于楼体结构墙体外。在建设时，施工程序明了、铺设位置明确、施工易于管理，特别是入住使用时维修方便，且有利于住户将来装修改造。

2. 架空地板系统的内装工业化集成技术

在室内采用全面同层排水技术，也就是将部分楼板降板，实现板上排水。管道井内采用排水集合管，同时连接两户排水横管。地板下面采用树脂或金属地脚螺栓支撑。架空空间内铺设给排水管线。在安装分水器的地板处设置地面日常检修口，以方便修理。架空地板有一定弹性，对容易跌倒的老人和孩子起到一定的保护作用。同时，与一般的水泥地地板相比，地面温度相对较高，温度适度也是架空地板的一大特征。为了解决架空地板对上下楼板隔声的负面影响，在地板和墙体的交界处留出缝隙，方便地板下空气流动，已达到预期的隔声效果。

3. 双层顶棚系统的内装工业化集成技术

采用轻钢龙骨，实现双层顶棚。顶棚内架空空间，铺设电气管线，安装灯具，换气管线以及设备等使用。

报送单位：天津市城市规划设计研究院

天津

天津市秋怡家园

项目概况

项目位于天津市北辰区界内，总用地面积10.22万m^2，总建筑面积（地上）为14.46万m^2，其中住宅14.20万m^2，配套公建2600m^2，规划户数为2448户，规划人口7344人。

项目已于2010年全面建成入住，解决了百姓的居住问题，实现了政府的承诺，取得了良好的社会效益。

设计说明

设计理念

1. 创造可持续性发展的经济型宜居社区。

2. 创造私密安全、沟通便利的经济型和谐社区。

3. 创造结构合理、视觉良好、功能完善的经济型环保社区。

设计亮点

1. 节约土地：采用高层住宅布局，提高了地块容积率，节约了土地资源。

2. 配套齐全：配套完善，占地独立，位置居中，方便居民使用。

3. 套型标准化：套型设计求精不求多，利于建造，也利于分配、出租。

4. 层级绿化：强化连续性的步行系统，增加居住者的绿化感受。

5. 节能环保：

住宅节能率65%。

住宅精装修设计。

公共部分的照明选用高效节能荧光灯，自熄开关控制。

采用节水型卫生器具。

地下设采光通风井，满足了车库自然通风采光的要求。

渗水地面，保护室外水环境，降低小区内热岛效应。

垃圾分类管理及密闭化收集运输。

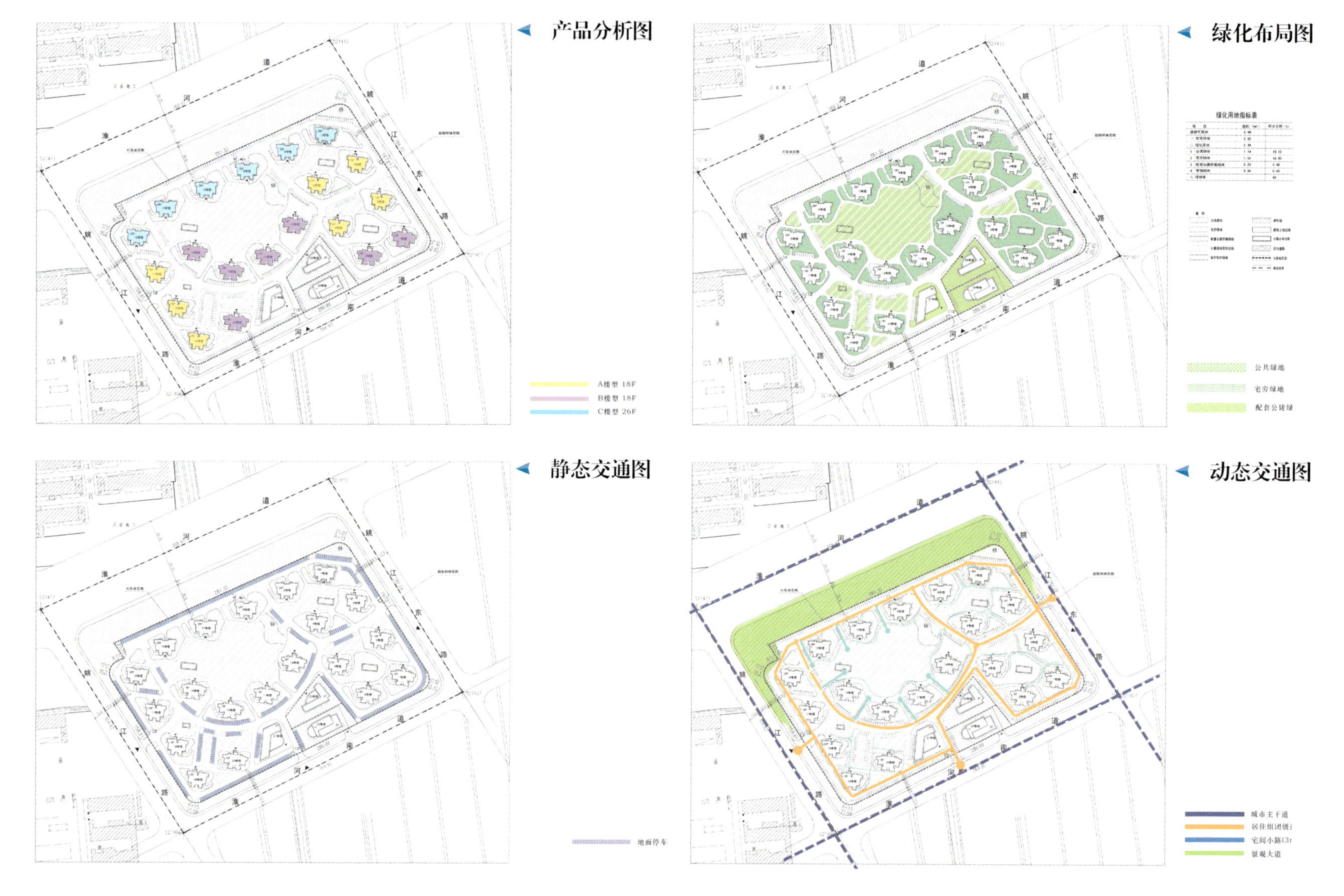

产业化说明

住宅产业化可有效保证住宅质量，提高建造效率，满足民众对住宅量不断提高的需求。秋怡家园的设计实践在如下五方面做了尝试：

一、设计标准化

住宅房型设计求精不求多，在满足要求的前提下，提供三种房型组合平面，大量重复建造，施工设施、设备重复使用，降低了建造成本，提高了建造效率。

二、部品工厂化

住宅精装设计，减少了二次装修的浪费，同时住宅部品工厂化生产，统一采购安装，提高了装修效率，保证了装修质量。

三、建材工业化

住宅建材全部工业化生产，从商品混凝土，到门窗、管道、砌块等，全部工厂生产，现场浇筑、安装。内墙大量采用成品墙板，减少现场湿作业，保证了质量，提高了建造效率。

四、建造技术成套化

专项建造技术成套化，有专项技术支持与保障，如防水、外保温、排气道、轻质墙板、厨房设备、电梯等环节，有配套公司、技术人员的成套化服务，保证住宅的建造质量与建造效率。

五、建设过程市场化

秋怡家园的建造过程全部市场化运作，开发企业是建造主体，设计、施工、监理都经过市场招标，择优录取。企业的专业团队在计划制定、质量控制、成本核算等方面做了卓有成效的工作，保证了项目的高质量、高效率建设。

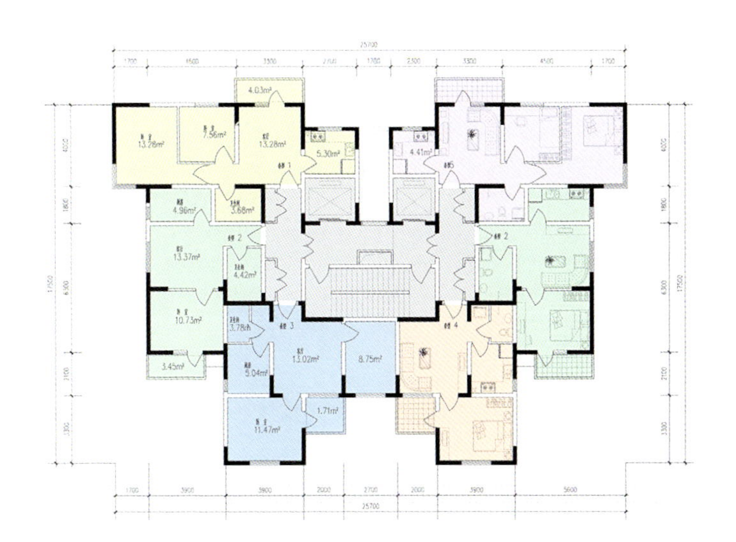

房型-A标准层平面图

房型-B标准层平面图

房型-C标准层平面图

报送单位：天津市纳川建筑设计有限公司

天 津

限价房规划概念设计
暨宜居嘉苑经济适用房概念设计

项目概况

本项目的东侧南侧均为规划路，西侧北侧为待建地块 。本项目运用现代城市规划设计的概念和方法，传承地域建筑文化的积淀和吸纳现代文化的精华，重视新材料、新技术的应用，力争提升住宅的居住品质，为居民提供一个文化丰富、风格时尚、科技先进、绿色环保、居住舒适的居住小区。

户型比例

户数(单位：户)(70 m^2 以下)	户数(单位：户)(70~80 m^2)	户数(单位：户)(合计：m^2)
540	1020	1560
比率(%)	比率(%)	比率(%)
34.6	65.4	100.0

技术经济指标表

序号	项目		单位	数量	备注
1	规划总用地		m^2	34251.59	
2	总建筑面积		m^2	108183.7	
	其中	住宅建筑面积	m^2	107183.7	
		配套用房面积	m^2	1000	
3	总户数		户	1560	
	其中	70平米以上户数	户	1020	
		70平米以下户数	户	540	
4	总人口		人	4368	
5	户均人口数		人	2.8	
6	容积率			3.1	
7	建筑密度		%	14	
8	绿化率		%	57.5	
9	总停车数(机动车)		辆	1092	
10	其中	地面停车位	辆	67	
11		地下停车位	辆	1025	
12	停车率(汽车)		辆/户	0.7	
13	自行车停车位		辆	2808	

设计说明

道路布局设计充分体现“以人为本”的理念，采用人车分流的形式使得组团内部的绿化景观变得更具连续性，同时使车和人都能方便、快捷地到达小区的各幢建筑。

住宅布局主要是高层点式住宅，层数为30层。在满足日照、采光、通风的条件下呈现变化有序的多种组合，布局规整，充分利用土地资源，形成一个有机的整体。

住宅套型均为一室或两室的小套型，各功能房间紧凑规整。高层住宅全部为独立单元，以便改善居住环境。以两梯六户为主的套型提高了出房率。每单元设一座防烟剪刀楼梯间及两部电梯，在单元入口处设置轮椅坡道，做到了无障碍设计。

住宅朝向均有良好的南北朝向，屋面、外墙均设外保温；外窗采用断热铝合金中空玻璃平开窗。立面主体以涂料饰面，以简约为指导思想，力求做到朴素、大方、现代。

景观布局是在小区中部设置景观节点，用水体、步行道、树阵、坡地及草坪形成两条带状集中绿化，相交于小区中心，加以一些几何化的铺地、环境小品的变化，展现小区现代、大方的气息，并确保住宅外部景观的均好性。在布局上采用点、线、面相互结合的方式以达到整个小区绿化系统的完整性。

A

B

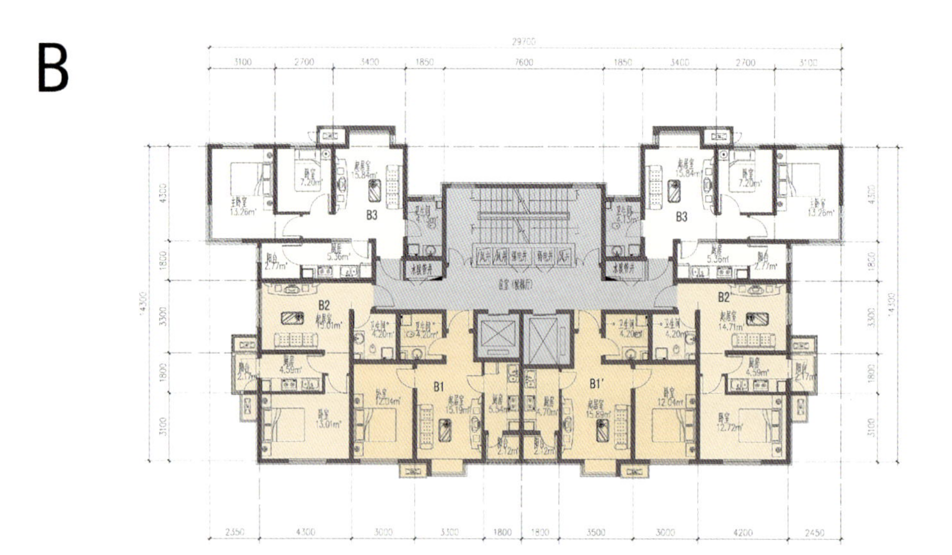

C

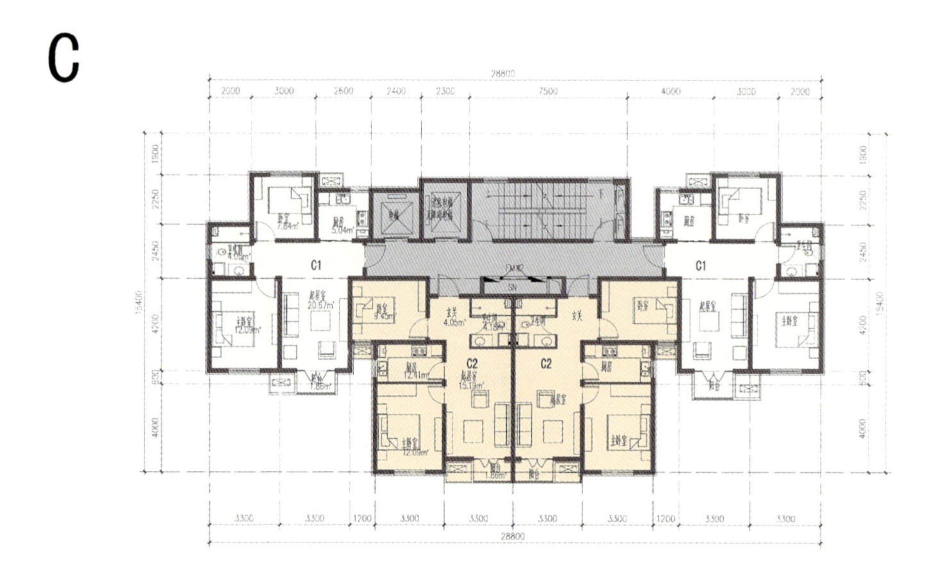

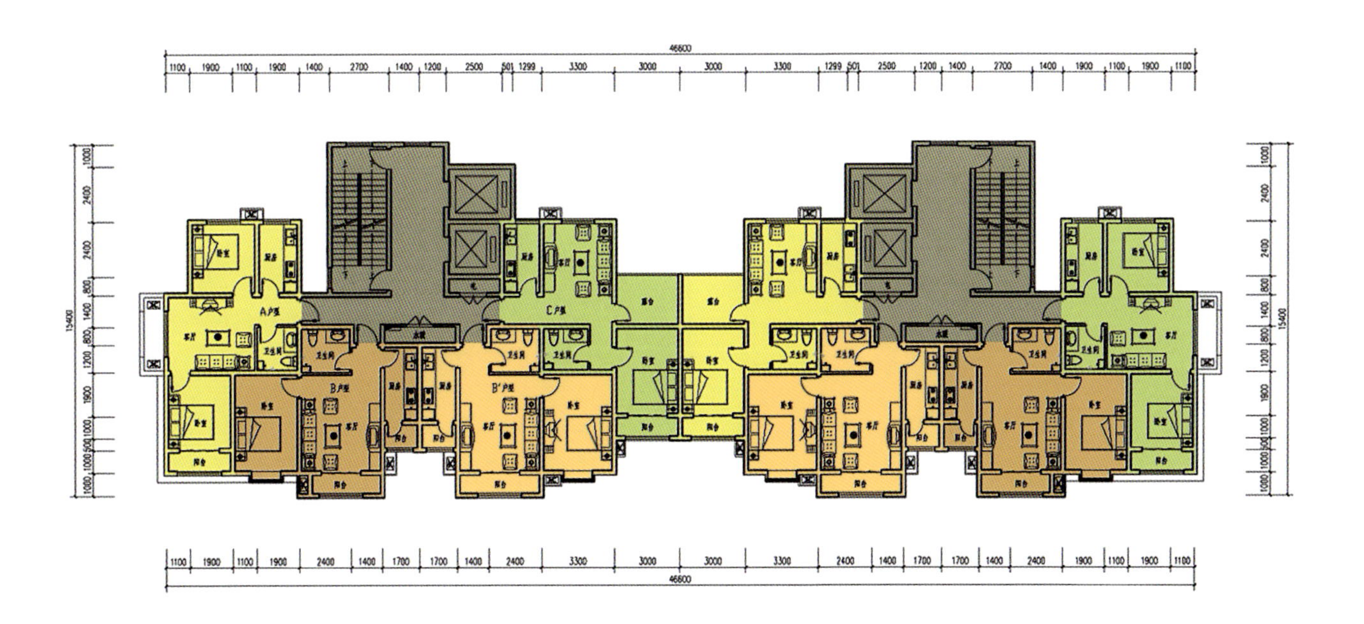

编号	套型	面积分类指标（m²）		
		套内使用面积	套型建筑面积	阳台面积
A	两室一厅一卫	47.90	65.20	1.50
B	一室一厅一卫	44.10	61.40	1.90
B'	一室一厅一卫	44.10	61.40	1.90
C	一室一厅一卫	46.60	63.90	4.95
住宅标准层		总使用面积	总套型建筑面积	使用面积系数
		182.70	251.90	0.73

报送单位：天津中怡建筑规划设计有限公司

天津

灵动空间、幸福生活

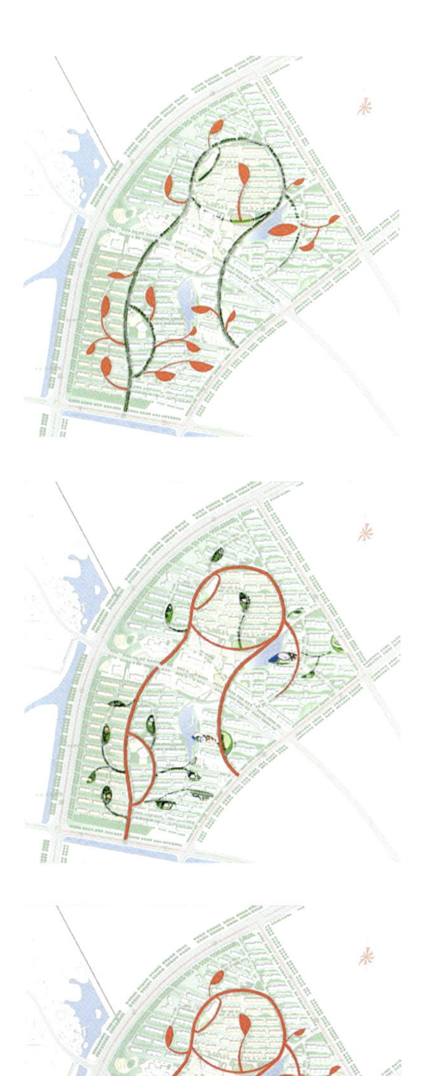

藤状路网
自由舒展

叶状绿地
生机盎然

道路系统与绿地系统互融互生
形成藤蔓的肌理

传统的地域特色
和谐的居住环境

项目概况

本项目位于天津市郊，为农民还迁住房，定位多层住宅。

设计说明

设计理念

规划和建筑单体的设计以“传承地域特色，创造灵动空间，营造幸福生活”为核心理念。

设计亮点

规划布局展现村庄的自然和谐之美，突出旺盛生命力。采用自然、富有生命力的“藤”状路网体系设计，各村庄按照相对独立的原则，沿“藤”状路网布置；各组团均设计“叶”状组团中心，分级配置服务设施，营造出多元化的空间形式。

单体设计遵循经济、适用的原则，考虑地方特色。

1. 住宅布局顺应地形布置，有利于城市街景的塑造，同时节约土地。

2. 住宅设计了六种基本套型，可任意组合成单元平面，单元平面可根据需要任意拼接。同时，在套型中针对不同的家庭结构采用多种空间分隔形式，使套型更加灵活适用。套内设计储物空间。

3. 立面为浅黄色，以暖灰、砂红色为点缀，营造出一种祥和、典雅的居住氛围。屋顶为平坡结合，美观、节能，实现了太阳能与建筑屋面的一体化设计。

4. 利用当地的地热资源，采用地热水形式采暖。生活热水由统一设计安装的太阳能热水器系统提供，同时将两种系统相结合，充分利用了能源。区内设有中水回用系统和地面雨水回收系统，供地面冲洗，绿化和灌溉使用。

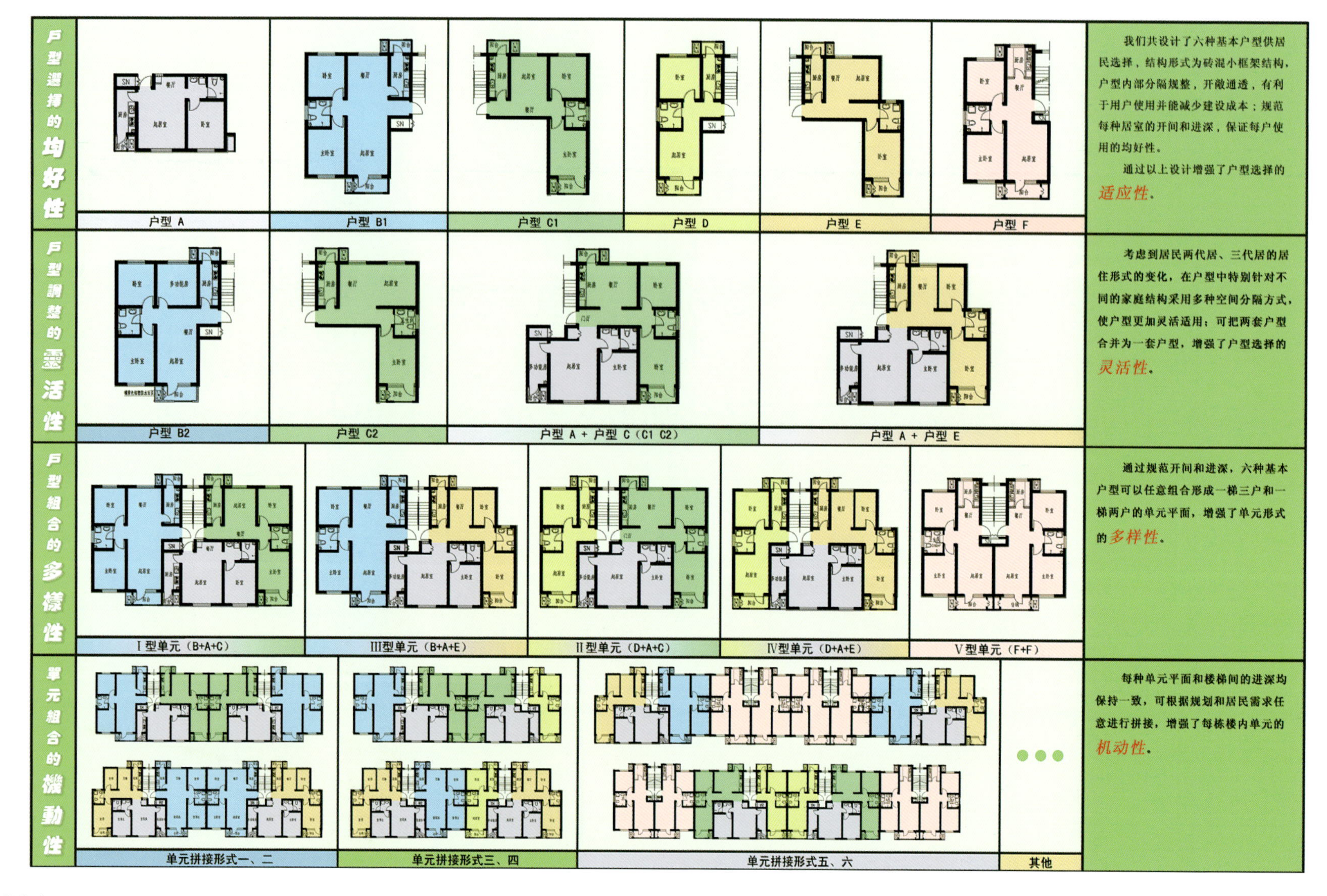

产业化说明

1．在严格贯彻落实国家相关住宅设计标准和技术规范的前提下，通过会谈、调研等方式了解广大农民的需要，进行二次优化设计，采用如适当加大部分房间的使用面积、套内为精装修等方法，提高了住宅的舒适性。

2．住宅结构形式为“砖混”小框架结构体系，设计中采用标准化和“模数化”设计理念。户型内部分隔规整，具有一定的灵活性；户型开敞通透，规范了每种居室的开间和进深，满足每户使用的均好性；基本户型可以任意组合形成一梯三户和一梯两户的单元平面，每种单元平面和楼梯间的进深均保持一致，可根据需求任意拼接；整体考虑相关设备、管线和厨卫的布置，采用住宅通用部品等。

3．重视住宅的可持续发展，节约建设用地，优先使用可再生能源，采用有利于节能、节材、节水的新型材料和部品，节约建设成本。如设计中适当减小住房开间、加大进深以节约建设用地；住宅采暖采用地热水，充分利用地热资源，生活热水由统一设计安装的太阳能热水器系统提供，同时创新性地将两种系统相结合，充分利用两种系统各自的优势，节约了能源。

4．精心设计、严格验收，保证住宅全寿命周期、全方位的总体质量，提高住宅的耐久性和舒适性。

5．在小区规划和单体设计中体现“多样性”，保证每户的“均好性”，优化居住环境和配套设计，突出个性，提升住宅的品质，体现以人为本的设计理念。

2011·中国首届保障性住房设计竞赛获奖名单

一等奖

序号	省份	作品名称	报送单位
1	北京	公共租赁住房整体解决方案	中国建筑标准设计研究院
2	广东	深圳·龙华扩展区0008地块保障性住房项目	深圳市华阳国际工程设计有限公司

二等奖

序号	省份	作品名称	报送单位
1	北京	北京市公安局公租房项目	北京市建筑设计研究院
2	北京	标准化设计工业化建造的公共租赁住房	中国建筑标准设计研究院
3	北京	丽景园	华通设计顾问工程有限公司、北京金隅嘉业房地产开发有限公司
4	广东	深圳市深康村保障性住房	中国华西工程设计建设有限公司
5	广东	政府保障性住房标准化及工业化建造方式设计研究	深圳市协鹏建筑与工程设计有限公司
6	广东	深圳市地铁横岗车辆段上盖保障性住房建筑方案	深圳市建筑设计研究总院有限公司
7	重庆	重庆市北部新区康庄美地公共租赁住房建设工程	上海对外建设建筑设计有限公司重庆分公司
8	山东	“核”与“模”——标准生长与自由	山东省建筑设计研究院、山东大学土建与水利学院

9	山东	保障性住房设计方案	山东铭远工程设计咨询有限公司
10	山东	可持续性发展住宅	山东大卫国际建筑设计有限公司
11	上海	上海市保障性安居工程马桥旗忠基地22A-02A地块设计	上海中森建筑与工程设计顾问有限公司
12	上海	上海市普陀区馨越公寓	上海天华建筑设计有限公司
13	浙江	绿城·理想之城	绿城房产建设管理有限公司
14	新疆	集合·易居	新疆建筑设计研究院

三等奖

序号	省份	作品名称	报送单位
1	安徽	“灵活的”宜居空间	安徽省建筑设计研究院
2	北京	依山佳园——北方某高教园区公共租赁住房小区	北京市建筑设计研究院、北京房地集团有限公司
3	北京	石景山区石槽居住项目（远洋山水E04地块）	中国建筑设计研究院
4	北京	常营公租房项目	大地建筑事务所（国际）
5	北京	人·居	北京冠亚伟业民用建筑设计有限公司
6	北京	上庄镇C14地块限价商品住房设计的“因地制宜”	九源（北京）国际建筑顾问有限公司
7	福建	高林居住区	厦门合道工程设计集团有限公司
8	甘肃	模块化住宅设计	天水市建筑勘察设计院
9	广东	持“质”保“量”	中国瑞林工程技术有限公司（广州）
10	广西	绿色岭南居——基于生态可持续理念的公共租赁房设计	广西电力工业勘察设计研究院
11	贵州	生长的“元”	贵阳建筑勘察设计有限公司、西线建筑规划设计研究院

12	海南	人和之家	海南柏森建筑设计有限公司
13	河北	情系民生 心中有数	河北建筑设计研究院有限责任公司
14	河北	“风”“光”无限的空间模块——HOME	保定市建筑设计院
15	黑龙江	（营口市经济技术开发区）芦屯镇保障性住房建设项目	哈尔滨工业大学建筑设计研究院
16	湖南	百变模块	长沙市建筑设计院有限责任公司
17	吉林	精致在这里绽放	吉林建筑工程学院
18	内蒙古	潜伏	内蒙古维都工程设计咨询有限责任公司
19	重庆	和谐人居	中冶赛迪工程技术股份有限公司
20	重庆	重庆市公共租赁房——民心佳园	衡源德路工程设计（北京）有限公司&山西省建筑设计研究院联合体
21	山东	安康花园保障性住房设计方案	滕州市安居工程开发建设中心
22	山东	百变小家·体面生活	济南市住宅产业化发展中心
23	上海	绿地·新江桥城项目设计	上海尤安建筑设计事务所（UA国际）&上海绿地集团
24	上海	多数中的少数派	上海中森建筑与工程设计顾问有限公司
25	上海	装配式建筑——向数字化工业建造迈进	上海市城市建设设计研究总院
26	浙江	40、60通透全明	宁波市民用建筑设计研究院有限公司&宁波市经济适用房建设管理办公室
27	浙江	成都龙泉驿某保障性住房建筑设计	绿城房产建设管理有限公司
28	天津	天津市秋怡家园	天津市城市规划设计研究院
29	天津	限价房规划概念设计暨宜居嘉苑经济适用房概念设计	天津市纳川建筑设计有限公司
30	天津	灵动空间、幸福生活	天津中怡建筑规划设计有限公司

鼓励奖

序号	省份	作品名称	报送单位
1	安徽	标准化 人性化 地域化	安徽省建筑设计研究院
2	北京	和谐·宜居·关怀	中铁第五勘察设计院集团有限公司
3	北京	全功能健康住宅	中国人民解放军总后勤部建筑设计研究院
4	北京	MODELS	北京工业大学
5	北京	北京石景山区金顶街三区住宅及配套项目（首钢金顶阳光）	北京中天元工程设计有限责任公司
6	北京	北京市顺义区张镇居住（地块一）二期租赁房	北京中京惠建筑设计有限责任公司
7	天津	理想域·自由国	天津美新建筑设计有限公司
8	福建	集美东岸滨水花园	厦门合道工程设计集团有限公司
9	福建	同安城北小区建筑方案设计	天厦建筑设计（厦门）有限公司
10	福建	厦门市围里公寓保障性安居工程	厦门合道工程设计集团有限公司
11	甘肃	人之安居	甘肃省城乡规划设计研究院
12	甘肃	协奏	兰州市城市建设设计院
13	广东	广州金沙洲保障性住房小区规划、建筑方案设计	广州市住宅建筑设计院有限公司
14	广东	龙华拓展区0009地块保障性住房工程	深圳机械院建筑设计有限公司
15	广西	万家灯火（廉租房）	广西电力工业勘察设计研究院
16	广西	经济·健康、适用·关怀	广西建筑科学研究设计院
17	广西	岭南·宜居	中国瑞林工程技术有限公司（广州）
18	贵州	梦想的结合	贵州省建筑设计研究院
19	海南	“小小家”	雅克设计有限公司
20	海南	海南岛可变适应性小高层住宅方案设计	海南泓景建筑设计有限公司
21	河北	自然节能 高效使用 回归邻里	保定市建筑设计院
22	河北	魔幻生活	河北建筑设计研究院有限责任公司

23	河北	让百姓居家生活更美好	中国石油天然气管道工程有限公司
24	河北	小家大精彩	保定市建筑设计院北京分院
25	河南	50模块	河南五方建筑设计有限公司
26	湖北	可再生的居住细胞适应性节能住宅研究	武汉轻工建筑设计有限公司
27	湖北	华腾园规划方案设计	武汉时代建筑设计有限公司
28	湖南	易家阳光小屋	湖南省建筑设计院
29	湖南	紧凑空间 · 幸福生活	株洲市规划设计院
30	吉林	陋室铭	长春工程学院建筑与设计学院
31	吉林	小有可为	吉林建筑工程学院
32	江苏	玲珑宜居	江苏省盐城市规划市政设计院有限公司
33	江西	阳光 · 金色春城	深圳市物业国际建筑设计有限公司江西分公司
34	辽宁	联华一号	大连市建筑设计研究院有限公司
35	辽宁	锦州市公共租赁住房示范小区	锦州市城市建筑设计研究院
36	宁夏	星葵家园	宁夏石嘴山市规划建筑设计研究院
37	青海	安心居	青海省建筑勘察设计研究院有限公司
38	山东	家的衍生	山东大卫国际建筑设计有限公司
39	山东	精细化装配生活	青岛市建筑设计研究院集团股份有限公司
40	山东	平凡一生	山东新兴建筑规划设计研究院、山东省对外经济贸易设计院有限公司
41	山东	装配式——自保温外墙与灵活组合的小户型住宅	潍坊市建筑设计研究院有限责任公司
42	山东	锦绣新天地小区设计方案	烟台市宏丰置业发展有限责任公司
43	山西	紫金花园	山西晋中市建筑勘察设计二院
44	陕西	金泰 · 怡景花园	陕西金泰恒业房地产有限公司
45	陕西	陕西省廉租房、公租房、限价房户型设计	西安市建筑设计研究院
46	上海	松江韵意	上海天华建筑设计有限公司

47	上海	上广电地块经济适用住房项目总体规划及建筑设计方案	中国海诚工程科技股份有限公司
48	新疆	“细”胞	乌鲁木齐建筑设计研究院有限责任公司
49	云南	“生活空间”	大理白族自治州建筑设计院
50	浙江	湖州怡和家园保障性住房项目建筑设计方案	浙江当代发展建筑设计院有限公司
51	浙江	金华市金品小区保障性住房	浙江金华市建筑设计院有限公司
52	重庆	住房的模块化设计与建造模式	毅德（重庆）模块房屋制造有限公司
53	重庆	重庆沙坪坝西永组团微电子工业园区公共租赁住房项目	重庆市设计院
54	重庆	重庆市陶家公共租赁住房项目方案设计	重庆市设计院
55	内蒙古	居者有其所 · 公租房	内蒙古智汇工程设计咨询有限责任公司

最佳单项奖

序号	奖项	省份	作品名称	报送单位
1	最佳廉租房设计奖	新疆	集合 · 易居	新疆建筑设计研究院
2	最佳公租房设计奖	北京	公共租赁住房整体解决方案	中国建筑标准设计研究院
3	最佳经济适用房设计奖	天津	天津市秋怡家园	天津市城市规划设计研究院
4	最佳安置房设计奖	浙江	成都龙泉驿某保障性住房建筑设计	绿城房产建设管理有限公司
5	最佳宿舍类保障性住房设计奖	北京	和谐 · 宜居 · 关怀	中铁第五勘察设计院集团有限公司
6	最佳产业化实施方案奖	广东	深圳 · 龙华扩展区0008地块保障性住房项目	深圳市华阳国际工程设计有限公司
7	最佳产业化设计方案奖	重庆	住房的模块化设计与建造模式	毅德（重庆）模块房屋制造有限公司

优秀组织奖

序号	单位名称
1	山东省住房和城乡建设厅住房保障处 暨山东省住宅产业化办公室
2	北京市住房保障办公室
3	北京市规划委员会勘察设计测绘管理办公室
4	河北省住房和城乡建设厅住房保障处 暨勘察设计和工程质量安全处
5	上海市城乡建设和交通委员会住宅建设协调处
6	上海市住宅建设发展中心
7	新疆维吾尔自治区住房和城乡建设厅住房保障处
8	吉林省住房和城乡建设厅勘察设计处
9	广东省住房和城乡建设厅住房保障处
10	深圳市住房和建设局勘察设计与科技处
11	天津市城乡建设和交通委员会勘察设计管理处 暨房地产开发处
12	青海省住房和城乡建设厅勘察设计处
13	广西壮族自治区住房和城乡建设厅住房保障处
14	湖北省住房和城乡建设厅勘察设计与科技处
15	海南省住房和城乡建设厅建筑节能与科技处
16	福建省住房和城乡建设厅住房保障处暨勘察设计处
17	重庆市城乡建设委员会住房建设处
18	甘肃省住房和城乡建设厅勘察设计管理处
19	黑龙江省住房和城乡建设厅勘察设计处
20	贵州省住房和城乡建设厅勘察设计管理处暨住房保障处
21	内蒙古自治区住宅产业化促进中心
22	安徽省住房和城乡建设厅住房保障处
23	云南省住房和城乡建设厅住房保障和物业管理处
24	宁夏回族自治区住宅产业化促进中心

注：优秀组织奖按报送方案数量排序